商用飞机复合材料结构损伤容限评估

管清宇　夏品奇　吴光辉　著

科学出版社

北　京

内 容 简 介

随着商用飞机复合材料用量占比不断提升、使用范围不断拓展，复合材料结构损伤容限确定性方法已经难以满足更高的结构效率需求。本书主要阐述了国际先进的复合材料结构损伤容限概率性方法，基于概率性方法对商用飞机复合材料结构损伤容限的各个要素进行了重新审视和研究，系统性地论述了适航规章和指南、概率性符合性方法、冲击损伤威胁、冲击损伤阻抗、冲击损伤可检性、冲击后剩余强度、载荷超越概率、检查间隔和试验验证等方面的内容。

本书可以作为从事飞行器设计专业的高校教师、工程技术人员和相关专业研究生的参考书籍。

图书在版编目(CIP)数据

商用飞机复合材料结构损伤容限评估 / 管清宇，夏品奇，吴光辉著. —北京：科学出版社，2022.3

ISBN 978-7-03-071607-1

Ⅰ. ①商… Ⅱ. ①管… ②夏… ③吴… Ⅲ. ①民用飞机—复合材料结构—损伤(力学)—评估 Ⅳ. ①V257

中国版本图书馆 CIP 数据核字(2022)第 030961 号

责任编辑：胡文治 / 责任校对：谭宏宇

责任印制：黄晓鸣 / 封面设计：殷 靓

科学出版社 出版

北京东黄城根北街 16 号

邮政编码：100717

http：//www.sciencep.com

南京展望文化发展有限公司排版

苏州市越洋印刷有限公司印刷

科学出版社发行 各地新华书店经销

*

2022 年 3 月第 一 版 开本：B5(720×1000)

2022 年 3 月第一次印刷 印张：13 1/2

字数：260 000

定价：110.00 元

(如有印装质量问题，我社负责调换)

前 言

近年来,大型商用飞机研发技术是我国航空科技领域的研究热点,而先进复合材料在商用飞机结构上的应用是重要的研究方向,其集中体现了一个国家或企业的工程技术水平。经过多年发展,先进复合材料已经在国内先进的商用飞机型号上开展应用,但目前占比仍然不高。其原因是多方面的,但一项重要的原因在于对复合材料结构损伤的研究不够系统、不够深入,导致损伤容限设计理念的一些问题没有得到很好的解决。比如,对于中机身和机翼等主承力结构,传统的复合材料损伤容限确定性方法设计理念将带来严重的结构效率问题,这将导致与国际先进水平相比缺乏竞争力。目前,国际先进飞机制造商均已在概率性方法上开展了很多有意义的研究和实践,但相关技术细节通常为公司的商业机密,并有知识产权保护,而国内在该方面公开的研究成果则相对较少,且缺乏系统性。因此,有必要对国内外在该领域的最新研究成果进行针对性地分析和系统性地总结,以便于政府机构、高等院校、科研单位和航空科技企业的相关专业人员参考和交流。本书旨在抛砖引玉,希望促进相关专业人员在此方面开展更多的探索和交流。

本书共分为 10 章,第 1 章主要介绍复合材料及其应用,以及损伤容限理念的提出与发展;第 2 章主要介绍商用飞机结构损伤容限评估相关的适航规章、咨询通告和符合性方法;第 3 章主要介绍冲击损伤威胁评估方法和实践,以及典型的冲击威胁场景和离散源损伤场景;第 4 章主要介绍复合材料结构低速冲击损伤的形貌和表征、影响因素、试验方法和分析方法等;第 5 章主要介绍冲击凹坑回弹特性,以及湿热环境和重复载荷对凹坑回弹规律的影响;第 6 章主要介绍冲击后剩余强度的影响因素、试验方法和分析方法等;第 7 章主要介绍冲击损伤检查方法、可检门槛值、检出概率影响因素和未来检测技术等;第 8 章主要介绍了复合材料飞机结构检查间隔概率性计算方法;第 9 章主要介绍离散源损伤剩余强度的影响因素、试验方法和分析方法;第 10 章主要介绍全尺寸试验验证所涉及的载荷因子、载荷谱处理和试验流程等。此外,本书还用到了大量的概率论和统计学知识。为了方便读者查阅,直接将该部分内容置于本书附录中。

本书重点阐述了商用飞机复合材料结构损伤容限概率性方法。与其他文献相比,本书更加针对性地阐述了损伤容限理念在商用飞机复合材料结构上应用的思路,从而包含了更多具体而翔实的技术细节。此外,本书更加系统性地总结了商用飞机复合材料结构冲击损伤发生、损伤检查、剩余强度评估和试验验证等方面的内容,以便于读者对复合材料结构损伤容限评估产生更加全面、立体和深刻的认识。

本书作者管清宇为南京航空航天大学工程博士研究生,同时就职于中国商用飞机有限责任公司复合材料中心,任专业技术部疲劳与损伤容限科室主任。本书作者夏品奇为南京航空航天大学飞行器设计国家重点学科教授,现任航空宇航工程研究院院长、直升机旋翼动力学国家级重点实验室主任,是我的博士研究生导师。本书作者吴光辉为中国工程院院士,C919 大型客机总设计师,中国商用飞机有限责任公司研究员,南京航空航天大学兼职教授,是我的博士研究生企业导师。

科技发展日新月异,新的研究成果层出不穷,希望关爱本书的读者对本书中的不足提出宝贵的意见。

管清宇

2021 年 10 月

目录

附　　录

第 1 章

绪　　论

本章首先介绍了复合材料的概念及特点，并总结了复合材料在商用飞机结构中应用的历史和现状。然后，重点阐述了复合材料结构研发和应用过程中需要重点关注的冲击损伤问题。为了解决复合材料结构的损伤问题，研究人员提出了复合材料结构损伤容限设计理念，因此本章还回顾了损伤容限理念的提出和发展历程。最后，重点介绍了复合材料结构损伤容限理念的技术演化路径、最新研究和工程应用进展。

1.1　复合材料及其特点

广义的复合材料是指由两种或两种以上组分材料复合而成的一种多相材料。例如，古代建筑房屋所用的麦秸增强的黏土就是一种广义的复合材料。相对狭义的复合材料是指采用先进的材料制备技术将不同性质的组分材料优化组合，形成的一种在宏观上具有新性能的材料。例如，飞机蒙皮所用的铝锂合金和发动机吊挂所用的钛合金等均属于相对狭义的复合材料。而本书所关注的复合材料是指更狭义的树脂基复合材料，其中主要是指在商用飞机主要结构上广泛应用的碳纤维增强的环氧树脂复合材料。因此，如无特殊说明，本书后续章节所提到的复合材料均指碳纤维增强的环氧树脂复合材料。

与传统金属材料相比，复合材料在比刚度/比强度、疲劳性能、腐蚀性能、热膨胀性能、电磁穿透性能、剪裁设计和成型能力等方面具有一些独特的优势[1]。

1）比刚度/比强度

比刚度是指材料的弹性模量与其密度的比值，而比强度是指材料的破坏强度与其密度的比值。比刚度越高则说明满足结构设计刚度要求所需的材料质量越小；比强度越高则说明满足结构设计强度要求所需的材料质量越小。对于商用飞机而言，在满足特定的结构刚度和强度要求下，结构质量越小，则飞机的商用载荷就越大或飞机的燃油消耗量就越少,因此飞机在经济性方面就越有竞争力。

2) 疲劳性能

疲劳是指材料在重复载荷下产生初始损伤,并不断累积直至发生宏观失效的现象。通常采用S－N曲线表征材料的疲劳性能,S－N曲线越平缓表明材料的疲劳性能越好,S－N曲线越陡峭则表明材料的疲劳性能越差。与传统金属材料相比,复合材料在面内载荷下表现出优异的疲劳性能。传统金属飞机通常需要定期检查结构是否存在疲劳裂纹,如果发现了疲劳裂纹且其尺寸超出了允许损伤尺寸,则需要限制运营并进行修理。而由于复合材料具有优异的疲劳性能,复合材料飞机结构在运营寿命周期内通常不会产生疲劳裂纹。这一优势可以显著降低商用飞机的运营和维修成本。然而需要注意的是,复合材料结构层间疲劳性能较差,因此在结构细节设计时需要尽量降低层间的应力水平。

3) 腐蚀性能

腐蚀是指材料与环境之间发生物理或化学反应,最终导致材料产生损伤的现象。传统金属材料易受环境腐蚀,在设计、制造和运营阶段均有诸多限制条件。尽管在结构设计阶段进行了诸多考虑,但腐蚀仍然是金属结构维修的主要原因之一。而复合材料具有优异的腐蚀阻抗性能,通常不需要进行额外的防腐蚀设计。此外,复合材料机身结构可以允许更高的客舱环境湿度,以提升机组人员和乘客的舒适度。这些优势可以显著降低商用飞机的运营和维修成本,并提升产品竞争力。

4) 热膨胀性能

热膨胀是指材料随热环境变化产生几何形变的现象。热膨胀性能通常采用热膨胀系数表征,热膨胀系数越高则材料因单位温度变化产生的几何形变越大,热膨胀系数越低则材料因单位温度变化产生的几何形变越小。传统金属材料的热膨胀系数较高,这导致飞机结构在设计、制造和运营阶段均需要进行专门的考虑。如设计阶段的热载荷、制造和装配过程中关键结构尺寸的稳定性,以及一些可能的飞机运行限制等。而复合材料结构的热膨胀系数非常低,即便在剧烈变化的热环境下仍能保持非常稳定的结构尺寸,因此在设计、制造和运营阶段几乎不需要额外考虑热膨胀问题。

5) 电磁穿透性能

电磁穿透性能是指材料允许电磁波穿透的能力。电磁波穿过传统金属材料时通常会产生十分显著的信号衰减,这对雷达和天线等需要通过电磁波发送或接收信号的设备而言是不可接受的。而玻璃纤维增强的树脂基复合材料具有良好的电磁穿透性能,因此可以应用于雷达罩和天线罩等特殊结构,以满足飞机结构的特殊要求。

6) 剪裁设计

剪裁设计是指根据结构的载荷、强度和刚度等要求对材料铺层进行设计,从而使结构可以根据需要在各个方向表现出不同的力学性能。金属材料是各向同性的,不具备剪裁设计的基础。而复合材料是各向异性的,通过合理地设计铺层方向可以使层压板最大限度地满足结构设计要求。例如,可以通过合理布置纤维方向,使结构在主要设计载荷方向占有更大的纤维百分比。复合材料的这一特点可以允许设计人员进行材料级别的结构优化,以进一步减小结构质量,提升产品竞争力。

7) 成型能力

成型能力是指材料按照设计要求制造成特定几何形状的能力。等厚度板材形式的传统金属材料的加工成型相对容易,但是当零件截面尺寸复杂时,传统金属材料的机加成型工艺就变得相对复杂。而复合材料通过模具或先进工艺(如液体成型等)更容易低成本地实现复杂结构的制造。此外,复合材料更容易制造成气动光滑的表面。这些优势可以显著地降低商用飞机结构的制造成本。

由于复合材料具备以上诸多优势,能够很好地满足商用飞机结构的需求,因此其在商用飞机结构上的应用越来越广泛。

1.2 复合材料在商用飞机结构中的应用

20 世纪 80 年代初期及之前,复合材料在商用飞机结构中的应用较少,主要用于雷达罩、起落架舱门、各类口盖、方向舵、升降舵、襟翼、扰流板和短舱等非承力结构或次要承力结构件上。例如,比较典型的有波音公司的 B747、B757 和 B767 飞机,其复合材料用量比例均不超过 3%。

20 世纪 80 年代后期至 90 年代初期,复合材料在商用飞机结构中的应用开始发展起来,并逐步应用于一些主要承力结构。例如,空客公司的 A320 和 A340 等飞机开始将复合材料应用于垂尾结构上,相应地其复合材料用量比例也达到了 5%~8%。

20 世纪 90 年代中期,复合材料在商用飞机结构中的应用拓展至整个尾翼结构。例如,波音公司的 B777 飞机,其首次在大型商用飞机的尾翼结构上整体采用碳纤维增强的环氧树脂复合材料,加上其他次要承力结构采用的复合材料,其复合材料用量比例也随之达到了 11%左右[2, 3]。

进入 21 世纪以来,随着制造工艺和强度分析技术的逐步成熟,复合材料在商用飞机结构中的应用取得了突飞猛进的进展。首先是空客公司的 A380 飞机,其首次在中央翼、翼肋和梁等主要承力结构上采用了复合材料,使复合材料用量比例达到了 25%左右(包括 22%的 CFRP/GFRP 和 3%的 GLARE)。随后,波音公司的 B787 飞机,其史无前例地在机身、机翼和尾翼等主要结构部件上全面采用了复合材料,使复合材料用量比例一度达到了 50%。随后服役的空客 A350 XWB 飞机则更进一步,其复合材料用量比例首次超过 50%,达到了 52%,在复合材料应用的历史上开创了划时代的意义[2,3]。

可以看出,复合材料在商用飞机结构中的应用范围越来越广泛,用量比例也越来越高,近年来几乎呈指数级增长,如图1-1所示。目前,复合材料在商用飞机结构中的用量比例已经成为衡量商用飞机技术先进性和成本经济性的重要标志。

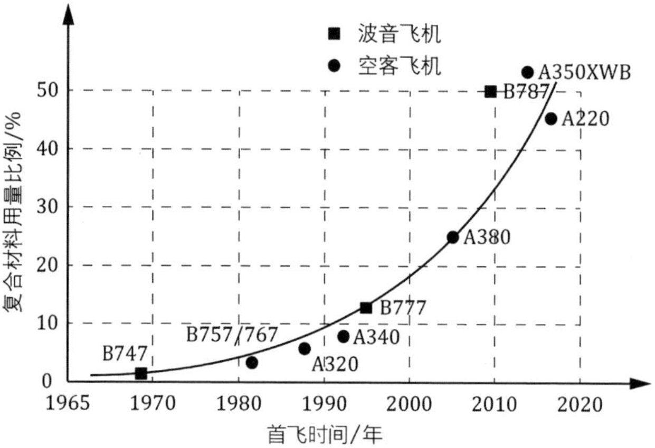

图1-1 主流商用飞机的复合材料用量比例

国内方面,复合材料及其在商用飞机结构中的应用均起步较晚。21世纪初期立项开始研制的ARJ21-700飞机,其复合材料用量比例约为2%,仅在雷达罩和活动面等次要承力或非承力结构上采用了复合材料,大致相当于国际先进制造商20世纪80年代初期的水平。

2008年立项开始研制的C919飞机,其复合材料用量比例提升至约12%,在后机身和尾翼等主要承力结构上首次采用了碳纤维增强的环氧树脂复合材料,大致相当于国际先进制造商20世纪90年代初期的水平。

目前正在研制的CR929飞机,其复合材料用量比例预期将大幅度提升,并在全机主要结构部件上全面采用复合材料,大致将与国际先进制造商目前已经服役的最先进商用飞机处于同一水平。

不难看出,目前国内方面复合材料在商用飞机结构中的应用正在沿着国际先进制造商的技术演化路径进行追赶。可以预期,随着新型复合材料及其制造工艺的成熟,其在商用飞机结构上的进一步应用仍将是技术演化的重要方向。

1.3 复合材料结构的损伤问题

复合材料具有很多传统金属材料不具备的优点,在商用飞机结构中的应用前景也非常广阔,然而这并不代表复合材料的应用没有任何困难。事实上,随着复合材料应用的经验逐渐丰富,工程技术人员发现:复合材料具有良好的线弹性本构关系,在遭遇外来物冲击时不能像传统金属材料那样通过塑性变形来吸收能量,而只能通过结构内部损伤来吸收冲击能量,因此复合材料结构在遭遇外来物冲击时更容易产生内部损伤,包括分层、基体裂纹和纤维断裂等。这就又带来了两个方面的问题:一是由于低速冲击产生的结构损伤在表面通常几乎没有明显目视可见的损伤迹象,从而使损伤难以被及时地发现并做相应的评估或修理;二是结构冲击损伤区域在受载时,附近高梯度的应力无法像金属材料那样通过塑性变形进行重新分配,从而导致复合材料结构对损伤非常敏感,其剩余强度(尤其是压缩剩余强度)通常仅为无损伤状态结构强度的50%或更低。

此外,由于复合材料的组分较为复杂,且材料和工艺变异性显著,因此其损伤和失效模式也呈现出多样性。加之复合材料铺层设计的多样性(如不同的铺层比例、铺层顺序和厚度等)、湿热环境的影响以及材料强度的高分散性等原因,难以通过传统的分析手段准确而可靠地预测复合材料结构的冲击后剩余强度。

由于复合材料结构具有对外来物冲击敏感、产生的内部损伤不易被发现、剩余强度对冲击损伤敏感且难以准确而可靠地预测等特点,损伤容限设计理念在复合材料结构设计中显得尤为重要。

1.4 损伤容限理念的提出

20世纪30年代之前,飞机结构设计的理念为"静强度设计"。这一时期,飞机结构设计采用的钢等金属材料韧性极好,结构设计方法也很保守,因此结构安全裕度很大。而且这一时期的机载设备(例如发动机等)寿命短,在飞机结构遭遇疲劳问题之前,就可能因为设备失效或其他原因而坠毁。因此结构的疲劳问题在这一时期并不突出。后来,为了减小结构质量以提升飞行性能,一些高强度低韧性的金属材料逐渐被采用,结构安全裕度也不断降低。结构在缺口附近的应力集中使局部应力水平进一步提高,最后导致结构出现了疲劳问题。此时,静强度设计理念已经不能保证飞机结构安全。

20世纪30年代,为了解决日益严重的飞机结构疲劳问题,基于线性疲劳损伤累积理论的"安全寿命"设计理念被提出。这种设计理念假设材料的初始状态是没有缺陷的,在预期的运营寿命期间内,结构承受重复载荷而不产生宏观的疲劳裂纹。"安全寿命"设计理念的提出从技术上解决了传统金属结构的疲劳问题,但由于该设计理念假设材料的初始状态是没有缺陷或损伤的,而真实产品在生产和运营过程中均不可避免地遭遇各类损伤威胁,使结构难以满足设计初始状态的假设,从而无法可靠地保证结构安全。

1956年,基于"彗星"号飞机事故的经验,美国联邦航空管理局(FAA)提出了

“破损-安全”设计理念。该理念认为，飞机结构出现部分破损时，运行特征会明显改变或损伤很容易被发现，因此要求飞机结构在含有该类型的损伤时能保证有条件地安全运行，并通过维修来防止飞机结构发生灾难性的破坏。然而由于该设计理念仅主张通过设计来保证结构破损后的安全性，并没有强制要求进行专门而定期地检查，因此当损伤不足够明显时将导致其不能被及时地发现并修理。而且由于结构损伤区域载荷的重新分配，相邻结构应力水平急剧增加，对于传统金属材料结构，可能会很快地产生疲劳裂纹并导致灾难性事故。

1978 年，基于波音 B707 飞机事故的经验，美国联邦航空管理局(FAA)提出了“损伤容限”设计理念。该理念在总结了“安全寿命”和“破损-安全”理念的不足的情况下，假设结构存在初始缺陷或损伤，并要求含初始缺陷或损伤的结构能在飞机运营寿命周期内承受极限载荷。同时要求通过专门而定期地检查来及时发现那些超出初始缺陷或损伤尺寸的可检损伤，并进行评估确定是否需要进一步修理。这些含可检损伤的结构在检查周期内应该具备承受大于限制载荷的能力。1988 年，阿罗哈航空事故的发生使“广布疲劳损伤”成为传统金属飞机结构“损伤容限”设计理念的新课题。

至今，飞机结构设计理念经历了“静强度设计”“安全寿命”“破损-安全”和“损伤容限”四个阶段。目前飞机主要结构(除起落架和发动机吊挂外)几乎均采用“损伤容限”设计理念。

1.5 复合材料结构损伤容限理念的发展

20 世纪 70 年代，复合材料开始应用于飞机承力结构，这与飞机结构损伤容限设计理念的提出几乎处于同一时期。为了保证复合材料飞机结构的安全性不低于同类别的金属飞机结构，这一时期研制的复合材料飞机结构也像传统金属飞机结构一样采用损伤容限设计理念。因此，复合材料飞机结构没有像传统金属飞机结构那样经历“静强度设计”“安全寿命”和“破损-安全”设计理念阶段，而是直接进入了“损伤容限”设计理念阶段。

当时，工程技术人员对复合材料的损伤、疲劳和断裂等方面的研究还很不充分，又缺乏使用经验，因此基本上沿用了金属飞机结构的设计方法。例如，结构设计主要考虑拉伸重复载荷下的疲劳和裂纹扩展问题，并采用断裂力学方法进行分析等。这一时期飞机结构损伤容限设计规范(如美国军机规范 MIL-A-83444《飞机损伤容限要求》)也主要是基于传统金属飞机结构的经验进行编制的。

20 世纪 70 年代中期至 80 年代，随着复合材料使用经验的积累和相关研究的进展，工程技术人员开始认识到复合材料结构的损伤威胁、损伤可检性、疲劳和断裂等特性与金属结构差别很大，金属结构的设计与验证方法不能直接用于复合材料结构。首先,结构的损伤威胁有明显的差别。复合材料结构的损伤威胁主要来自在制造、运营和维修过程中潜在发生的缺陷和损伤,而金属结构的损伤威胁主要来自运营过程中的疲劳裂纹和环境腐蚀。其次,结构的检查方法有明显的不同。复合材料结构主要依赖目视检查,而金属结构通常更多地依赖于专门的无损设备。最后,关键的损伤类型及其对结构剩余强度的影响也不同。复合材料结构主要关注外来物冲击等因素造成的结构内部损伤对剩余强度的影响,尤其是对压缩剩余强度的影响;而金属结构更多地考虑在重复载荷下疲劳裂纹的起始和扩展问题,尤其是在拉伸重复载荷下的疲劳和损伤扩展问题。此外,还有一些其他的差异,如结构剩余强度对缺口的敏感性,以及材料性能的分散性等。表 1-1 对复合材料和金属材料的主要差异做了对比。这些差异最终导致了复合材料结构的损伤容限理念与金属材料结构的损伤容限理念存在显著的不同。

表 1-1　复合材料和金属材料的对比

	复合材料	金属材料
损伤威胁	外来物冲击	疲劳裂纹、环境腐蚀
损伤检查	主要依赖目视检查	主要依赖无损设备
关键损伤类型	冲击损伤	疲劳裂纹
缺口敏感性	敏感	不敏感
强度分散性	分散性大	分散性小
关键载荷类型	压缩	拉伸
疲劳特性	有良好的疲劳阻抗能力,受面外载荷时需额外关注	疲劳阻抗性能差
损伤扩展	采用损伤无扩展假设	稳定的疲劳裂纹扩展

在这些认知的基础上,美国空军在 1985 年发布的 MIL-A-87221《飞机结构通用规范》指出复合材料结构设计必须考虑其在使用过程中可能遭遇的损伤威胁(包括外来物冲击、误操作损伤等),并按照目视可检性对复合材料结构损伤进行分类。此外,由低速冲击引起的结构损伤在常规目视检查时通常不易检出,因此应该针对飞机结构的不同区域按照潜在的损伤源确定冲击能量水平的上限值。这一规范暗含了复合材料结构设计时需要确定冲击能量截止值,同时也为复合材料结构损伤容限设计和分析提供了更为合理的思路。然而,这一时期大多数的损伤容限要求仍然是以定性描述为主。

20 世纪 80 年代末期至 90 年代,美国空军赞助波音公司军用飞机分部和诺斯罗普公司,完成了一项针对复合材料主承力结构损伤容限要求与设计方面的研究计划[4]。在该项目中，研究人员对冲击能量截止值和冲击损伤目视可检门槛值进行了大量的服役数据调查、试验和统计分析，认为可以采用 136 J 作为复合材料结构的冲击能量截止值，并采用凹坑深度 1.27 mm 作为冲击损伤可检门槛值，而在此之前，一般采用凹坑深度 2.54 mm 作为损伤可检门槛值。随后，在 1998 年发布的美国空军海军联合规范 JSSG－2006“联合服役规范指导——飞机结构（Joint Service Specification Guide —— Aircraft Structures）”中仍然沿用了这些研究成果。

此外，美国联邦航空管理局（FAA）于 1984 年发布了咨询通告 AC 20－107A“复合材料飞机结构（Composite Aircraft Structures）”[5]，对过去军用飞机和商用飞机复合材料结构研制的经验教训进行了总结，极大地丰富了损伤容限相关的内容。其中要求含有由制造和使用中能够实际预计到的，但不大于按所选检测方法确定的可检门槛值的冲击损伤的结构应能够承受极限载荷。但该文件并没有给出可参考的冲击能量截止值和损伤可检门槛值，而是要求飞机制造商在开展损伤容限评估前自行开展完整的损伤威胁评估。

这一时期，商用飞机复合材料结构损伤容限设计均采用了较为保守的确定性方法设计理念，即早期使用的 2.54 mm 的凹坑作为勉强目视可见损伤准则，或联合使用 1.27 mm 的凹坑和 136 J 的冲击能量截止值作为勉强目视可见损伤准则。这些凹坑深度和冲击能量均足够保守，在此情况下结构满足极限载荷要求可以确保飞机的安全性。

众所周知，确定性方法的基本理念是将飞机结构分析所需要的基础输入变量（如冲击损伤威胁、材料性能等）作为确定的常数。这些常数的确定通常足够保守。例如，早期使用的 2.54 mm 的凹坑作为勉强目视可见损伤准则。此外，复合材料的力学性能具有很高的分散性，为了考虑这些分散性的影响，通常采用基准值折减因子的方式降低结构的设计值。而为了考虑载荷的不确定性影响，通常又需要将设计载荷放大。因此，基于确定性方法的结构设计往往也是保守的，可能会导致飞机结构产生不必要的重量负担。除此之外，因为确定性方法无法定量地评估和管理飞机结构风险，因此难以以飞机结构风险为目标对结构重量进行优化，最终导致飞机结构负担了不合理的重量并存在未知的风险。

出于解决以上问题的考虑，在 20 世纪 80 年代末期至 90 年代，由法国宇航公司（Aerospatiale，现已并入空客公司）和意大利阿莱尼亚公司（Aeritalia，现为 Alenia Aeronautica）合组的支线运输飞机公司（ATR）在猎鹰（Falcon）飞机复合材料机翼结构使用经验的基础上，成功地研制了 ATR72 飞机复合材料机翼结构，并初步形成了损伤容限概率性分析方法[6]。此后，国际先进的飞机制造商均在新研制的复合材料飞机结构上不同程度地运用了概率性方法。

概率性方法的基本理念是将结构分析所需要的基础输入变量作为随机变量来看待，其通常能够更为真实地反映现实世界的情况。例如，材料性能、结构损伤和工作载荷等都是随机变量。基于概率性方法的结构分析，其中间变量和最终结果往往也是统计量，如结构失效概率等。概率性方法不但可以定量地评估结构的失效风险，而且还可以获得设计参数变化对结构失效概率的影响。具体来说，如果结构分析方法与设计参数的统计特征相关，例如工作载荷、几何尺寸、材料性能、预期环境和损伤等，那么概率性分析方法就能在定量化的安全指标（如失效概率）下进行设计参数的敏感性分析，从而达到成本缩减、质量减小和确定最优的检查间隔等目标[7]。

随着商用飞机结构失效出现的频率逐步降低，飞机结构设计理念更多地强调可靠性和成本竞争力，而概率性方法恰好可以满足这一需求。因此20世纪末期和21世纪以来，国际顶级研究机构和先进飞机制造商都在开展概率性方法研究，并分别提出了很多不同的技术思路。其中，包括前面介绍的支线运输飞机公司（ATR）提出的方法及其简化方法、美国航空航天局刘易斯研究中心提出的IPACS方法、兰利研究中心提出的等效安全水平方法、俄罗斯联邦航空局航空流体力学研究中心提出的TsAGI方法、诺斯罗普-格鲁曼商用飞机部门（Northrop-Grumman Commercial Aircraft Division）提出的方法等。基于这些研究成果和实践经验，美国联邦航空管理局（FAA）于2009年发布的AC 20－107B“复合材料飞机结构（Composite Aircraft Structures）”[8]和欧洲航空安全局（EASA）于2010年发布的AMC 20－29“复合材料飞机结构（Composite Aircraft Structures）”[9]均直接或间接地体现了复合材料飞机结构概率性方法建议。该咨询通告作为目前广泛采用的复合材料飞机结构指导材料一直沿用至今。

综上可以看出，无论从现实发展情况还是未来的研制需求上，概率性方法应用于复合材料结构的损伤容限评估是重要的技术发展趋势。目前概率性方法研发在数学理论层面已经形成了一些成果，但在飞机设计实践中仍然有一些关键的问题需要解决。例如，设计参数的统计定义必须经过严谨地研究和验证，尤其是关键设计参数的统计定义，因为这是决定概率性分析有效性的关键环节。此外，还有以下几个方面需要重点关注[10]：

（1）冲击损伤威胁评估需要开展大规模的服役损伤数据调查和冲击损伤威胁场景调查，在坚实的数据基础上定义统计模型和相关参数；

（2）冲击威胁和结构损伤（包括凹坑深度和损伤面积等）以及冲击威胁和结构剩余强度的数学关系需要在大量的试片级和壁板级冲击试验的基础上获得；

（3）冲击损伤和目视可检性的统计规律需要在能够反映真实结构状态和目视检查场景的损伤检出概率试验数据基础上定义；

（4）工作载荷超越概率模型通常难以直接通过飞机服役数据调查获得，因此基于现实规律的合理假设就变得尤为重要。

除了以上这些设计参数或数学模型外，还有几何尺寸、工作温度和湿度等。由于与结构设计相关的变量众多，通常对每个设计参数均采用统计模型定义是不切实际的，因为这将使失效概率数学模型变得极其复杂，计算效率也会极大地降低。因此必须对设计参数的范围和变化特性有彻底的理解，从更宏观的角度进行分析，并通过设计参数的敏感性分析，掌握每个设计参数对整体结构失效概率的贡献，从而关注那些结构失效概率敏感的设计参数，以使工程师通过较小的代价提升结构的可靠性，同时优化结构的质量。总之，如何切实有效地解决概率性方法的这些难点将是未来一段时间内复合材料结构损伤容限评估的重点研究方向。

参考文献

[1] Esp B. Practical analysis of aircraft composites[M]. Temecula: Grand Oak Publishing, 2017.

[2] 杜善义.先进复合材料与航空航天[J].复合材料学报,2007,24(1): 1-12.

[3] 杜善义,关志东.我国大型客机先进复合材料技术应对策略思考[J].复合材料学报,2008,25(1): 1-10.

[4] Kan H P, Cordero R, Whitehead R S. Advanced certification methodology for composite structures [R]. Springfield: National Technical Information Service, 1997.

[5] US Department of Transportation, Federal Aviation Administration. AC 20-107A Composite aircraft structure[S], 1984.

[6] Tropis A, Thomas M, Bounie J L, et al. Certification of the composite outer wing of the ATR72[J]. Journal of Aerospace Engineering, Part G, 1995, 209(47): 327-339.

[7] Long M W, Narciso J D. Probabilistic design method for composite aircraft structure[R]. Springfield: National Technical Information Service, 1999.

[8] US Department of Transportation, Federal Aviation Administration. AC 20-107B Composite aircraft structure[S], 2009.

[9] European Union Aviation Safety Agency. AMC 20-29 Composite aircraft structure[S], 2010.

[10] CMH-17 Committee. Composite materials handbook, Vol 3: Polymer matrix composites: materials usage, design, and analysis [M]. Detroit: SAE International, 2012: 12-29.

第2章

适航规章与符合性方法

本章首先介绍了国际主流商用运输类飞机适航规章在损伤容限评估方面提出的要求,并着重解读了 AC 20－107B 咨询通告在复合材料结构损伤容限评估方面提出的适航符合性思路。然后重点阐述了复合材料结构损伤容限评估的两类适航符合性方法,即确定性符合性方法和概率性符合性方法。最后,总结了国际先进飞机制造商和著名研究机构在概率性符合性方法领域的研究成果。

2.1 适航规章和咨询通告

2.1.1 适航规章

国际主流商用运输类飞机适航规章包括美国联邦航空局发布的 CFR 25(Code of Federal Regulations, Part 25)、欧洲航空安全局发布的 CS(Certification Specifications)－25、加拿大民用航空局发布的 AWM(Airworthiness Manual) 525 和中国民用航空局发布的 CCAR(China Civil Aviation Regulation)－25 等。这些主流的适航规章均提出了极为相似的结构损伤容限评估要求,因此本书主要以 CCAR－25《运输类飞机适航标准》为例进行详细介绍。在 CCAR－25 中,结构的损伤容限评估要求主要体现在第 25.571 条,其主要包括以下几个款项:

- CCAR 25.571(a) 总则;
- CCAR 25.571(b) 损伤容限评定;
- CCAR 25.571(c) 疲劳(安全寿命)评定;
- CCAR 25.571(d) 声疲劳强度;
- CCAR 25.571(e) 损伤容限(离散源)评定。

第 25.571(a)条款"总则"规定:"对强度、细节设计和制造的评定必须表明:飞机在整个使用寿命期间将避免由于疲劳、腐蚀、制造缺陷或意外损伤引起的灾难性破坏”。该条款还规定了必须判明其破坏会导致飞机发生灾难性事故的主要结构元件(PSE)和细节设计点(DDP),并对其进行有试验依据的分析。损伤容限和疲劳评定还必须考虑服役中预期的典型载荷谱、温度和湿度等。此外,该条款还要求针对损伤容限评定对象制定检查计划,包括检查门槛值、重复检查间隔和检查方法等,以确保检出不可接受的缺陷和损伤:

第25.571(b)条款“损伤容限评定”要求因疲劳、腐蚀、制造缺陷或意外事件造成的不可接受的损伤在被检出且修理之前,不能使结构强度降低至指定的载荷条件以下。指定的载荷条件包括限制飞行机动载荷、限制突风载荷、限制地面载荷、正常使用的增压舱压差与预期的外部气动力组合(并与限制飞行载荷同时作用),以及1.15倍的增压舱最大压差与1g平飞时预期的外部气动力组合等。此外,该条款还要求损伤容限评定必须结合有试验依据和服役经验(如果有服役经验)支持的重复载荷和静力分析来进行。

第25.571(c)条款“疲劳(安全寿命)评定”只有在25.571(b)规定的损伤容限评定无法适用时才会被采用。其要求结构在指定的服役寿命内承受预期的疲劳载荷而不会产生可检的损伤。评定时必须考虑合适的安全寿命分散系数。由于复合材料结构具有良好的疲劳裂纹阻抗能力,且通常需要考虑初始的冲击损伤,因此一般不需要特别考虑疲劳问题。

第25.571(d)条款“声疲劳强度”要求必须表明承受声激励的结构不可能产生声疲劳裂纹,或在限制载荷作用下声疲劳裂纹不可能引起灾难性破坏。服役经验表明,对于安装涡扇发动机的复合材料飞机结构,一般不会出现声疲劳问题。

第25.571(e)条款“损伤容限(离散源)评定”要求表明:飞行机组成员可立即感知的离散源事件(如鸟体撞击、高能转子失效等)引起的损伤不会使结构强度降低至持续安全飞行及着陆所要求的载荷以下。

除以上结构损伤容限与疲劳评定要求外,还有一些与该评估相关的适航条款必须在评估时予以适当的考虑,如:

- CCAR 25.631 鸟体撞击损伤;
- CCAR 25.775 风挡和窗户;
- CCAR 25.903 发动机;
- CCAR 25.963 燃油箱:总则;
- CCAR 25.1529 持续适航文件。

2.1.2 咨询通告

由于现行的适航规章主要是根据金属飞机结构的服役经验制定的,而复合材料飞机结构表现出与金属飞机结构完全不同的特性,因此为了指导复合材料飞机结构取证,美国联邦航空管理局(FAA)于2009年发布了咨询通告AC 20-107B

“Composite Aircraft Structures”[1]，提出了一些局方可接受的适航符合性验证方法。另外，欧洲航空安全局（EASA）于 2010 年也发布了指导复合材料飞机结构适航取证的技术文件，为 AMC 20－29“Composite Aircraft Structures”[2]。该两份技术文件针对复合材料飞机结构提出的适航符合性建议极为相似，均为目前主流飞机制造商重要的设计和取证参考资料。因此本书主要以 AC 20－107B 为例，介绍并解读这些可接受的符合性建议。

AC 20－107B 第 7 节“结构静强度验证”指出[1]：“应表明制造和服役过程中预期可出现的、但不超出按照实际检查方法建立的可检门槛值的冲击损伤，不能使结构强度降低至极限载荷承载能力以下”。可以看出，该条内容暗含了需要制定冲击能量截止值和损伤可检门槛值的要求。图 2－1 表示了结构损伤与载荷水平要求的关系。该图中纵轴的初始可检门槛值为与实际结构所采用的检查方法相对应的最小能够可靠检出的损伤尺寸（通常为凹坑深度或裂纹长度）；横轴的冲击能量截止值为在制造和服役过程中现实预期的最大冲击能量。可以合理地认为，含此两类损伤的结构代表了产品最低的质量水平，因为高于初始可检门槛值的损伤可以在定期检查时被检出并修理，而高于现实预期的冲击能量水平在实际运营中发生的概率非常小。在开展结构强度评估时，代表最低质量水平的结构应具备极限载荷承载能力，并需要考虑重复载荷和环境暴露的影响。

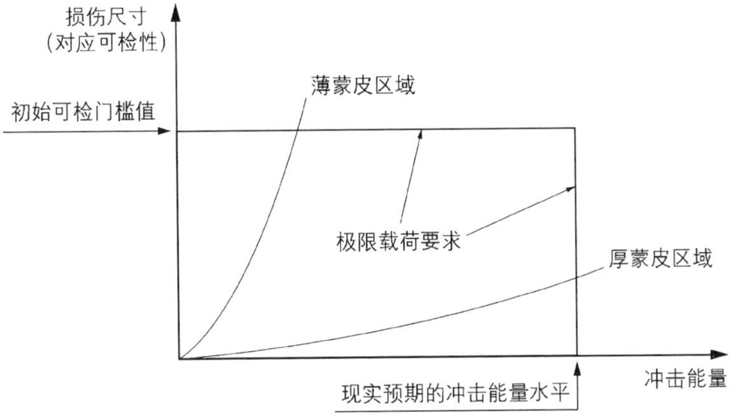

图 2－1　结构损伤与载荷水平要求

AC 20－107B 第 8 节“结构疲劳和损伤容限验证”中指出[1]：“应建立与剩余强度评估相对应的损伤程度，并考虑其在对应的检查方法下的检出概率……评估应证明结构剩余强度能够可靠地等于或大于在指定的设计载荷（作为极限载荷考虑）下所要求的剩余强度，并考虑环境的影响。”可以看出，咨询通告建议在开展损伤容限评估前应确定与之对应的结构损伤程度，而建立结构损伤程度时应依据损伤的可检性。换言之，损伤容限评估对应的结构损伤程度应是可检的。含该类损伤的结构应该具备承受25.571(b)条款规定的设计载荷的能力,该载荷与静强度评估时的限制载荷大致相当,但也有一定的区别。

损伤容限理念强调：由于疲劳、环境腐蚀、制造缺陷和意外事件造成的损伤可能使结构不再具备承受极限载荷的能力,因此损伤在变得更为严重之前需要及时检出并修理。对于复合材料结构而言,疲劳和环境腐蚀并不是主要的设计考虑因素;制造缺陷更多地通过试生产鉴定、生产过程控制和适当的设计考虑等方式保证安全性。而对于需要重点关注的意外冲击事件,有以下两种情况：第一种情况包括那些满足静强度要求的损伤,其有可能在重复载荷下扩展,而按照所选的检查程序仍然无法检出;第二种情况是由于更高的冲击能量造成的超出图2-1所示损伤。第一种情况可能发生于复合材料层间或结构胶结面,是应该通过设计手段极力避免的;第二种情况通常无法避免,对于不同厚度的结构,又存在以下两种情况：

- 对薄蒙皮而言,造成更易检的损伤;
- 对厚蒙皮而言,造成目视不可检的损伤。

显然还有一种中间状态,即在现实预期的冲击能量水平下损伤不可检,但在更高的冲击能量下损伤变得可检。对于可检的损伤,还应该建立明显可见门槛值,超出该水平的损伤在日常巡检时即可被发现,并被及时修理,因此在设计时不需要额外地考虑。此外,现实预期的最大冲击能量的发生概率通常定义为10^{-5}/飞行小时,超出该能量的冲击事件仍然存在一定的发生概率。因此,为了达到等效的安全水平,还应该建立极不可能发生的冲击能量截止值(例如,按照AC 25.1309-1A[3],取10^{-9}/飞行小时)。超出该水平的冲击能量在设计时不需要考虑,因为飞机单一系统或元件的允许失效概率为10^{-9}/飞行小时,而飞机整体可靠性由可靠性最低的系统或元件决定,单方面地提高结构可靠性对飞机整体可靠性几乎没有帮助。综上所述,还需要建立损伤容限评估对应的明显可见门槛值和冲击能量截止值,如图2-2所示。

两类损伤可检门槛值和冲击能量截止值将设计所需考虑的损伤场景划分为三个区域,如图2-2所示。区域1的损伤是不能可靠检出且发生概率较高的低能量冲击损伤,含该类损伤的结构必须在飞机运营寿命周期内具备承受极限载荷的能力,因此该区域的损伤不需要修理。区域2的损伤是在规定的检查间隔内按照规定的检查方法能够可靠检出的损伤,含该类损伤的结构必须在飞机的检查间隔内具备承受25.571(b)条款规定的设计载荷(通常与限制载荷近似)的能力。在该类损伤接受进一步评估并修理之前,飞机应限制飞行。区域3的损伤是不可检的高能量冲击损伤。如果按照确定性符合性方法,含该类损伤的结构必须在飞机运营寿命周期内具备承受极限载荷的能力。此时由于结构存在初始损伤,因此AC 29-2C MG8[4]将其称为“安全寿命损伤容限评估”或“增强的损伤容限评估”。然而按照概率性符合性方法,可以制定更低的结构剩余强度要求,同样可以满足等效的

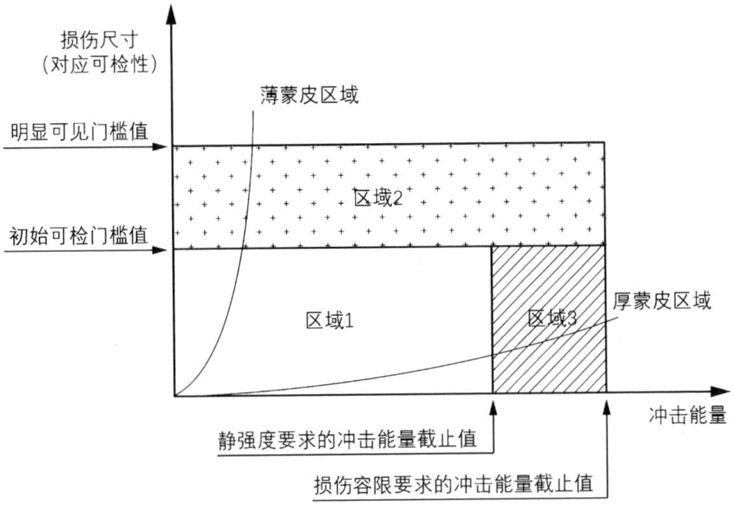

图 2-2　结构损伤与载荷水平要求

安全水平。

此外,还有一种需要特殊考虑的损伤场景,即离散源损伤。由于该类损伤事件一旦发生通常造成十分严重的后果,因此该类损伤通常不接受通过计算概率排除事件发生的可能性,而作为设计阶段假设必然会发生的损伤场景。该类损伤一旦发生,飞行机组人员可以立即感知,因此,含该类损伤的结构仅需要具备承担 25.571(e)条款和 AC 25.571-1D[5] 规定的安全返回及着陆载荷即可,如图 2-3 所示。

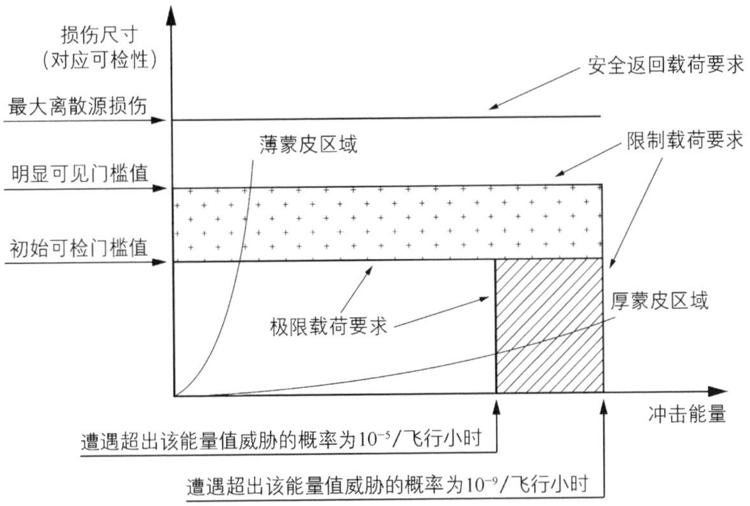

图 2-3　结构损伤与载荷水平要求

金属飞机结构在重复载荷下会产生疲劳裂纹,并逐渐缓慢地扩展。因此,金属飞机结构的检查间隔是通过疲劳裂纹扩展分析确定的。通过疲劳裂纹扩展分析确保在结构剩余强度降至指定的载荷水平(通常与限制载荷近似)之前,疲劳裂纹可以被可靠地检出并修理,如图 2-4 所示。由于冲击损伤会导致复合材料结构强度立即下降,而复合材料具有良好的疲劳特性,不会使冲击损伤在随后的重复载荷下发生扩展,因此复合材料飞机结构通常采用"损伤无扩展"设计理念。按照"损伤无扩展"设计理念,含冲击损伤的结构可能在极限载荷水平之下保持较长时间的承载能力,而不需要担心结构剩余强度降至限制载荷之下。同时这也可能导致结构在仅略高于限制载荷的承载能力下运行较长的时间。而按照适航规章要求,使结构剩余强度降至极限载荷能力之下的损伤必须被及时地发现并修理。因此,需要合理地确定复合材料结构的检查间隔,以保持与金属结构等效的安全水平。

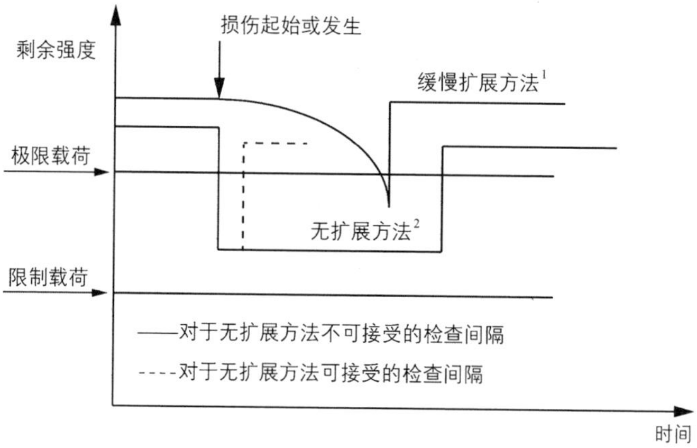

图 2-4　损伤扩展和检查间隔确定

1. 修理后恢复极限载荷承载能力;2. 不修理的无扩展方法是不可接受

AC 20-107B 第 8 节"结构疲劳和损伤容限验证"指出[1]:"对于损伤无扩展概念,应建立检查间隔作为维护项目的一部分。在选择检查间隔时,应该考虑与假设的损伤相关的剩余强度"。可以看出,造成结构强度下降更大的损伤应该比造成结构强度下降更小的损伤更及时地被检出。此外,损伤发生概率对确定检查间隔也起了重要的作用。例如,损伤发生概率更高的部件,其检查间隔应该更短。此外,在建立检查间隔时,还需要考虑结构剩余强度曲线、损伤阻抗和维护实践经验等。

此外,AC 20-107B 还建议:在考虑重复载荷的影响时,由于复合材料结构对低水平的载荷不敏感,因此可以通过"低载截除"的方法忽略一定水平以下的重复载荷,以提高结构验证效率。同时,为了进一步提高结构验证效率,并保证重复载荷验证的可靠度和置信度,可以将重复载荷水平进行适当地放大。另外,无论是结构剩余强度验证还是重复载荷验证,均需要考虑环境(例如,温度和湿度等)的影响,并通过低层级的环境试验生成环境折减因子,以在高层级的试验中加以使用。

综上所述,咨询通告 AC 20－107B 对复合材料飞机结构损伤容限的适航符合性要求可以简略地总结为:

(1) 对于允许的制造缺陷和通过检查计划不能可靠检出的允许损伤,结构必须在飞机的运营寿命周期内具备承受极限载荷的能力;

(2) 对于在规定的检查间隔内按照规定的检查方法能够可靠检出的损伤,结构必须在飞机的检查间隔内具备承受 25.571(b)条款规定的设计载荷(通常与限制载荷近似)的能力;

(3) 对于运营和维护人员能够在几次飞行内可靠发现的损伤,结构必须在飞机几次飞行内具备承受限制载荷或接近限制载荷的能力;

(4) 对于机组或乘客可以立即感知的、由已知事件引起的离散源损伤,结构必须具备承受 25.571(e)条款规定的飞机安全返回并着陆的载荷的能力;

(5) 对于由异常的地面或飞行事件引起的严重损伤,通常在设计准则和结构验证程序中不予考虑;

(6) 所有超出允许损伤限制(ADL)的损伤,发现时必须立即修理;

(7) 所有修理后的损伤必须在指定的运营寿命内具备承受极限载荷的能力。

除 AC 20－107B 和 AMC 20－29 外,还可以参考以下与复合材料结构损伤容限评估相关的咨询通告:

- AC 20－128 降低由非包容的涡扇发动机和辅助动力装置转子失效引起的风险的设计考虑因素(Design Considerations for Minimizing Hazards Caused by Uncontained Turbine Engine and Auxiliary Power Unit Rotor Failure);
- AMC 20－128A 发动机和辅助动力装置失效模型(Engine and APU Failure Model);
- AC 25.571－1D 结构的损伤容限和疲劳评估(Damage Tolerance and Fatigue Evaluation of Structure);
- AMC 25.571 结构的损伤容限和疲劳评估(Damage Tolerance and Fatigue Evaluation of Structure);
- AC 25.963－1 燃油箱维护口盖(Fuel Tank Access Covers);
- AMC 25.963(e)燃油箱防护(Fuel Tank Protection);
- AC 29－2C MG8 复合材料旋翼飞行器结构验证(Substantiation of Composite Rotorcraft Structure)。

2.2　确定性方法

确定性符合性方法以损伤可检性作为损伤分类的基础,主要包括以下三个方面内容[6]:

- 建立结构剩余强度与损伤尺寸的关系(剩余强度曲线);
- 建立结构检查方法及对应的可检门槛值;
- 确定使结构剩余强度降至极限载荷和限制载荷承载能力的损伤尺寸。

由于复合材料结构对环境腐蚀和疲劳裂纹有非常好的阻抗能力,因此意外损伤是复合材料结构损伤容限设计和维护计划的主要考虑因素。对于较薄的蒙皮,其损伤阻抗和修理是需要重点关注的问题。因此,为了使复合材料结构具有更高的成本优势,设计人员应该进一步开发结构潜能,使结构具备更大的允许损伤限制尺寸(ADL)。因此有必要通过试验和分析方法建立完整的结构损伤尺寸与剩余强度的关系。结构损伤尺寸从小到大按照检查方法和可检门槛值可以分为如图 2-5 所示的 6 种情况,其对应的载荷要求也分别如下[6]。

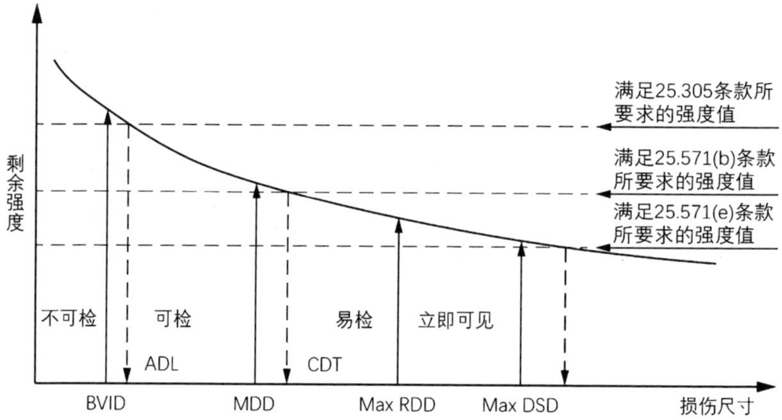

图 2-5　确定性方法的剩余强度要求

(1) 目视勉强可检损伤(BVID)是采用设计规定的目视检查方法所能可靠检出的最小尺寸的损伤。其用于建立静强度分析的设计值,需要在设计初期就确定该损伤尺寸以作为设计准则。

(2) 允许损伤限制(ADL)是使结构剩余强度降至极限载荷承载能力的损伤尺寸,其用于支持维护计划文件。如果含 BVID 的结构在极限载荷时为正裕度,则 ADL 会大于 BVID。维护计划文件中应该描述 ADL 的可检性以及损伤的类型和尺寸。

(3) 最大设计损伤(MDD)是在损伤容限评估(对应 CCAR 25.571(b)条款要求)时所假设的损伤,其用于建立损伤容限评估的设计值。与 BVID 一样,需要在设计初期就建立该损伤的尺寸以作为设计准则。

(4) 关键损伤门槛值(CDT)是使结构剩余强度降至限制载荷承载能力的损伤尺寸,其用于支持维修计划文件。如果含 MDD 的结构在限制载荷时为正裕度,则 CDT 会大于 MDD。设计准则中应该描述 CDT 的可检性以及损伤的类型和尺寸,以支持建立检查方法、检查间隔,以及制定维修准则。对于小于 CDT 的损伤,应表明其在扩展至超出 CDT 之前可以被可靠地检出。

（5）易检损伤（RDD）是飞机在常规的服役过程中几次飞行内即可以可靠检出的损伤。因此要求该类损伤充分可检，且位于人员易接近的部位。此外，还应建立不属于立即可见的最大易检损伤（Max RDD），其静载荷要求可以介于 25.571（b）条款和 25.571（e）条款之间。

（6）超出 Max RDD 的损伤被认为是立即可见的，其主要指飞行中产生的离散源损伤（例如，高能转子失效和鸟体撞击等）。除此之外，地面产生的立即可见损伤在设计和验证阶段通常不需要进行考虑。同样，需要在设计初期建立离散源损伤尺寸以作为设计准则。

对于重复载荷情况，复合材料结构一般采用“损伤无扩展”理念，因此还需要对损伤在重复载荷下是否发生扩展进行严谨地验证。另外，复合材料结构无法像金属结构那样通过开展疲劳裂纹扩展分析来严谨地确定检查间隔。因此，在确定性符合性方法中，复合材料结构的检查间隔通常只能基于结构安全裕度、服役经验、损伤易检性、损伤威胁和环境退化等条件开展经验性地评估。

由于现代商用飞机复合材料结构通常具有良好的冲击损伤阻抗性能，以损伤可检性为基础的确定性符合性方法通常会造成不必要的重量增加，但却没有明显地提高结构的可靠性。此外，在确定性符合性方法中，检查间隔的确定具有较强的主观性，其可能带来难以预测的结构失效风险。因此，商用飞机制造商对复合材料结构的符合性方法提出了新的需求。

2.3　概率性方法

概率性符合性方法的提出就是为了解决确定性方法存在的设计保守、结构失效风险不确定和检查间隔的确定过于主观等问题。概率性符合性方法的最终目标是在确定的设计指标（如结构可靠性或失效风险）下使结构效率最大化。

2.3.1　概率性方法理念

由于复合材料组分及工艺过程的复杂性，其强度的分散性通常显著高于金属材料。此外，复合材料飞机结构的主要损伤威胁为外来物冲击损伤，其表现出显著的随机性。这些主要设计参数的随机性会导致结构失效存在较大的不确定性。因此，从复合材料飞机结构的以上特点也可以看出，更适合采用概率模型来描述其失效风险。

概率性方法的核心理念之一就是将结构分析所需要的主要设计参数作为随机变量来看待。这就意味着这些设计参数需要通过基于试验数据或服役经验的统计分析而得到。确定设计参数的关键问题就是统计模型及相关参数假设的合理性。例如，冲击能量、工作载荷（机动和突风）和环境温度等设计变量的统计模型和相关参数一般需要通过统计分析大量的历史服役数据而获得。而凹坑深度、损伤面积、冲击后剩余强度和损伤检出概率等设计变量的统计模型和相关参数则一般需要开展大量的试验,通过统计分析试验数据而获得。除飞行冰雹冲击场景外,载荷和损伤发生事件可以认为是相互独立的。

概率性方法的另一个核心理念是基于设计随机变量建立结构失效概率模型。显然,结构失效概率是设计随机变量的统计量。在概率性方法中,通过设定结构失效概率目标,可以定量地计算结构检查间隔。此外,还可以对设计随机变量进行敏感性分析,以筛选出关键的设计参数,并优化结构设计方案。对于相对不关键的设计随机变量,可以保守地简化为确定性的数值,以简化结构失效概率的计算过程。这些均是概率性方法的独特优势。

对于商用飞机,概率性分析的最终目标是表明主要结构元件(PSE)和关键设计细节(DDP)极不可能发生失效。根据 AC 25.1309 - 1A,极不可能事件的发生概率应小于 10^{-9}/飞行小时(通常是指服役寿命最后 1 飞行小时的失效概率)。对于不关键的零件,则可以接受更高的失效概率。

概率性方法以损伤发生概率和检出概率作为损伤分类基础。在概率性方法中,冲击能量、损伤可检性和载荷要求的关系如图 2 - 6 所示。该图中沿水平坐标轴,载荷要求与冲击能量的发生概率相关;而沿垂直坐标轴,载荷要求与损伤检出概率相关。概率性方法主要包括以下 4 个方面内容[7]:

- 建立冲击能量发生概率及两类冲击能量截止值(分别对应 10^{-5}/飞行小时和 10^{-9}/飞行小时);
- 建立对应检查方法的冲击损伤检出概率及可检门槛值;

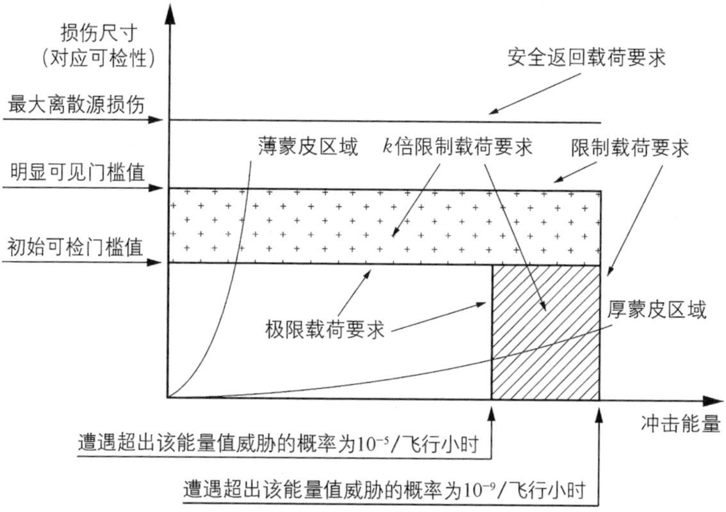

图 2 - 6　概率性方法的剩余强度要求

- 建立冲击能量与结构损伤尺寸、结构损伤尺寸与剩余强度的关系；
- 建立结构失效概率与冲击能量、损伤检出概率、结构检查间隔、结构剩余强度和载荷超越概率等主要设计变量的关系。

在概率性方法中，对于重复载荷情况，复合材料结构同样采用“损伤无扩展”理念，因此仍然需要对损伤在重复载荷下是否发生扩展进行严谨地验证。

概率性方法通常依赖概率论、统计学、信息学和可靠性理论等专业知识，而且基于概率性方法的结构失效概率计算过程必须能够在个人计算机上执行。因此，概率性方法对研发人员和工程技术人员的专业能力提出了很高的要求。

2.3.2　概率性方法实践

由于概率性方法对研发人员的能力提出了很高的要求，因此目前仅有欧洲和北美的一些先进飞机制造商和航空研究机构在此方面有较深入的探索和研究，并在实践中主要形成了以下几种方法[8]：

- 法国宇航（Aerospatiale）公司开发的方法；
- 空客公司开发的一种简化方法；
- 美国国家航空航天局刘易斯研究中心开发的 IPACS 方法；
- 美国国家航空航天局兰利研究中心开发的等效安全水平方法；
- 俄罗斯中央空气流体力学研究院（TsAGI）开发的方法；
- 美国诺斯罗普-格鲁曼（Northrop-Grumman）公司开发的方法。

2.3.2.1　Aerospatiale 方法

Aerospatiale 方法[9]是 Aerospatiale 公司在 ATR72 飞机复合材料机翼研发和适航取证过程中开发的概率性方法。随着 Aerospatiale 公司被并入空客公司，空客公司在 A330/A340 型号及以后的飞机研发中，均延续采用了该方法。该方法假设复合材料结构损伤是在飞机在运营和维护过程中由冲击事件造成的。对于一种冲击损伤威胁情况，结构失效的条件为冲击损伤发生后未被及时检出，且在飞行过程中遭遇了超出其剩余强度的载荷。因此，针对每一种冲击损伤威胁情况，失效概率 P_f 可以表示为如下所示的一般形式：

$$P_f = \int P_{at} \cdot P_{rat} \cdot (1 - P_{dat}) \tag{2-1}$$

式中，P_{at} 为冲击损伤尺寸 at 的发生概率；P_{rat} 为载荷超越损伤尺寸 at 对应的剩余强度的概率；P_{dat} 为冲击损伤尺寸 at 的检出概率。

然后，针对所关注的结构区域，将每种冲击损伤威胁对应的失效概率进行累加，以计算结构的总体失效概率。此外，还需通过设计手段和验证程序保证冲击损伤（VID）在检查间隔对应的重复载荷下不发生扩展。下面详细介绍 Aerospatiale 公司如何考虑冲击损伤发生概率、损伤检出概率、载荷超越剩余强度概率和检查间隔等因素。

1）冲击损伤尺寸 at 的发生概率，P_{at}

由于缺少大量的服役数据支持，因此当时难以十分准确地确定冲击损伤发生概率。Aerospatiale 公司的方法是针对每一个结构部件，定义了一个不可能事件。通过类比系统失效概率，该不可能冲击事件的概率为 10^{-5}/飞行小时。为了定义这些冲击事件的统计模型，Aerospatiale 公司基于 Sikorsky 假设（被 99%的情况超越的冲击能量 E_1 是被 1%的情况超越的冲击能量 E_{99} 的 10%）确定了冲击能量分布概率模型的标准差，为 0.217。对于 ATR72 飞机复合材料外翼，其主要的冲击事件及特征参数如表 2－1 所示。

表 2－1　冲击事件及特征参数

事　　件	对应不可能事件的能量/J	平均值（10^4 飞行小时）/J	标准差/J
工具掉落	6	3.16	0.217
可拆卸件掉落	3.9	2.06	0.217
人员踩踏	12.3	6.47	0.217
维护引起的拐角或边缘冲击	16.4	8.63	0.217

由于分析目标是确定冲击损伤的发生概率而不是冲击能量的发生概率，因此需要建立冲击能量（E）和损伤尺寸（Sd）的函数关系。该函数关系可以通过从试片到全尺寸试验件的积木式试验获得，并考虑厚度 t、加强件间距（a, b）等因素的影响，其一般形式为

$$Sd = f(E, t, a, b) \tag{2-2}$$

通过这些试验还可以获得冲击能量与凹坑深度（用于损伤检查）的函数关系，其一般形式为

$$d = g(E, t, a, b) \tag{2-3}$$

2）冲击损伤尺寸 at 的检出概率，P_{dat}

冲击损伤检出概率主要依赖于凹坑深度（某些情况下也可以依赖于裂纹长度），可以通过相应的目视检查试验获得。该概率一般符合累积对数正态分布。对于 ATR72 飞机复合材料外翼，其检查方法及对应的可检门槛值如表 2－2 所示。

表 2－2　检查方法及可检门槛值

检 查 方 法	凹坑深度/mm	
	平均值	A 基准值
一般目视	2	穿透
外部详细目视	0.3	0.5
内部详细目视	0.1	0.2

3）载荷超越损伤尺寸 at 对应的剩余强度的概率，P_{rat}

可以通过开展试片、元件和加筋壁板试验建立压缩剩余强度与损伤尺寸之间的关系。在失效概率计算中，将特定损伤尺寸对应的剩余强度与载荷进行比较，以判断结构是否发生失效。载荷超越概率可以通过以下假设来获得：

对于突风情况，限制载荷的超越概率为 2×10^{-5}/飞行小时，极限载荷的超越概率保守地假设为 1×10^{-8}/飞行小时（A340 飞机的副翼采用了 1×10^{-9}/飞行小时，并得到了审查方认可）。假设在限制载荷和极限载荷之间的载荷超越概率符合对数正态规律，可以根据限制载荷和极限载荷的超越概率求得该对数正态分布的平均值和标准差等特征参数。

4）考虑检查间隔的情况

现实情况中，将公式（2-1）应用于飞机全寿命周期失效概率计算时，还需要考虑检查间隔的影响。考虑检查间隔的结构失效概率的一般形式为

$$P_f = \int_{acp}^{acq} P_{at} \cdot P_{rat} \cdot \sum_{m=1}^{ERL} f(1 - P_{dat},\ IT)\,\mathrm{d}t \tag{2-4}$$

式中，P_{at} 为冲击损伤尺寸 at 的发生概率；P_{rat} 为载荷超越损伤尺寸 at 对应的剩余强度的概率；P_{dat} 为冲击损伤尺寸 at 的检出概率；IT 为检查间隔；m 为检查次数。

此外，在 ATR72 飞机外翼盒段的验证过程中，对机翼划分了不同的区域。不同区域的失效概率计算可以使用不同的设计参数，例如极限应变、检查方法和检查间隔，以及损伤发生概率等。ATR72 飞机外翼盒段上蒙皮划分为了 3 个区域，如图 2-7 所示。这些区域对应的检查方法和检查间隔如表 2-3 所示。以 Z1E 区域为例，按照上述方法计算得到的失效概率如表 2-4 所示。

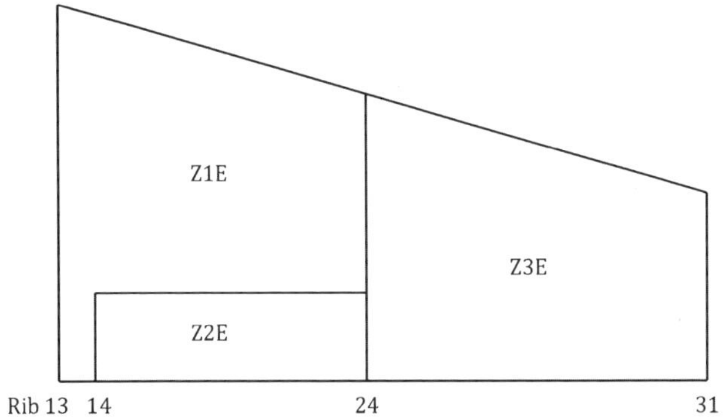

图 2-7　ATR72 飞机外翼盒段上蒙皮区域划分

表 2-3　区域检查方法及检查间隔

	快 速 检 查	外部详细检查	内部详细检查
Z1E	1 250 飞行小时	8 000 飞行小时	16 000 飞行小时
Z2E	1 250 飞行小时	8 000 飞行小时	16 000 飞行小时
Z3E	2 000 飞行小时	16 000 飞行小时	16 000 飞行小时

表 2-4　上蒙皮 Z1E 区域失效概率

潜 在 冲 击 源	失效概率/飞行小时
工具掉落	2.57×10^{-12}
可拆卸件掉落	1.48×10^{-13}
踩踏冲击	9.98×10^{-11}
维护部件	3.29×10^{-11}
总　　计	1.35×10^{-10}

可以看出,Z1E 区域的总体失效概率为 1.35×10^{-10}/飞行小时,其小于设计要求的失效概率水平(10^{-9}/飞行小时)。这说明设计选取的检查方法和检查间隔是可接受的。在 ATR72 飞机外翼盒段的取证过程中,由于缺少不同冲击场景的数据,审查方要求分析总体失效概率对冲击能量平均值及其概率的敏感性。对于 Z1E 区域,冲击能量增加 50%后,计算得到的失效概率为 5.5×10^{-10}/飞行小时,该结果仍然是可接受的。

2.3.2.2　一种简化方法

Aerospatiale 公司开发的概率性方法是一种通用的方法,本节介绍的简化方法[10, 11]是针对该通用方法的简化,主要适用于薄蒙皮情况。在该简化方法中,不区分偶发损伤源和连续损伤源,因此认为损伤威胁在检查间隔内均匀分布。此外,该简化方法与通用方法的最大区别在于其不考虑冲击损伤检出概率统计模型,而是选取足够大的冲击能量截止值以产生严重的损伤,确保其不会发生漏检(即损伤检出概率为 1,对于薄蒙皮情况该假设是合理的)。基于以上假设,在检查间隔末期,结构存在至少一次意外损伤的概率可以表示为

$$1-(1-P_a)^n \approx n\cdot P_a \tag{2-5}$$

结构失效概率 P_f 可以表示为

$$P_f = P_r\cdot n\cdot P_a \tag{2-6}$$

其中, P_a 为冲击损伤发生概率,单位为每飞行小时; n 为检查间隔,单位为飞行小

时；P_r 为载荷超出含损伤结构剩余强度的概率。

图 2－8 表示了结构剩余强度要求与冲击损伤发生概率和检查间隔的关系。该要求仅适用于介于极限载荷与限制载荷之间，且损伤发生概率大于 10^{-9}/飞行小时的情况。限制载荷和极限载荷的发生概率设定为 10^{-5}/飞行小时和 10^{-9}/飞行小时。离散源损伤是立即可发现的损伤，因此没有检查间隔的要求。而对于除此之外的损伤，如果其使剩余强度降至限制载荷之下则是不可接受的。此外，表明损伤发生概率小于 10^{-9}/飞行小时也是可以接受的，因为其是极不可能事件，在安全性分析中不需要考虑。在图 2－8 中，检查间隔可以表示为直线，而可接受的失效概率位于该直线的右上方区域。

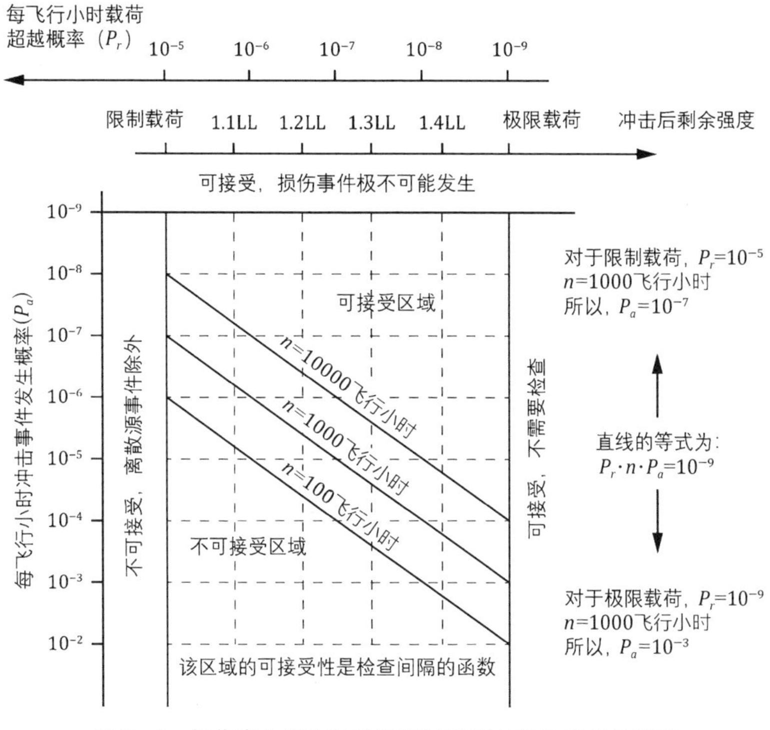

图 2－8　损伤发生概率和检查间隔对剩余强度要求的影响

采用该简化的概率性方法确定检查间隔的原理如图 2－9 所示。以下将详细讨论图示中的各个部分。

1）冲击后剩余强度

第一象限为冲击能量与结构剩余强度的关系。对于目标结构位置，通过积木式试验支持的分析方法来确定。该曲线需要反映合适的统计基准和最恶劣的环境情况。通常情况下，该函数关系是由冲击能量和损伤面积的关系以及损伤面积和剩余强度的关系组合而成。

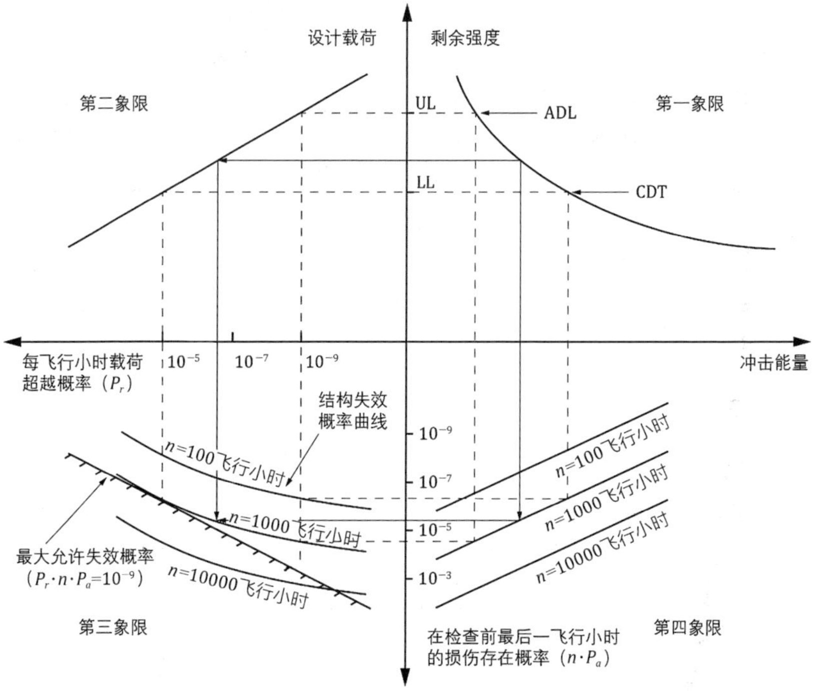

图 2－9　概率性方法确定检查间隔

2）载荷的超越概率

第二象限为载荷(介于限制载荷和极限载荷之间)的超越概率,采用了对数-线性概率分布模型。在该图中,载荷水平超过限制载荷的概率为 10^{-5}/飞行小时,而载荷水平超过极限载荷的概率为 10^{-9}/飞行小时。10^{-5}/飞行小时和 10^{-9}/飞行小时的概率值是基于突风载荷情况,分别对应了现实可预期的情况和极不可能事件。由于缺少飞行数据和电传飞控系统的应用,机动载荷的概率难以合理地推算。因此,不是由突风载荷驱动的结构需要进一步地研究其载荷超越概率关系。

3）冲击威胁

第四象限为采用冲击能量概率分布表示的冲击威胁。具体来说,是在检查间隔的末期,结构存在至少一个由超出能量截止值的冲击事件引起的冲击损伤的概率。因此,垂直轴下半部分表示检查间隔末期的概率（$n \cdot P_a$）,而不是每飞行小时的概率（P_a）。该概率是检查间隔的函数,如式(2－5)所示。

通用方法考虑包含多种损伤源的复杂威胁,包括偶发损伤源(例如,在结构检查期间的维护损伤)和在每次飞行都有可能发生的连续损伤源(例如,工具掉落、跑道碎片、车辆碰撞等)。对于每一个损伤源,采用冲击能量的函数(通常符合对数-正态规律)来描述损伤的发生概率。而简化方法并不区分偶发损伤和连续损伤,其将偶发损伤的发生概率均匀地分布于整个检查间隔。

4）检查计划

通用方法考虑了由几类不同频率的检查组成的复杂维护计划。通常有三种方法用于损伤的检出：一般目视检查、外部详细目视检查和内部详细目视检查。每一类检查通过损伤检出概率模型来描述，该模型一般为凹坑深度的函数（通常为累积对数正态规律）。该方法中考虑的损伤不仅包括那些由检查方法不能可靠发现的，而且包括那些在检查过程中可检但是未被检出的损伤。本节所描述的简化方法通过定义相对较大的冲击能量截止值，确保不可接受的损伤不会发生漏检，因此在第四象限中仅考虑了检查周期。因此，对应每一检查间隔的概率曲线可以通过式（2－6）获得。

如果在图 2－9 中考虑损伤检出概率，第四象限中的概率关系应该说明损伤存在的概率，即损伤发生且未被检出的概率（包括未检查或检查时未发现该损伤）。

5）失效概率

第四象限为失效概率，失效概率曲线由式（2－6）获得。局方可接受的结构失效概率水平为 10^{-9}/飞行小时，因此可得 $P_r \cdot n \cdot P_a = 10^{-9}$。由于垂直轴下半部分表示检查间隔末期的概率（$n \cdot P_a$），而不是每飞行小时的概率（$P_a$），因此图 2－9 中的多条曲线变为一条曲线。如果整条失效概率曲线位于所要求的直线的右上方，则对于该特定的检查间隔，损伤容限要求是满足的。从该图中可以看出，当检查间隔增加时，由于第四象限中的损伤概率曲线向下移动，将导致第三象限中的失效概率曲线也向下移动。对于图 2－9 所示的情况，最大可接受的检查间隔为 1 000 飞行小时，因为进一步增加检查间隔将导致结构失效概率与可接受的概率直线相交。

此外，还可以采用该方法的其他变形来获得可接受的失效概率。例如，在设计阶段首先选择所要求的检查间隔，然后通过第三象限中要求的失效概率曲线来生成第一象限中要求的剩余强度曲线。结构设计必须满足实际的剩余强度曲线位于该曲线和限制载荷之上。

综上所述，采用该简化的概率性方法时，与通用方法类似也需要建立冲击损伤威胁概率模型、冲击能量与结构损伤的关系、冲击能量和剩余强度的关系，以及载荷超越概率模型等。此外，也需要针对冲击损伤（VID）开展重复载荷下的“损伤无扩展”验证。

2.3.2.3　IPACS 方法

IPACS（integrated probabilistic analysis of composite structures）方法[8, 12]由美国航空航天局刘易斯研究中心提出。其主要流程为：首先建立材料模型，通过组分级的细观试验确定复合材料单一组分的初始力学性能参数，这些力学性能参数符合某一概率分布模型（如正态分布）。然后根据复合材料细观力学理论分析得到单层级材料力学性能，再根据层压板理论和单层级材料力学性能分析得到层压板的力学性能，最后再将层压板的性能传递至结构层级上。在此过程中，分散性也由组分层级逐级传递至结构层级，这样就建立了结构性能与材料组分初始力学性能参数之间的函数关系。由于该函数关系是复杂的积分表达式，因此该研究采用了快速概率积分方法计算结构力学性能和复合材料组分性能参数的最终函数关系，并计算结构性能的累积分布函数。此外，该方法还可以在结构层级开展相关的力学试验，并通过试验数据逐级校正分析参数，最终修正复合材料单一组分的基本力学性能。该方法较为基础，也相对成熟，但其采用的随机变量主要包括组分材料性能、结构尺寸和设计载荷等，而对冲击损伤这一重要的随机变量没有深入地进行研究。

2.3.2.4 等效安全水平方法

等效安全水平方法[8, 13-16]由美国国家航空航天局兰利研究中心提出，其主要关注了复合材料结构在服役过程中遭遇的冲击损伤威胁。该方法采用了细观力学、层压板理论等相关的经典力学理论，并考虑了制造缺陷、运营环境和冲击损伤等多种因素，研究内容注重于检查间隔和损伤检出能力的研究。该方法基于等效安全理论，因此称为等效安全水平方法。

复合材料飞机结构损伤容限的基本理念要求开展定期检查，以发现设计不允许的服役损伤，并及时修理。等效安全水平就是基于这一理念提出的。等效安全水平（LOS）定义为失效概率（PF）的余子，而失效概率定义为结构遭遇超出临界尺寸的损伤后，损伤未被及时检出的概率。等效安全水平方法假设在一次检测中只存在一个损伤，并且该损伤不随时间变化（即损伤不扩展）。因此等效安全水平和失效概率可以表示为

$$LOS = 1 - PF = 1 - P,\ A \geqslant a_c,\ D = 0 \tag{2-7}$$

$$PF = \int_{a_c}^{\infty} p(a)[1 - P_D(a)]\mathrm{d}a \tag{2-8}$$

其中，a 是损伤尺寸随机变量；a_c 代表临界损伤尺寸；D 表示损伤检测的两种情况，0 表示损伤未被检出，1 表示损伤被检出；$p(a)$ 表示损伤尺寸的概率密度函数；$P_D(a)$ 表示损伤尺寸为 a 时的损伤检出概率。在上式中 $p(a)$ 是未知的，可由贝叶斯定理利用已有的概率函数确定，即

$$p(a) = \frac{p_0(a)}{P_D(a)} \Big/ \int_0^{\infty} \frac{p_0(a)}{P_D(a)}\mathrm{d}a \tag{2-9}$$

其中，$p_0(a)$表示被检出损伤尺寸的概率密度函数。注意公式中的实际损伤尺寸的分布 $p(a)$与被检出损伤尺寸的分布 $p_0(a)$是不同的。因此等效安全水平可以表示为

$$LOS = 1 - \int_{a_c}^{\infty} \frac{p_0(a)}{P_D(a)}[1 - P_D(a)]\mathrm{d}a \Big/ \int_0^{\infty} \frac{p_0(a)}{P_D(a)}\mathrm{d}a \tag{2-10}$$

上式表示在结构中只存在一个损伤时的失效概率。但是在实际的飞机结构中,会同时出现多个不同类型的损伤。每一种损伤都有各自的检出概率分布,不同类型的损伤在结构中的不同位置又具有不同的等效安全水平值。假设所有的损伤都是独立的,它们之间的相互影响可以忽略,因此整个结构的等效安全水平是所有离散的等效安全水平值的乘积,其可以表示为

$$LOS = \prod_{i=1}^{N_L} \prod_{j=1}^{N_{Ti}} (1 - PF_{ij})^{n_{ij}} \tag{2-11}$$

其中,N_L 表示损伤位置的数量;N_{Ti} 表示在位置 i 处的损伤类型的数量;n_{ij} 表示位置为 i、损伤类型为 j 的损伤数量的均值。

等效安全水平方法适用于可靠性等同或者高于现役飞机的新结构设计,指导制定维护维修指南并优化检测间隔,并用于比较具有不同结构构型和材料体系的飞机结构的相对安全性。该方法包含了飞机结构设计中所用到的几乎所有的参数,可用于任何类型的结构或材料体系,并可用于评估不同的材料、制造工艺、载荷情况或服役环境下,结构部件的相对安全性。同时这种方法区别了被检出损伤尺寸的分布和实际损伤尺寸的分布,并将结构的检查间隔纳入设计过程。在数据统计过程中,贝叶斯方法的使用能够降低结构在服役期间的不确定性,同时为航空公司与适航审定部门提供了一种管理飞机结构失效风险的有效手段。但是目前的等效安全水平方法中所考虑的损伤容限问题还不足以完全确定结构的安全水平。该方法只确定了针对某一固定时刻和单一检测的安全水平,没有考虑到结构在服役期间的损伤积累,忽略了不同损伤类型之间的相互影响及多损伤情况。

2.3.2.5　TsAGI 方法

TsAGI 方法[8, 17, 18]由俄罗斯中央空气流体力学研究院(TsAGI)提出,其主要目标是在飞机结构设计的各个阶段为设计人员和分析人员提供一种复合材料结构损伤容限自动化分析工具。该方法可保证结构在同时满足重量、制造与维护成本等要求的情况下,达到规定的安全性和可靠性水平。

该方法需要考虑结构在制造和服役期间的各种因素,包括复合材料力学性能、制造工艺、设计参数、缺陷和损伤等。为了保证损伤容限评估的有效性,需要在分析过程中的各个阶段建立分析与统计模型,并利用已有的数据库获得以下参数和结构特性:制造缺陷、服役损伤类型和尺寸的统计分布;典型冲击下的损伤尺寸;制造缺陷和服役损伤对剩余强度和耐久性的影响;结构尺寸、载荷、环境折减因子及其统计特性;检测和维修计划;失效概率的评估方法等。这些参数是结构安全性

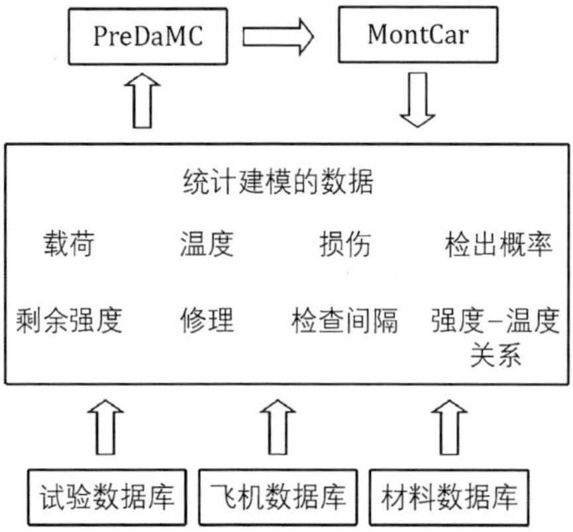

图 2-10 TsAGI 方法的计算思路

和可靠性预测的基础，如图 2-10 所示。该方法建立在飞-续-飞情况下，对结构复合应力状态的蒙特卡罗(Monte Carlo)模拟基础上，考虑了材料在使用寿命内的制造缺陷、服役损伤和服役环境等因素。在飞机结构设计时，需要分析在一系列情况下(如规定的机动飞行、突风载荷和着陆条件等)结构的强度和刚度。实际飞机结构的设计载荷工况有很多，为了简化分析，对每一个具体结构仅考虑关键的载荷工况。

该方法结合了结构在服役期间的应力状态，考虑到各种随机载荷的情况，采用蒙特卡罗数值模拟方法进行失效概率分析。在每个时间间隔内，比较结构的工作应力和材料强度，如果 N 次载荷和剩余强度的模拟过程中发生了 M 次失效，则失效概率 β 可以定义为

$$\beta = M/N \tag{2-12}$$

可以通过选择 N 以使 β 的估计误差不超出可接受的值。获取 β 的估计值和合适的误差水平是最终的模拟目标。通过改变初始模拟条件(如安全系数或安全裕度、对应检查方法的检查频率或检查间隔、结构修理技术等)，用户可以选择合理的结构和维护参数以满足可靠性和成本要求。该直接模拟会花费非常长的时间，主要是因为对于多组件载荷随机生成器缺少足够的信息。除模拟时间外，即便采用现代计算机，对于参数化分析，计算的时间也非常高。为了解决该问题，需要引入重要的简化假设，该假设的一般思路为通过有限的状态组来代替无限的连续的状态空间。

在总的模拟时间内，结构失效概率可以表示为

$$\beta = 1 - \prod_{i=1}^{N}(1 - \beta_i) \tag{2-13}$$

其中，β_i 表示在第 i 个载荷工况下，结构中至少有一个分区发生失效的概率。如果在模拟过程中，飞机寿命期内没有产生损伤，则元件的强度就没有退化，此时失效概率 β 可以表示为

$$\beta = \int_0^{\infty} f_{l\max i}(x) F_{pi}(x)\,\mathrm{d}x \tag{2-14}$$

其中，$F_{pi}(x)$ 是在第 i 个载荷下，结构强度的累积分布函数；$f_{l\max i}(x)$ 表示在总的模拟时间内，最大载荷的概率密度函数。如果 $F_p(x)$ 与模拟时间无关，则 $F_{pi}(x)$ 和

$f_{l\max i}(x)$ 相互独立。如果有多个损伤,则可以采用蒙特卡罗模拟来确定结构的失效概率。如果没有损伤或只有一个损伤,则可以应用一种近似的复合方法(失效的条件概率方程)来分析。TsAGI 采用这种方法分别对里尔涡扇(Lear Fan)2100 和 SU－29 的机翼进行了可靠性分析。

2.3.2.6　Northrop-Grumman 方法

Northrop-Grumman 方法[8, 19–22]是诺思罗普·格鲁曼公司商用飞机部门在美国联邦航空局的资助下提出的一套考虑了缺陷和损伤的复合材料结构损伤容限概率性分析方法。该方法综合了条件期望方法(conditional expectation method, CEM)和概率集成方法(probability integrated method, PIM)。其主要特点为通过在总体失效概率计算过程中应用数值积分技术以显著提高计算效率。概率集成方法与条件期望方法的结合在本方法中称为混合概率集成方法(mixed probabilistic method, MPM)。该方法主要是解决在载荷工况繁多、结构复杂、失效模式多的情况下,使用传统的蒙特卡罗模拟方法计算效率相对较低的问题。

Northrop-Grumman 方法在美国联邦航空局威廉姆休斯技术中心(William J Hughes Technical Center)的银河科学公司(Galaxy Scientific Corporation)采用传统的蒙特卡罗模拟方法完成了验证。其基本原理是:对于一个小概率的随机事件,相比于直接计算其总体失效概率而言,更容易计算其条件失效概率。而对于条件失效概率的精确预测通常需要相对较小的模拟次数。因此,混合概率集成方法首先计算每一条件事件的条件失效概率,然后再通过概率集成方法计算总体失效概率,即对组成总体失效概率的各种条件失效概率求积或求和。条件失效概率的一般表达式如下:

$$P_f = \int_{\Omega_s} f_L(s) \cdot F_S(s)\,\mathrm{d}s \tag{2-15}$$

式中,$f_L(s)$ 表示在随机选取的突风载荷下,每次飞行的最大工作应力 $\sigma_{\max}$ 的概率密度函数;$F_S(s)$ 表示在随机选取的环境和损伤条件下,材料强度的累积分布函数;Ω_s 表示所分析结构的应力范围。

计算得到每种条件下的 P_f 后,再通过数值积分方法综合所有情况下 P_f 的平均值,作为结构元件总体失效概率的估计值。该方法在 Lear Fan 飞机的机翼盒段分析中首次应用。对于失效概率很小的情况,与蒙特卡罗模拟方法相比,混合概率集成方法是一种更有效率的计算方法。

参考文献

[1] US Department of Transportation, Federal Aviation Administration. AC 20－107B Composite aircraft structure[S], 2009.

[2] European Union Aviation Safety Agency. AMC 20 – 29 Composite aircraft structure[S], 2010.
[3] US Department of Transportation, Federal Aviation Administration. AC 25.1309 – 1A System design and analysis[S], 1988.
[4] US Department of Transportation, Federal Aviation Administration. AC 29 – 2C MG8 Certification of transport category rotorcraft[S], 2008.
[5] US Department of Transportation, Federal Aviation Administration. AC 25.571 – 1D Damage tolerance and fatigue evaluation of structure[S], 2011.
[6] CMH – 17 Committee. Composite materials handbook, Vol 3: Polymer matrix composites: materials usage, design, and analysis [M]. Detroit: SAE International, 2012: 12 – 20.
[7] CMH – 17 Committee. Composite materials handbook, Vol 3: Polymer matrix composites: materials usage, design, and analysis [M]. Detroit: SAE International, 2012: 12 – 28.
[8] 肖闪闪.飞机复合材料结构概率冲击损伤容限评估方法研究[D].南京：南京航空航天大学,2013.
[9] Tropis A, Thomas M, Bounie J L, et al. Certification of the composite outer wing of the ATR72[J]. Journal of Aerospace Engineering, 1995, 209(47): 327 – 339.
[10] Rouchon J. Certification of large airplane composite structures in recent progress and new trends in compliance philosophy[C]. Stockholm: 17th ICAS Congress, 1990.
[11] Rouchon J. How to address the situation of the No-Growth concept in fatigue with a probabilistic approach — Application to low velocity impact damage with composites[C]. Edinburgh: 25th ICAF Conference, 1997.
[12] Long M W, Narciso J D. Probabilistic design method for composite aircraft structure[R].Springfield: National Technical Information Service, 1999.
[13] Lin K Y, Du J, Rusk D. Structural design methodology based on concepts of uncertainty[R]. National Aeronautics and Space Administration Langley Research Center, 2000.
[14] Lin K Y, Rusk D T, Du J. Equivalent level of safety approach to damage-tolerant aircraft structural design[J]. Journal of Aircraft, 2002, 39(1): 167 – 174.
[15] Lin K Y, Stuart A V. Probabilistic approach to damage tolerance design of aircraft composite structures [J]. Journal of Aircraft, 2007, 44(4): 1309 – 1317.
[16] Huang C K, Lin K Y. A method for reliability assessment of aircraft structures subject to accidental damage[C]. Austin: 46th AIAA/ASME/ASCE/AHS/ASC Structures, Structural Dynamics and Materials Conference, 2005.
[17] Ang A H S, Tang W H. Probability concepts in engineering planning and design[M]. New York: John Wiley Sons, 1975.
[18] Ushakov A, Stewart A, Mishulin I, et al. Probabilistic design of damage tolerant composite aircraft structures[R]. Springfield: National Technical Information Service, 2002.
[19] Kan H P. Assessment of probabilistic certification methodology for composite structures [R]. Springfield: National Technical Information Service, 2001.
[20] Kan H P, Cordero R, Whitehead R S. Advanced certification methodology for composite structures [R]. Springfield: National Technical Information Service, 1997.
[21] Michael S. Evaluation of the probabilistic design methodology and computer code for composite structures[R]. Springfield: National Technical Information Service, 2001.
[22] Gary P M, Riskalla M G. Development of probabilistic design methodology for composite structures [R]. Springfield: National Technical Information Service, 1997.

第3章

冲击损伤威胁

3.1 引言

损伤威胁主要包括疲劳、环境腐蚀、制造缺陷、外来物冲击和其他意外损伤(包括离散源等)。由于复合材料结构对疲劳和环境腐蚀有天然良好的阻抗性能,因此制造缺陷、外来物冲击和其他意外损伤(主要为离散源损伤)是造成其力学性能下降的主要因素。而制造缺陷通常主要与设计值和静强度要求有关,因此本书不展开介绍。损伤容限评估主要考虑两类损伤场景,即由随机性的外来物冲击事件引起的冲击损伤和离散源事件引起的损伤。随机性的外来物冲击事件通常出现频率较高但能量相对较低,主要包括制造、运营或维护时发生的工具掉落、设备撞击、可拆卸件撞击、跑道碎片、地面冰雹和飞行冰雹等。这类冲击事件作为常规的损伤威胁,通常需要通过服役损伤调查和冲击威胁场景调查来确定其发生概率、冲击能量水平和冲头特征等。离散源事件通常出现频率较低但能量相对较高,主要包括鸟体撞击、非包容的发动机失效、非包容的辅助动力装置(APU)失效、冲压空气涡轮机(RAT)叶片失效、轮胎和轮缘失效等。这类意外事件通常作为特殊风险事件考虑,不管实际调查得到的发生概率如何,在结构设计时必须假定其可能发生并做相应的考虑。此外,离散源事件中冲击物尺寸、重量、动能(或速度)和影响区域等通常也有明确的规定。

除以上两类冲击损伤场景外,飞机结构还可能遭遇异常的飞行超载、非正常的硬着陆和严重的地面碰撞等情况,这些情况在设计时通常难以合理地考虑,设计准则也无相应的要求,因此本书不展开介绍。另外,还有一些特殊风险事件,如闪电损伤、摆动轴杆、高温引气泄漏、高压储能设备爆破和机尾擦地等场景。这些特殊风险事件虽然也有可能造成相对严重的局部损伤,但通常不是主要的结构设计驱动。而且由于此类风险事件的复杂性,通常难以通过分析来表明适航符合性,而主要依赖在结构设计阶段合理地布置和设计防护,以及在验证阶段通过积木式试验来表明适航符合性。因此,本书对这类事件也不做详细的介绍。

综上所述,本章主要介绍了针对外来物冲击事件的服役损伤调查方法及实践案例,以及典型的冲击损伤威胁场景和离散源损伤场景等。

3.2 服役损伤调查

根据 AC 20-107B 的建议,复合材料飞机结构损伤威胁评估主要包括服役损伤调查和冲击威胁场景调查。其中,服役损伤调查是基于相似飞机的服役经验开展的,因此获取充足的服役损伤数据是非常必要的。这些服役损伤数据至少应包括:飞机零件的名称、功能、位置,飞行记录,服役损伤记录(损伤类型和尺寸等),冲击损伤阻抗,服役环境,装配结构细节的耐久性(如螺栓连接和胶接的耐久性),相邻系统的安装点,以及能引起零件超载或损伤的非正常使用或维护操作事件[1]。其中,外来物冲击损伤是损伤威胁评估需要特别关注的问题,在服役损伤调查时应额外关注此类损伤数据的收集和分析,以对冲击损伤发生概率和冲击能量截止值做出合理的工程判断。

通过服役损伤调查确定冲击损伤发生概率和冲击能量截止值的主要流程如下。

1) 损伤数据调查与筛选

调查现役飞机的历史服役损伤数据。对损伤数据进行筛选,得到与外来物冲击事件相关的损伤数据,并通过损伤出现次数和总飞行小时计算得到冲击损伤出现概率。

2) 损伤数据转化

现役飞机的历史服役损伤数据主要是基于金属飞机结构调查获得的。金属飞机结构的冲击损伤主要表现为凹坑。为了获得复合材料飞机结构设计所关注的冲击能量,需要将这些凹坑信息转化为对应的冲击能量。因此,有必要对这些含凹坑结构的冲击损伤阻抗进行调查,以获得凹坑信息和冲击能量的对应关系。冲击损伤阻抗可通过冲击试验或经过冲击试验校准的精细有限元分析获得。

3) 统计分析

将凹坑信息转化为对应的冲击能量后,可以统计分析这些冲击能量的超越频次和超越概率,并采用合适的数学模型拟合这些数据,得到冲击能量超越概率曲线。结合冲击损伤的出现概率可以进一步求得冲击能量截止值。

通过服役损伤调查确定冲击能量截止值的流程如图 3-1 所示。

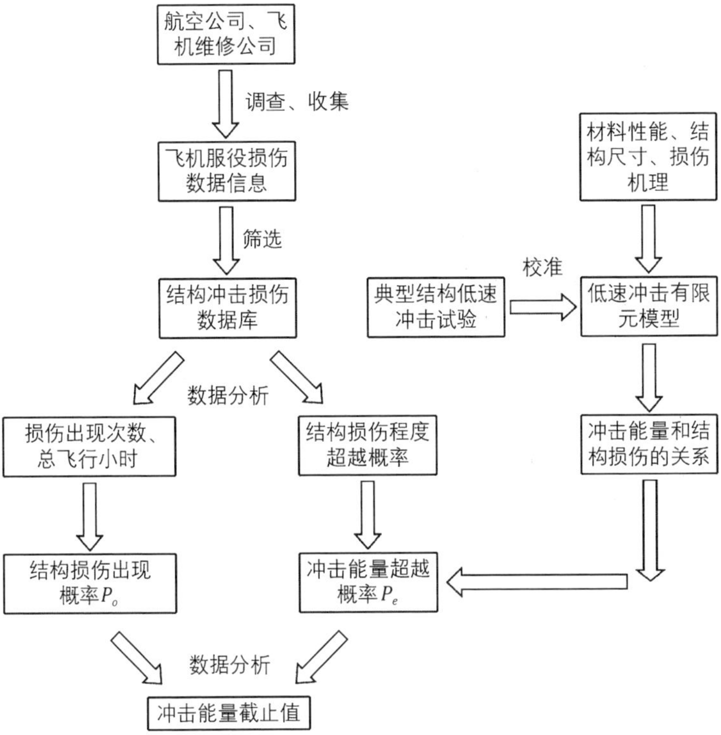

图 3－1　冲击能量截止值的确定流程

3.2.1　冲击能量截止值

如第 2 章所述，在概率性损伤容限评估中需要确定实际可能发生的冲击能量截止值和极不可能发生的冲击能量截止值。下面具体介绍冲击能量截止值的计算原理以及相关参数的确定。

3.2.1.1　计算原理

假设 P_a 为飞机在服役过程中遭遇至少一次冲击能量等于或超出能量截止值（E_{cutoff}）的冲击事件的概率，单位为每飞行小时；P_o 为飞机在服役过程中遭遇冲击损伤事件的概率，单位也为每飞行小时；P_e 为在已发生的冲击损伤事件中，冲击能量等于或超出能量截止值（E_{cutoff}）的概率。

假设冲击事件发生（P_o）和损伤程度（P_e）是相对独立的，则 P_a 可以表示为两者的乘积[2]：

$$P_a = P_o \times P_e \tag{3-1}$$

P_a 由主制造商根据飞机设计服役目标而确定，可以表示为

$$P_a = 10^{-\alpha}/\text{飞行小时} \tag{3-2}$$

其中，α 为与飞机设计服役目标相关的参数。

P_o 由主制造商根据相似飞机的服役损伤数据调查获得，可以表示为

$$P_o = 10^{-\beta}/\text{飞行小时} \tag{3-3}$$

其中，β 为与冲击损伤发生概率相关的参数。

P_e 也由主制造商根据相似飞机的服役损伤数据调查获得。研究表明[3]，冲击能量等于或超出能量截止值（E_{cutoff}）的概率与 E_{cutoff} 呈对数线性关系，因此可以表示为

$$P_e = 10^{-E_{cutoff}/\mu} \tag{3-4}$$

其中，μ 为冲击能量超越概率函数的拟合参数。

将公式(3-2)、公式(3-3)和公式(3-4)代入公式(3-1)，可以求得冲击能量截止值为

$$E_{cutoff} = \mu \cdot (\alpha - \beta) \tag{3-5}$$

因此，为了求得冲击能量截止值，需要进一步确定 α、β 和 μ。

3.2.1.2 P_a 和 α 的确定

1）第一种方法

第一种确定 P_a 和 α 的方法是参考 B 基准强度值的概念，设定 90%概率的能量水平作为冲击能量截止值[2]。这意味着：在飞机运营寿命末期，不超过 10%的飞机会遭遇至少一次冲击能量等于或超出能量截止值的冲击事件。对于这 10%的飞机对应的更严重的损伤情况，采用损伤容限方法表明其符合规定的安全水平。

基于该理念，假设 P_1 为在 n 飞行小时内未遭遇任何冲击能量等于或超出能量截止值的冲击事件的概率；P_a 为飞机在服役过程中遭遇至少一次冲击能量等于或超出能量截止值（E_{cutoff}）的冲击事件的概率，单位为每飞行小时。则不难发现：

$$P_1 = (1 - P_a)^n \tag{3-6}$$

那么在 n 飞行小时内，遭遇至少一次冲击能量等于或超出能量截止值的冲击事件的概率 P 为

$$P = 1 - P_1 = 1 - (1 - P_a)^n \tag{3-7}$$

进而可求得

$$P_a = 1 - (1 - P)^{1/n} \tag{3-8}$$

$$\alpha = -\lg[1 - (1 - P)^{1/n}] \tag{3-9}$$

对于特定的飞机型号，飞机制造商可以根据设计服役目标文件中规定的飞机设计寿命 n（飞行小时）和 $P = 10\%$ 求得 P_a 和 α。

2）第二种方法

第二种确定 P_a 和 α 的方法是参考限制载荷的发生概率（约 10^{-5}/飞行小时），即在飞机服役寿命内超出能量截止值的冲击事件仅发生一次。采用该方法确定的冲击能量截止值也较为合理，因为冲击能量超过截止值的概率小于限制载荷的发生概率是不合理的。

基于该理念，假设飞机的设计服役寿命为 n（飞行小时），则可以求得

$$P_a = 1/n \tag{3-10}$$

$$\alpha = -\lg(1/n) \tag{3-11}$$

3）第三种方法

第三种确定 P_a 和 α 的方法是参考 AC 25.1309－1A[4] 对不可能事件的定义。根据 AC 25.1309－1A 的定义，不可能事件的发生概率为 10^{-5}/飞行小时。采用该方法确定的冲击能量截止值通常更为合理，因为其与飞机系统设备的失效风险保持一致。

基于该理念可以求得

$$P_a = 10^{-5}/\text{飞行小时} \tag{3-12}$$

$$\alpha = -\lg(P_a) = 5 \tag{3-13}$$

此外，还可以参考 AC 25.1309－1A 对极不可能事件（10^{-9}/飞行小时）的定义来确定用于复合材料结构损伤容限评估的冲击能量截止值。

3.2.1.3　P_o 和 β 的确定

1）第一种方法

第一种确定 P_o 和 β 的方法是基于相似飞机的服役经验，这些服役损伤数据构成了确定冲击损伤发生概率的基础。根据损伤威胁调查获得服役损伤数据，并经过简单地推理可得

$$P_o = \sum_1^m n_D \Big/ \sum_1^m n_F \tag{3-14}$$

$$\beta = -\lg\left(\sum_1^m n_D \Big/ \sum_1^m n_F\right) \tag{3-15}$$

其中，m 为飞机服役损伤调查所记录的飞机架次；n_D 为飞机服役损伤调查所记录的每架飞机的冲击损伤数量；n_F 为飞机服役损伤调查所记录的每架飞机的飞行小时。

2）第二种方法

第二种确定 P_o 和 β 的方法参考了 AC 25.1309－1A 对可能事件的定义。根据 AC 25.1309－1A 的定义，可能事件的发生概率介于 10^{-3}/飞行小时至 10^{-5}/飞行小时之间。因此，在缺乏充足的服役损伤数据的情况下，可以保守地假设：

$$P_o = 10^{-3}/\text{飞行小时} \tag{3-16}$$

$$\beta = -\lg(P_o) = 3 \tag{3-17}$$

3.2.1.4　P_e 和 μ 的确定

确定 P_e 和 μ 也需要基于相似飞机的服役经验。首先，通过损伤威胁调查获得服役损伤数据，并根据所调查结构的冲击损伤阻抗特性将这些服役损伤数据逐一转化为冲击能量数据。然后，将这些冲击能量分成 m 级，并计算每一级的超越频次 n，可以得到有序数据对为 (E_1, n_1)，(E_2, n_2)，…，(E_i, n_i)，…，(E_m, n_m)。假设冲击损伤总数量为 n_{total}，则冲击能量及对应的超越概率数据对为 $(E_1, P_{e,1})$，$(E_2, P_{e,2})$，…，$(E_i, P_{e,i})$，…，$(E_m, P_{e,m})$ $(P_{e,i} = n_i/n_{\text{total}})$。这些数据点近似呈对数线性分布，因此可以采用以下函数形式进行拟合：

$$P_e = 10^{-E/\mu} \tag{3-18}$$

或

$$\lg(P_e) = -E/\mu \tag{3-19}$$

采用最小二乘法，通过简单地推导可以得到 μ 的最佳估计值：

$$\hat{\mu} = -\frac{\sum (E_i - \bar{E})^2}{\sum (E_i - \bar{E})(\lg P_{e,i} - \lg \bar{P}_e)} \tag{3-20}$$

在某些情况下，也可以采用双参数威布尔分布模型拟合这些冲击能量及对应的超越概率数据。为了获得双参数威布尔分布模型的参数，可以采用极大似然估计法和 Levenberg Marquardt（LM）迭代算法对模型参数进行估计。

3.2.2　冲击能量概率分布

当采用概率性方法计算复合材料飞机结构的失效概率或检查间隔时，不但需要确定两类冲击能量截止值，还需要确定冲击能量的概率分布。为了数据处理方便，通常对所调查的冲击能量及对应的超越概率数据进行拟合。用于数据拟合的数学模型需要反映真实的数据分布规律，实际应用中通常采用对数线性函数或双参数威布尔函数来进行拟合。

采用对数线性函数时，冲击能量的概率密度函数和超越概率函数分别如公式

(3－21)和公式(3－22)所示：

$$f(E) = \frac{\ln 10}{\mu} \cdot 10^{-E/\mu} \tag{3-21}$$

$$P_e(E) = 10^{-E/\mu} \tag{3-22}$$

式中，E 为冲击能量；μ 为拟合参数。

采用双参数威布尔函数时，冲击能量的概率密度函数和超越概率函数分别如公式(3－23)和公式(3－24)所示：

$$f(E) = \frac{\alpha}{\beta}\left(\frac{E}{\beta}\right)^{\alpha-1} \exp\left[-\left(\frac{E}{\beta}\right)^{\alpha}\right] \tag{3-23}$$

$$P_e(E) = \mathrm{e}^{-(E/\beta)^{\alpha}} \tag{3-24}$$

式中，E 为冲击能量；α 和 β 为拟合参数。

一般来说，采用对数线性函数的优点是参数估计过程比较简单，后续失效概率和检查间隔的计算过程也较为简单，而采用双参数威布尔函数通常会获得更加准确的计算结果。

3.2.3　冲击损伤威胁分区

在飞机的实际服役过程中，每个结构部件所面临的损伤威胁并不一样，因此损伤的发生概率和冲击能量超越概率通常也不一样，这就导致了不同的结构部件可能具有不同的冲击能量截止值。然而针对每一个结构部件分别计算冲击能量截止值的想法也是不切实际的，一方面繁多的冲击能量截止值会导致结构设计和验证过于复杂，而且这些冲击能量截止值之间可能并没有十分显著的差异；另一方面，针对每一结构部件通常也很难收集到充足的服役损伤数据用于计算冲击能量截止值。因此，通常仅将损伤威胁有显著差异的结构部件区分开来，分别计算冲击能量截止值，例如，机身外部一般区域、机身门框附近、机翼外部一般区域、机翼根部和吊挂连接区域、平尾根部，以及平尾和垂尾外部一般区域等。

3.3　服役损伤调查实践

由于冲击能量截止值是复合材料飞机结构损伤容限评估必要的关键参数，与飞机的安全性息息相关，因此国际主流的飞机制造商和航空研究机构均对此进行了深入地研究，并得出了一些非常有意义的结论。下面分别介绍 Northrop-Grumman 公司、俄罗斯中央空气流体力学研究院(TsAGI)和国内的一些研究实践。

3.3.1 Northrop-Grumman 公司的实践

在美国联邦航空局的资助下，Northrop-Grumman 公司的飞机研发部门开展了一项关于低速冲击损伤威胁的研究[3]。该研究调查了当时服役的主流军用飞机型号，包括 F-4、F-111、A-10 和 F-18 等，共获取了 1 644 条有效的结构损伤记录。与 3.2 节所述不同的是，Northrop-Grumman 公司采用了双参数威布尔分布模型来描述冲击能量的分布概率，并假设了三个冲击威胁等级：高等级、中等级和低等级。下面详细介绍了 Northrop-Grumman 公司的冲击损伤威胁评估方法。

由于 Northrop-Grumman 公司采用双参数威布尔分布模型来描述冲击损伤的发生概率，因此冲击损伤威胁评估的主要任务是确定该模型的两个参数：尺度参数(β)和形状参数(α)。由双参数威布尔分布模型的性质可知，冲击能量的众数(X_m)和发生概率为 p 的冲击能量水平(X_p)可以通过尺度参数(β)和形状参数(α)来表达，如公式(3-25)和公式(3-26)所示。

$$X_m = \left(\frac{\alpha - 1}{\alpha}\right)^{1/\alpha} \beta \tag{3-25}$$

$$\beta = \frac{X_p}{[-\ln(p)]^{1/\alpha}} \tag{3-26}$$

联合以上两等式，可以得到：

$$\frac{X_m}{X_p} = \left[\frac{\alpha - 1}{-\alpha\ln(p)}\right]^{1/\alpha} \tag{3-27}$$

通过迭代计算，可以求得 α 的值。然后通过公式(3-25)可以求得 β 的值。

在实践中，Northrop-Grumman 公司假设了高、中和低三个冲击威胁等级，如表 3-1 所示。表 3-1 列出了对应这三个冲击威胁等级的典型值和双参数威布尔分布的模型参数。高等级冲击威胁概率分布的众数值为 20.3 J，超越该冲击能量的冲击损伤发生概率为 0.81。冲击能量超过 136 J 的概率为 0.1。Northrop-Grumman 公司认为这是一种较为保守的估计。

表 3-1　冲击威胁等级

	高等级威胁	中等级威胁	低等级威胁
冲击能量的众数值 X_m /J	20.3	8.1	5.4
136 J 能量的超越概率 $p(136)$	0.1	0.01	0.000 1
α	1.264	1.192	1.221
β/J	70.1	37.7	22.0

中等级冲击威胁概率分布的众数值为 8.1 J,超越该冲击能量的冲击损伤发生概率为 0.85。冲击能量超过 136 J 也是可能发生的,但是发生概率很小,为 0.01。中等级冲击威胁也是对现实情况相对保守的估计。

对于大多数复合材料飞机结构而言,低等级冲击威胁是对现实冲击损伤的一种更为合理的估计。低等级冲击威胁概率分布的冲击能量众数值为 5.4 J,冲击能量超过 136 J 是极不可能发生的,其发生概率仅为 0.000 1。

这三个等级的冲击威胁概率分布如图 3-2 所示。这些冲击能量分布函数可与冲击损伤检出概率模型、结构剩余强度模型等联合,用于后续的损伤容限概率性方法分析。

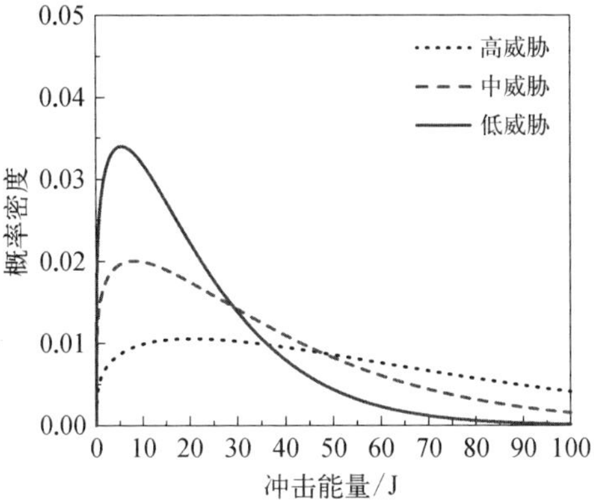

图 3-2　三种冲击威胁的概率分布

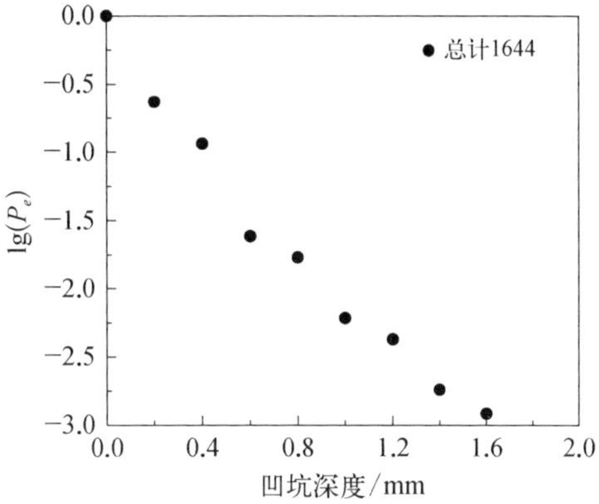

图 3-3　凹坑深度超越概率

在损伤威胁调查项目中,Northrop-Grumman 公司还收集了 F-4、F-111、A-10 和F-18 等飞机在服役过程中产生的冲击凹坑深度数据,并以超越概率对数的形式表示,如图 3-3 所示。对于每一架飞机,冲击凹坑深度分布的规律是相似的。由于这些凹坑深度数据是基于金属飞机结构获得的,为了将其有效地应用于复合材料飞机结构,需要将其转化为冲击能量。因此,Northrop-Grumman 公司通过金属飞机壁板冲击试验建立了冲击能量与凹坑深度的关系。图 3-4 为通过 F-15 机翼壁板冲击试验获得的冲击能量-凹坑深度关系。可以看出,冲击能量与凹坑深度近似呈指数函数关系。利用冲击能量与凹坑深度的关系将金属飞机结构的凹坑深度数据转化为冲击能量

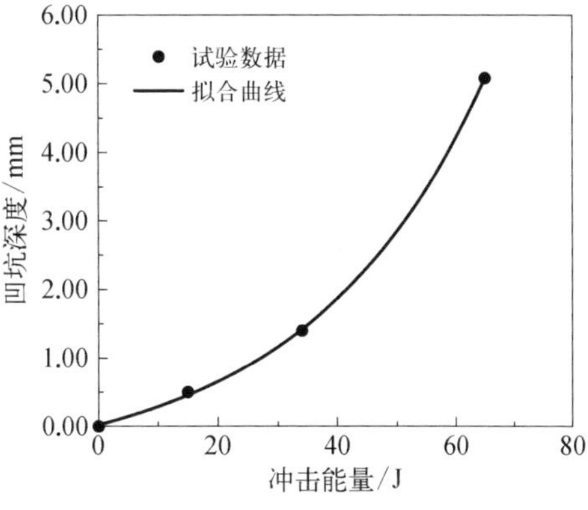

图 3-4　冲击能量与凹坑深度关系

数据,并采用对数线性模型拟合这些数据,得到冲击能量超越概率曲线,如图 3-5 所示。从图 3-5 可以看出,通过损伤威胁调查获得的冲击能量上限约为 46.7 J。此外,还可以看出,超过 90%的冲击能量在 20 J 以下。

采用双参数威布尔分布模型拟合该服役损伤数据,可以得到 X_m = 1.3 J, X_p = 35 J, p = 0.000 5。同时还可以得到双参数威布尔分布模型的形状参数 α 和尺度参数 β 分别为 1.147 和 5.98。将基于飞机服役数据的冲击能量超越概率曲线与 Northrop-Grumman 公司假设的三种冲击威胁模型所对应的冲击能量超越概率曲线进行比较,如图 3-6 所示。可以看出,三种冲击威胁模型与基于飞机服役数据的冲击能量超越概率相比均是保守的。

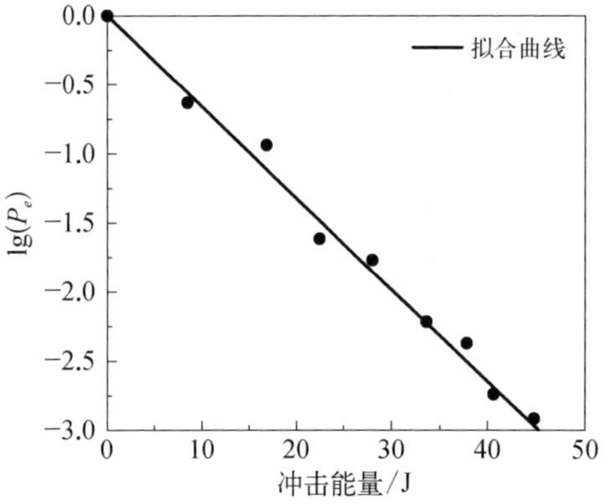

图 3-5 冲击能量超越概率曲线

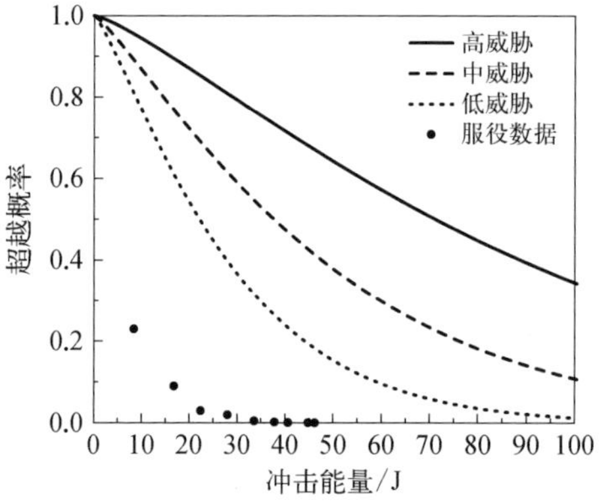

图 3-6 三种冲击威胁模型与基于服役数据的冲击能量超越概率对比

3.3.2 TsAGI 的实践

在美国联邦航空局的资助下,俄罗斯中央空气流体力学研究院(TsAGI)开展了一项关于复合材料飞机结构低速冲击损伤调查的研究[5]。该研究调查了俄罗斯当时服役的主流军用飞机型号,包括 MIG-29、SU-27、SU-25、L-1011 和 AN-124 等,共获取了 87 503 飞行小时的服役损伤数据,包含 136 条结构损伤记录。TsAGI 的方法与前面所述的方法也有一些不同,其直接调查了复合材料飞机结构的冲击损伤,包含了详细的飞行时间和结构损伤尺寸等数据。TsAGI 没有将冲击损伤转化为冲击能量再计算冲击能量的超越概率,而是直接计算了复合材料结构冲击损伤尺寸的超越概率。下面详细介绍 TsAGI 的冲击损伤威胁评估方法。

TsAGI 认为飞机机体结构的特征和位置不同,则冲击威胁特征也不同。例如,机翼上壁板可能被掉落的工具冲击而产生损伤。然而,机翼下壁板却几乎不可能遭遇此类冲击事件,而是具有相当大的概率遭遇机轮卷起的石子冲击。因此冲击威胁评估是按照不同的结构部件开展的。对于包含蒙皮、长桁、框、梁和肋等元件的复合材料飞机结构,每一部件均有不同的冲击损伤发生概率。如果每一部件均积累了足够多的服役损伤数据,那么可以针对每一部件列出更高或更低的冲击损伤发生概率。此外,对于常见的机械冲击而言,最容易遭遇冲击威胁的是蒙皮,因此蒙皮是冲击威胁调查的主要研究对象。

复合材料飞机结构主要有两种形式: 夹层结构和层压板结构。夹层结构面板厚度通常较薄,而层压板蒙皮厚度通常较厚。较薄蒙皮(或面板)的损伤门槛值能量较低;反之,较厚蒙皮(或面板)的损伤门槛值能量较高。所以对于不同结构形式,冲击损伤情况是不同的。同样,材料韧性、厚度和支持条件对冲击损伤也有显著的影响。因此,TsAGI 的冲击损伤威胁评估方法仅适用于具有相似材料、相似结构形式、相似厚度和相似支持条件的结构进行类比分析。此外,TsAGI 方法将冲击损伤发生概率按照飞机结构表面积和飞行时间进行归一化处理,以比较不同尺寸的结构在不同飞行时间情况下的冲击损伤发生概率。因此,TsAGI 的损伤威胁调查不但收集飞机基本的服役信息和服役损伤信息,还需要收集材料、厚度、结构形式、支持条件和表面积等,如表 3-2 所示。

表 3-2　冲击威胁场景

序号	结构部件	飞机型号	飞行小时	蒙皮材料	蒙皮类型	厚度/mm	表面积/mm^2
1	机翼前缘	MIG-29	1 495	CFRP	层压板	2.3	5.0
2	垂尾蒙皮	MIG-29	1 495	CFRP	层压板	1.8~3.2	11.0
3	进气口	MIG-29	1 495	CFRP	层压板	3.8	4.5
4	发动机整流罩	MIG-29	1 495	CFRP	层压板	3.6	2.5
5	下壁板	MIG-29	1 495	CFRP	夹层结构	1.0	2.5
6	机翼蒙皮	MIG-29	1 495	CFRP	层压板	2.3	16.2
7	安定面作动器整流罩	SU-27	2 000	CFRP	夹层结构	0.6	1.1
8	前机轮整流罩	SU-27	2 000	CFRP	夹层结构	0.8	1.0
9	机头起落架舱门	SU-25	3 000	CFRP	夹层结构	0.6	0.8
10	机翼/机身整流罩	L-1011	79 568	Organoplastic	夹层结构	0.4~0.5	5.2
11	起落架舱门	AN-124	1 440	CFRP	夹层结构	0.5~0.8	12.2
12	货舱门	AN-124	1 440	CFRP	夹层结构	0.5~0.8	5.8

TsAGI 根据冲击速度将机械冲击分为两类: 低速冲击和中速冲击。低速冲击通常发生在装配和定期维护过程中,一般是由于工具、螺栓等物体的掉落或碰撞产

生的。这类冲击事件引起的损伤形式主要为分层。中速冲击通常是由于飞机在起飞或降落过程中起落架机轮卷起的冰块、混凝土碎片或石子等异物冲击引起的。此外，飞行冰雹冲击、鸟体撞击和非包容的转子失效等也可能属于此类范围。这类冲击事件引起的损伤形式主要包括孔和裂纹等。对于结构剩余强度而言，最危险的情况是穿透损伤（例如孔和裂纹），其对拉伸、压缩和剪切载荷都比较敏感。此外分层对压缩和剪切载荷比较敏感，可能产生子层失稳失效模式。因此，除需要按照结构部件分类进行损伤威胁评估外，还需要按照损伤形式分类进行分析，如表 3－3 至表 3－5 所示。

特定部件的损伤发生概率取决于大量的因素，例如设计、功能、位置、维护人员资历和检查计划等。通常，不同部件的损伤发生概率是不同的，这一点可以从表 3－3 中各个结构部件对应的损伤数量看出。另外从表 3－3 中还可以看出，不同结构部件的主要冲击威胁类型是不同的。有些部件遭遇的低速冲击比较多，而中速冲击却很少或没有，如发动机进气口或前起落架舱门等。而有些部件则遭遇了较多的中速冲击，如下壁板和作动器整流罩等。表 3－3 和表 3－4 详细地列出了 TsAGI 调查的复合材料飞机结构损伤尺寸超越数和超越概率。

根据表 3－3 和表 3－4 中的数据，可以总结和归纳运营经验，并拟合得到解析性的冲击损伤超越概率模型。这些经验和规律对于复合材料飞机结构损伤容限评估是非常有必要的。TsAGI 的冲击损伤超越概率模型采用归一化的方法进行表示，即每 1 000 飞行小时、每平方米飞机结构的冲击损伤超越概率。由于这些冲击损伤超越概率在半对数坐标系下近似呈线性分布，因此可以采用如公式（3－28）所示的指数函数对其进行拟合。

$$H(2L) = H_0 \cdot e^{-2L/b} \tag{3-28}$$

式中，L 为损伤尺寸；H 为超越强度（每 1 000 飞行小时，每平方米）；H_0 和 b 为拟合参数。

图 3－7 和图 3－8 分别为 MIG－29 机翼前缘和垂尾蒙皮损伤超越概率曲线。表 3－5 给出了基于 79 568 飞行小时的不同飞机结构部件的损伤超越概率模型拟合系数 H_0、b 和 R^2，其中 R^2 值代表了拟合模型的有效性。

根据不同结构部件的损伤超越概率特征可以对这些部件进行分组，包括：具有较高冲击损伤概率的部件，例如 MIG－29 机翼前缘、MIG－29 发动机整流罩、SU－27 垂直安定面的作动器整流罩、SU－27 机头起落架整流罩、SU－25 机头起落架门等；具有中等冲击损伤概率的部件，例如 MIG－29 进气口通道、MIG－29 下方拱形板等；具有较低冲击损伤概率的部件，例如 MIG－29 垂直安定面蒙皮、MIG－29 机翼蒙皮、L－1011 翼身整流罩、AN－124 起落架舱门、AN－124 货舱门等。对于相同的分组，可以合并分析损伤威胁数据，以简化后续的损伤容限评估流程。

表 3-3　所检查飞机结构部件的损伤超越数

序号	结构部件	飞机型号	飞行小时	表面积/mm^2	所有形式损伤			分层			孔和裂纹		
					$2L>0$	$2L>30$	$2L>80$	$2L>0$	$2L>30$	$2L>80$	$2L>0$	$2L>30$	$2L>80$
1	机翼前缘	MIG-29	1 495	5.0	22	5	3	4	3	1	5	1	1
2	垂尾蒙皮	MIG-29	1 495	11.0	6	3	2	2	2	1	3	0	0
3	进气口	MIG-29	1 495	4.5	11	1	0	4	1	0	0	0	0
4	发动机整流罩	MIG-29	1 495	2.5	10	7	1	5	4	0	2	1	0
5	下壁板	MIG-29	1 495	2.5	6	3	0	1	1	0	3	1	0
6	机翼蒙皮	MIG-29	1 495	16.2	1	0	0	0	0	0	1	0	0
7	作动器整流罩	SU-27	2 000	1.1	11	2	0	0	0	0	3	2	0
8	前机轮整流罩	SU-27	2 000	1.0	11	2	1	0	0	0	3	2	1
9	机头起落架舱门	SU-25	3 000	0.8	7	7	2	6	6	2	0	0	0
10	机翼/机身整流罩	L-1011	79 568	5.2	35	11	3	17	4	1	12	3	2
11	起落架舱门	AN-124	1 440	12.2	7	6	2	4	4	1	3	2	1
12	货舱门	AN-124	1 440	5.8	9	5	2	5	4	2	2	1	0

表 3-4　所检查飞机结构部件的损伤超越概率(每飞行小时,每平方米)

序号	结构部件	飞机型号	所有形式损伤			分层			孔和裂纹		
			$2L>0$	$2L>30$	$2L>80$	$2L>0$	$2L>30$	$2L>80$	$2L>0$	$2L>30$	$2L>80$
1	机翼前缘	MIG-29	2.94	0.67	0.40	0.54	0.40	0.13	0.67	0.14	0.13
2	垂尾蒙皮	MIG-29	0.36	0.18	0.12	0.12	0.12	0.06	0.18	0	0

续 表

序号	结构部件	飞机型号	所有形式损伤			分层			孔和裂纹		
			$2L>0$	$2L>30$	$2L>80$	$2L>0$	$2L>30$	$2L>80$	$2L>0$	$2L>30$	$2L>80$
3	进气口	MIG－29	1.64	0.15	0	0.59	0.15	0	0	0	0
4	发动机整流罩	MIG－29	2.68	1.87	0.27	1.34	1.07	0	0.54	0.27	0
5	下壁板	MIG－29	1.61	0.80	0	0.27	0.27	0	0.80	0.27	0
6	机翼蒙皮	MIG－29	0.04	0	0	0	0	0	0.041	0	0
MIG－29 的平均数据		MIG－29	1.54	0.74	0.26	0.57	0.40	0.10	0.045	0.22	0.13
7	作动器整流罩	SU－27	5.00	0.91	0	0	0	0	1.36	0.91	0
8	前机轮整流罩	SU－27	5.50	1.00	0.50	0	0	0	1.50	1.0	0.50
9	机头起落架舱门	SU－25	2.92	2.91	0.83	2.50	2.50	0.83	0	0	0
10	机翼/机身整流罩	L－1011	0.08	0.03	0.01	0.04	0.01	0.002	0.029	0.007 3	0.004 8
11	起落架舱门	AN－124	0.40	0.34	0.11	0.23	0.23	0.060	0.17	0.11	0.057
12	货舱门	AN－124	1.08	0.60	0.24	0.60	0.45	0.24	0.24	0.12	0

表 3－5　损伤超越概率函数的参数

序号	结构部件	飞机型号	所有形式损伤			分层			孔和裂纹		
			H_0	b	R^2	H_0	b	R^2	H_0	b	R^2
1	机翼前缘	MIG－29	2.181	42.74	0.84	0.588	56.1	0.97	0.444	55.2	0.62
2	垂尾蒙皮	MIG－29	0.325	75.84	0.91	0.135	108.7	0.86	0.182	—	—
3	进气口	MIG－29	1.635	12.51	—	0.594	21.65	—	—	—	—

续　表

序号	结构部件	飞机型号	所有形式损伤			分层			孔和裂纹		
			H_0	b	R^2	H_0	b	R^2	H_0	b	R^2
4	发动机整流罩	MIG－29	3.291	33.56	0.95	1.338	—	—	0.535	43.29	—
5	下壁板	MIG－29	1.605	43.29	—	0.267 6	—	—	0.802 7	27.32	—
6	机翼蒙皮	MIG－29	0.041 29	—	—	—	—	—	0.041 29	—	—
MIG－29 的平均数据		MIG－29	1.495	45.56	0.99	0.648 1	43.86	0.96	0.404 2	68.49	0.95
7	安定面作动器整流罩	SU－27	5.0	17.6	—	—	—	—	1.364	74.07	—
8	前机轮整流罩	SU－27	3.959	35.34	0.86	—	—	—	1.504	—	—
9	机头起落架舱门	SU－25	3.534	35.34	0.86	2.958	71.43	0.86	—	—	—
10	机翼/机身整流罩	L－1011	0.076 7	33.33	0.99	0.035 1	28.9	0.98	0.021 7	47.85	0.81
11	起落架舱门	AN－124	0.453 3	61.35	0.93	0.281 5	54.35	0.86	0.171 2	72.99	—
12	货舱门	AN－124	1.068	—	—	0.628 9	85.47	0.98	0.239 5	47.62	—

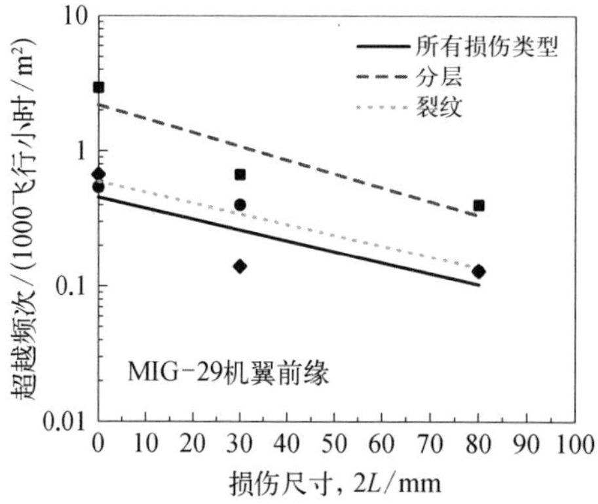

图 3-7　MIG-29 机翼前缘损伤超越概率

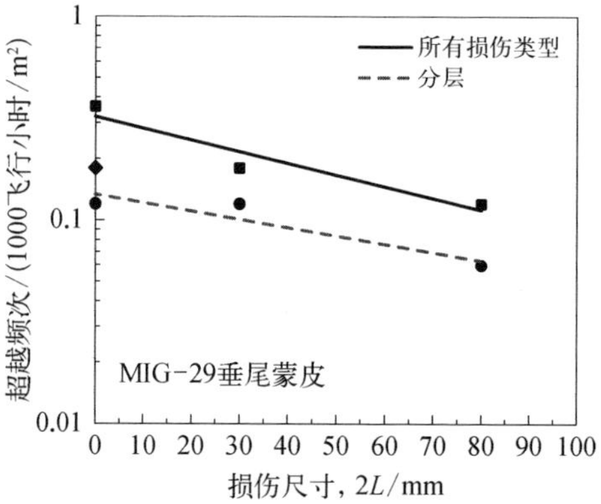

图 3-8　MIG-29 垂尾蒙皮损伤超越概率

3.3.3　国内的研究实践

北京航空航天大学近年来开展了一项针对商用飞机的冲击损伤威胁研究工作[6]。该研究分析了南方某航空公司和北方某飞机维修公司提供的 519 架飞机近 10 年的服役损伤数据，机型涵盖了 B737 系列、B747 系列、B777 系列、A320 系列、A330 系列和 A380 系列等波音和空客公司的主流飞机型号，飞行总时间为 4 745 393 小时。经过筛选，最终得到了有效损伤数据 1 006 条。这些服役损伤数据包含了飞机编号、飞机型号、损伤位置、损伤类型、损伤尺寸、损伤检出时间、检查方法、飞行循环、飞行小时和飞行年龄等。通过对这些服役损伤数据的进一步处理，最终计算得到了冲击能量截止值。

1）计算原理

该研究的计算原理总体上与第 3.2.1 节所描述的方法相似。每飞行小时冲击能量超越能量截止值（E_{cutoff}）的概率（P_a）为冲击事件发生（P_o）和已发生损伤的超越概率（P_e）的乘积：

$$P_a = P_o \times P_e \tag{3-29}$$

该研究假设了在 50 000 小时的飞行中，10%的飞机会遭遇至少一次冲击能量等于或大于能量截止值的事件，即

$$\begin{aligned} P_a &= 1 - (1 - P)^{1/n} \\ &= 1 - (1 - 0.1)^{1/50\,000} \\ &= 2.11 \times 10^{-6} \end{aligned} \tag{3-30}$$

然后，再根据所调查的服役损伤数据计算冲击损伤发生概率和冲击能量超越概率，即可求得冲击能量截止值。

2）冲击损伤发生概率

损伤威胁调查获得的服役损伤数据共计 1 006 条，其中机身为 277 条，机翼为 278 条，其余部位为 451 条。对应的飞行时间总计为 4 745 393 小时。由此分别得到了机身、机翼和机体的冲击损伤发生概率为

$$P_{o,\,fuselage} = 5.84 \times 10^{-5}/\text{飞行小时} \tag{3-31}$$

$$P_{o,\,wing} = 5.86 \times 10^{-5}/\text{飞行小时} \tag{3-32}$$

$$P_{o,\,airframe} = 2.12 \times 10^{-5}/\text{飞行小时} \tag{3-33}$$

可以看出，无论是机身、机翼，还是机体的冲击损伤发生概率，均小于咨询通告 AC 25.1309－1A 中定义的可能事件的最大发生概率（10^{-3}/飞行小时）。

3）冲击能量超越概率

该研究统计了金属飞机凹坑深度数据，然后采用经过试验校正的精细有限元分析方法建立了冲击能量和凹坑深度的关系，继而进一步将凹坑深度数据转化为冲击能量数据。随后，利用对数线性模型拟合了这些冲击能量数据，分别得到了机身、机翼和机体的冲击能量超越概率函数为

$$P_{e,\,fuselage} = 10^{-0.067E-0.019} \tag{3-34}$$

$$P_{e,\,wing} = 10^{-0.050E-0.173} \tag{3-35}$$

$$P_{e,\,airframe} = 10^{-0.056E-0.113} \tag{3-36}$$

4）冲击能量截止值

根据公式（3－29）和公式（3－30），以及通过损伤威胁调查或合理保守假设确定的冲击损伤发生概率（P_o）和冲击能量超越概率（P_e），可以分别求得机身、机翼和机体的冲击能量截止值，如表 3－6 所示。可以看出，按照实际损伤威胁调查结果计算得到的冲击能量截止值不超过 34 J，而按照合理保守假设计算得到的冲击能量截止值不超过 50 J。

表 3－6　冲击能量截止值计算结果

区　域	P_o	P_e	E_{cutoff}/J
机身	5.84×10^{-5}/飞行小时	$10^{-0.067E-0.019}$	21
	10^{-3}/飞行小时	$10^{-0.067E-0.019}$	40
机翼	5.86×10^{-5}/飞行小时	$10^{-0.050E-0.173}$	26
	10^{-3}/飞行小时	$10^{-0.050E-0.173}$	50
机体	2.12×10^{-5}/飞行小时	$10^{-0.056E-0.113}$	34
	10^{-3}/飞行小时	$10^{-0.056E-0.113}$	46

3.4 典型冲击威胁场景

根据充足的服役经验数据可以对外来物冲击能量和冲头尺寸做出合理的推断。但当服役经验数据不够充分时，则还应该考虑潜在的冲击威胁场景，以覆盖可能发生但现实中尚未发生的冲击损伤威胁。常见的冲击威胁场景主要包括工具掉落、可拆卸零件碰撞或掉落、设备碰撞、货物撞击、机轮卷起的跑道碎片或石子、地面冰雹和飞行冰雹等。以下将分类介绍这些典型的冲击威胁场景。

3.4.1 机械冲击

机械冲击主要是指在制造、运营和维护过程中由地面人员操作失误引起的冲击，包括工具掉落、可拆卸零件碰撞或掉落、设备碰撞和货物撞击等场景。机械冲击是复合材料飞机结构最常见的冲击威胁场景，由于其通常与人员操作失误有关，因此主要发生于人员易接触的区域。此外，由于机械冲击与操作人员、使用工具和设备等相关，而不同飞机制造商的工具、设备和生产流程之间可能存在一些差异，因此目前暂无统一的行业标准。冲头尺寸和冲击能量由飞机制造商根据各自开展的损伤威胁评估结果确定。

当今的研究[7]普遍认为，对于相同能量的低速冲击，冲击物质量和速度对复合材料结构冲击损伤没有明显的影响，而冲头形状和尺寸对其表面损伤和内部损伤均有十分显著的影响。尖锐的冲头通常造成更严重的纤维断裂和劈丝，但内部的分层面积通常较小，因此这类损伤很容易被检出；而圆钝的冲头在较小的冲击能量下不易造成损伤，但一旦冲击能量超过损伤门槛值能量，则通常会造成更大范围的内部损伤，压缩剩余强度也会显著下降，同时损伤却不易被检出。因此，复合材料飞机结构设计通常需要考虑不同尺寸的冲头。冲击能量较小时，由于小尺寸冲头的损伤门槛值能量更低，因此通常选用小尺寸的冲头；而冲击能量较大时，由于超过损伤门槛值能量后大尺寸冲头造成的损伤范围更大，因此通常选用大尺寸的冲头。工程中常用的金属冲头直径通常包括 13 mm、16 mm、25 mm 和 50 mm 等。

此外，还需要确定机械冲击的能量范围。对于常见的工具掉落情况，冲击能量由工具的质量及工具至被冲击表面的相对高度决定，可以表示为

$$E_k = m \cdot g \cdot h \tag{3-37}$$

式中，m 为工具质量；g 为重力加速度，取 9.80 m/s^2；h 为工具掉落的相对高度。

表 3-7 列出了复合材料飞机结构在制造和维护过程中一些常用的工具，包含了工具的名称和质量等信息。工具的掉落高度可以根据其实际使用位置和潜在冲击区域的相对高度做合理地假设。需要注意的是，垂尾在装配和维修时，工具掉落

可能冲击到后机身和平尾根部区域，此情况下由于相对位置较高，其冲击能量显著高于其他情形。此外，机身内部客舱地板以上区域、机翼内部和尾翼内部等区域，由于不受工具掉落的影响或工具掉落的相对位置较低，因此其冲击能量显著低于其他区域。

表 3－7　常用工具名称及质量

序　号	工 具 名 称	质量/kg	序　号	工 具 名 称	质量/kg
1	锪窝钻	0.015	20	顶铁	0.900
2	塞规	0.180	21	高锁螺母拆卸钳	0.250
3	风钻	0.550	22	固定销	0.010
4	高锁螺栓安装枪	0.960	23	棘轮扳手	0.037
5	卡尺	0.170	24	铰刀	0.015
6	螺纹柄铰刀	0.010	25	铆枪	1.300
7	抽枪	2.060	26	硬质合金钻头	0.010
8	弹簧销	0.015	27	自动进给钻铰刀	0.475
9	托板螺母钻模	0.115	28	钻头	0.015
10	六角穿心夹	0.040	29	斜顶铁	0.450
11	手动无级棘轮扳手	0.110	30	手枪钻	0.570
12	边切割工具	2.000	31	90°弯气钻	0.570
13	电搭接打磨器	0.025	32	气钻	0.720
14	内径千分尺	0.180	33	顶铁	0.900
15	数显螺栓扭力扳手	0.925	34	19 件套筒	1.000
16	双棱螺纹柄钻头	0.010	35	高锁风板机	1.200
17	歪脖钻	0.515	36	铆枪	1.300
18	抽芯钉芯杆打磨器	0.241	37	埋头钻	1.300
19	抽芯钉芯杆切割器	0.679			

3.4.2　跑道碎片

机场跑道在飞机轮胎的反复冲击下可能产生碎片，这些跑道碎片可能会被机轮卷起，冲击到飞机结构上并造成明显的损伤。跑道碎片冲击主要影响飞机起落架附近的机身下壁板、机翼下壁板、襟翼、平尾下壁板和升降舵等。具体的冲击影响范围由碎片抛射角 α 和扩散角 β 决定，如图 3－9 所示。该图中碎片抛射角 α 从 α_{min} 至

180°，其中 α_{min} 由机轮与待评估结构的相对位置决定，而扩散角 β 一般取 30°。跑道碎片被机轮卷起时的最大速度可以合理地假设为飞机的最大起飞/降落速度。

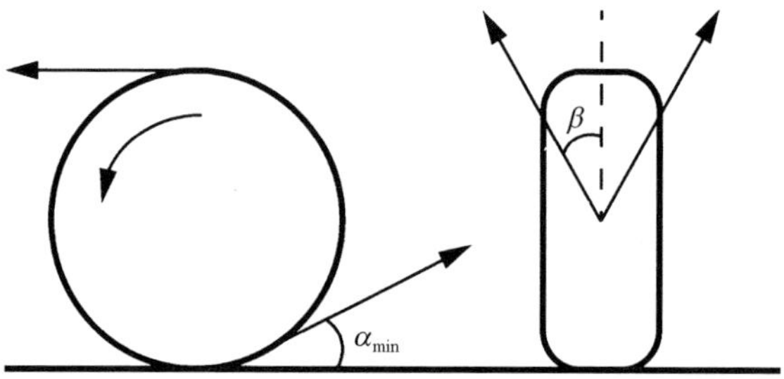

图 3-9　跑道碎片冲击影响范围

对于跑道碎片的尺寸和质量，目前尚无统一的行业标准。一些研究[8]建议采用直径为 25 mm 的玻璃球来模拟跑道碎片冲击场景。但也有一些研究[2]保守地采用金属半球形冲头来模拟跑道碎片冲击场景，冲头的尺寸通常为 13~25 mm。冲击能量由跑道碎片质量和飞机最大起飞/降落速度决定。

3.4.3　地面冰雹

飞机在地面停泊时可能会遭遇冰雹冲击，这类冲击造成的损伤形式与金属冲击明显不同，因此在结构设计时需要对这类冲击威胁进行单独的考虑。地面冰雹冲击主要影响飞机结构的上表面，另外对侧表面也有一定的影响。由于地面冰雹的尺寸、质量和末端速度等受当地的气象条件影响显著，开展完整的研究需要大量的历史数据，因此目前尚无统一的行业标准。虽然缺少统一的行业标准，但美国和欧洲的一些研究机构已经开展了一些有意义的研究，形成了一些重要的研究成果。比如，美国国家海洋和大气管理局收集了 1955~2006 年美国 11 个机场的地面冰雹记录，并统计了冰雹尺寸、冲击动能，以及累积概率，如表 3-8 所示[9-11]。该表中冰雹的末端速度和动能是基于对冰雹形状、密度和平滑度的保守假设而估算得到的。对于具体的飞机结构位置，冲击能量还受冰雹入射角度等因素的影响。此外，在 EASA 的资助下德国宇航中心（DLR）也做了一项研究[8]，该研究采用了直径为 50 mm 的冰雹球来模拟严重的地面冰雹冲击情况，并根据冰雹质量与空气阻力的平衡来计算其冲击能量。

表 3-8　1955~2006 年美国冰雹累积分布情况

直径/mm	质量/g	末端速度/(m/s)	动能/J	累积概率/%
19.1	3.26	17.05	0.47	21.70
25.4	7.72	19.68	1.49	48.10

续　表

直径/mm	质量/g	末端速度/(m/s)	动能/J	累积概率/%
30.5	13.34	21.56	3.10	64.70
31.8	15.08	22.01	3.65	68.10
38.1	26.06	24.11	7.57	81.40
43.2	37.94	25.66	12.49	88.30
44.5	41.39	26.04	14.03	89.60
44.7	42.10	26.11	14.35	89.90
50.8	61.78	27.84	23.94	94.40
51.8	65.56	28.11	25.90	95.00
57.2	87.96	29.52	38.33	97.10
61.0	106.75	30.49	49.62	98.10
63.5	120.66	31.12	58.43	98.50
69.9	160.60	32.64	85.55	99.30
70.1	162.36	32.70	86.80	99.30
76.2	208.5	34.09	121.15	99.70
82.6	265.09	35.48	166.85	99.80
88.9	331.09	36.82	224.43	99.90
95.3	407.22	38.12	295.87	100.00

冰雹冲击阻抗要求与飞机零件是否可拆卸有关。由于地面冰雹的影响范围较大，因此一般要求飞机不可拆卸的主要承力结构在地面冰雹冲击下不能造成需要修理的损伤，并通过限制飞机机身上壁板蒙皮的最小厚度来实现这一要求。因此，飞机机身上壁板蒙皮的最小厚度通常基于冰雹冲击试验来确定。而对于可拆卸的次要承力结构或非承力结构，冰雹冲击阻抗要求一般可以适当地降低。此外，由于地面冰雹事件是立即可发现的，其造成的损伤和修理问题主要是经济性问题，因此需要在飞机质量和维护成本方面进行权衡。比如，如果确定的冰雹冲击能量截止值较低，则飞机蒙皮的最小厚度有可能可以降低，从而降低飞机结构重量，减少经常性的运营成本。然而，这种设计可能导致飞机在某些较严重的冰雹冲击下产生不可接受的损伤，从而导致大范围的维护、修理或更换。这一点很可能是航空公司所不愿接受的，因为飞机的停飞和维修将造成严重的成本负担。

3.4.4 飞行冰雹

飞机部分结构在飞行过程中可能遭遇冰雹的冲击，例如机身迎风面结构、机翼前缘、平尾前缘、垂尾前缘、方向舵和驾驶舱风挡等都可能遭遇飞行冰雹的影响。与地面冰雹一样，飞行冰雹冲击造成的损伤形式与金属冲击也明显不同，因此在结构设计时需要对飞行冰雹进行单独的考虑。飞行冰雹冲击也缺少统一的行业标准，目前主要由飞机制造商各自制定与飞行冰雹相关的设计和验证准则，例如冰雹尺寸、质量和冲击能量等。一些研究机构已经开展了部分有意义的研究，得出了一些重要的成果。例如，一些研究[12, 13]已经表明，在一定的高度下发现的冰雹尺寸与在地面上发现的冰雹尺寸并无明显区别。此外，Halpin 对飞机飞行速度和冰雹尺寸的累积发生概率做了研究[2]，得出在95%的累积发生概率下，冰雹的直径约为 2 in①，如表 3－9 所示。类似地，DLR 的研究[8]也采用了直径为 50 mm 的冰雹球来模拟严重的冰雹冲击情况，并使用飞机巡航速度计算冲击能量。对于具体的飞机结构位置，飞行冰雹的冲击能量与冰雹相对冲击表面的法向速度有关，因此冲击速度应该为冰雹的下降速度与飞机飞行速度相叠加后垂直于飞机结构表面的法向速度（如图 3－10 所示）。相应地，冲击能量可以表示为

$$E_k = \frac{1}{2}mv_{\perp}^{2} = \frac{2}{3}\pi\rho\left(\frac{d}{2}\right)^{3}V_{\perp}^{2} \tag{3-38}$$

式中，E_k 为冰雹冲击能量；m 为冰雹球质量；$V_{\perp}$ 为冰雹球相对冲击点处的法向速度；ρ 为冰雹球密度；d 为冰雹球直径。

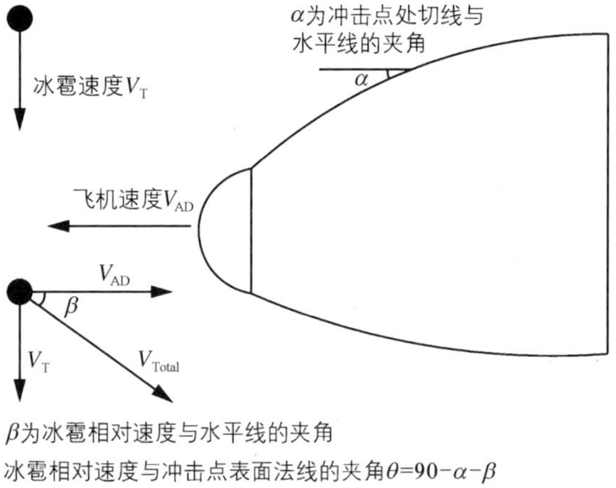

图 3－10　飞行冰雹冲击速度定义

① 1 in＝2.54 cm。

表 3-9　典型的飞行速度和冰雹尺寸

累积发生概率/%	飞行速度/KTAS(m/s)	冰雹尺寸/in(mm)
90	375(193)	1.76(45)
95	409(210)	2.04(52)
99	455(234)	2.75(70)

在试验室试验中通常采用棉花纤维增强的冰块来模拟天然冰雹，其冲击过程通常也与落锤试验或摆锤试验的冲击方式不一样，而是采用空气炮发射或电磁发射系统给冰雹提供冲击能量。对于飞机驾驶舱风挡，ASTM F320-16[14] 推荐采用直径为 13 mm、25 mm 和 51 mm 的冰雹开展冲击试验。每种冰雹尺寸对应的冰雹质量、填充物质量及公差如表 3-10 所示。此外，对飞行冰雹进行模拟时，通常还需要考虑试验件的实际受载状态。

表 3-10　冰雹尺寸和质量

冰雹尺寸/mm	质量/g	公　差	填充物质量/g	公　差
13	1.0	±5%	0.14	±30%
25	8.2	±5%	1	±30%
51	66.4	±5%	8	±30%

对于飞行冰雹冲击，需要建立与经济性和安全性相关的飞机结构设计准则。设计准则通常包括：对于相对常见的飞行冰雹，飞机主要承力结构应具备足够的冲击损伤阻抗能力而不产生需要修理的损伤；对于严重的飞行冰雹（对应不可能发生事件），由于其通常很容易被机组人员立即感知，因此在该情况下允许飞机局部区域产生损伤并进行修理；而对于极端的冰雹（对应极不可能发生事件），飞机结构应能具备持续地安全飞行并着陆的能力。

3.5　离散源损伤场景

离散源损伤通常对应某一特殊风险事件，例如鸟体撞击、非包容的发动机失效、非包容的辅助动力装置（APU）失效、冲压空气涡轮机（RAT）叶片失效、机轮和轮缘失效等。这些事件往往造成严重的结构损伤，并可能威胁关键的系统设备，从而影响飞行安全。对于受离散源损伤影响的区域，离散源损伤很可能是结构设计的主要驱动因素。因此，在飞机结构设计时，需要特别关注离散源损伤尺寸的确定及结构剩余强度计算。

3.5.1 鸟体撞击

鸟体撞击事件是飞机运营过程中经常遭遇的冲击事件之一，大多数的鸟体撞击事件造成的损伤通常并不严重。而适航条款第 25.571 条“结构的损伤容限和疲劳评定”和第 25.631 条“鸟体撞击损伤”规定的鸟体撞击事件是较为严重的特殊风险事件，其可能对结构关键元件造成损伤，并对关键的系统设备构成威胁，例如飞控系统等。因此，这类鸟体撞击事件对飞机的某些局部区域而言通常是主要的设计驱动因素。

鸟体撞击事件的影响区域主要包括：机头前部、缝翼和前缘、襟翼和襟翼滑轨、副翼、扰流板、翼梢小翼、发动机吊挂、发动机风扇罩和反推装置、翼身整流罩、平尾前缘和升降舵、垂尾前缘和方向舵、驾驶舱风挡等，如图 3－11 所示。其中，对于平尾前缘和升降舵，以及垂尾前缘和方向舵而言，需要考虑的鸟体质量为 3.60 kg，相对撞击速度为第 25.335(a)条款规定的海平面设计巡航速度 V_C。而对于其他部位，需要考虑的鸟体质量为 1.80 kg，相对撞击速度为第 25.571(e)条款规定的海平面设计巡航速度 V_C 或在 2 450 m(约 8 000 英尺)高度下 $0.85V_C$，取两者中较严重的情况。对于有限元模拟而言，可以合理保守地假设鸟体的密度为 $\rho = 950\ \mathrm{kg/m^3}$。鸟体撞击事件引起的飞机结构损伤通常需要采用有限元分析结合试验最终确定。

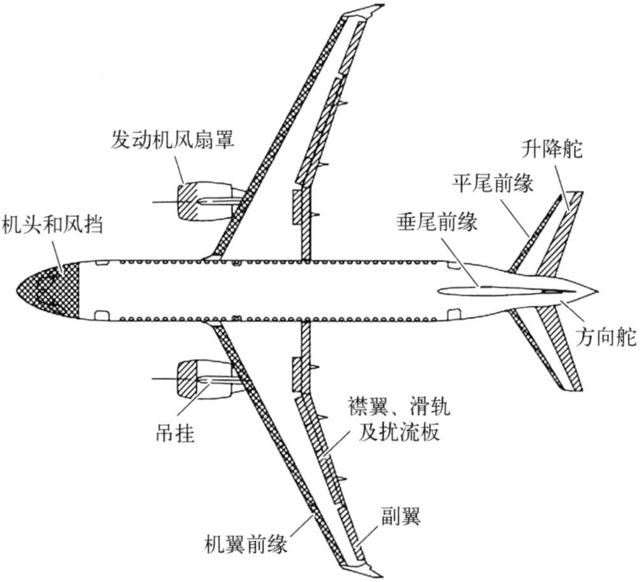

图 3－11　鸟体撞击事件的主要影响区域

由于严重的鸟体撞击事件可以被飞行员或机组人员立即感知，因此这类事件发生后飞机仅需要满足安全返回并着陆所需的载荷要求即可。该载荷要求包括：

① 在冲击事件发生时，飞机结构应能承受 1g 飞行载荷，并同时承受正常运营压差载荷最大值的 1.1 倍与 1g 平飞时预期的外部气动压差的叠加载荷。② 在冲击事件发生后，飞机结构应能分别承受 0.7 倍的限制飞行机动载荷和 0.4 倍的限制突风速度对应的载荷，并同时承受客舱压差载荷的最大值与 1g 平飞时预期的外部气动压差的叠加载荷。

3.5.2　非包容的发动机失效

商用飞机所采用的发动机通常为涡扇发动机，其主要包括风扇叶片、低压压缩机、高压压缩机、高压涡轮和低压涡轮等几个主要的旋转部件。这些转子在运行过程中可能发生失效并击穿发动机短舱（即非包容的发动机失效），从而影响飞行安全。非包容的发动机失效是适航规章第 25.571 条“结构的损伤容限与疲劳评定”规定的飞机设计需要考虑的特殊风险事件。发动机转子失效的发生原因多种多样，包括运营环境（鸟体吸入、腐蚀、外来物损伤等）、材料和制造缺陷、机械因素和人为因素（维护、修理和检查失误等）。SAE 的飞机事故报告（aircraft incident report，AIR）基于充足的服役数据对非包容的发动机转子失效的具体站位和飞行阶段等做了故障树分析，合理地估计了非包容性发动机失效的概率。详细的研究数据可以参考 SAE AIR 1537（1977）、SAE AIR 4003（1987）和 SAE AIR 4770（1994）等。尽管发动机制造商不断地努力降低非包容转子失效的发生概率，例如采用新材料和新工艺制造先进的风扇叶片或设计专门的包容性防护装置，但服役经验表明非包容的转子失效仍然时有发生[15]。因此，对于主要的结构元件和关键的系统设备仍然需要考虑非包容的发动机失效事件带来的影响。由于高能量的发动机转子碎片很可能穿透相邻结构、燃油箱、机身、关键系统和其他发动机等造成严重的损伤，因此在发动机转子失效的影响区域，其很有可能是结构设计的主要驱动因素[16]。本书主要关注转子失效事件对飞机结构造成的损伤，以及产生损伤后剩余强度的评估，比如机身强度、机翼强度和增压舱泄压等。

因为非包容的发动机失效事件发生时通常伴有非常明显的飞机结构损伤及一些其他的操作异常，导致其可以被飞行员或机组人员立即感知，因此这类事件发生后飞机仅需要满足安全返回并着陆所需的载荷要求即可，具体要求与鸟体撞击事件相一致。

在发动机转子失效的影响区域，结构设计的一般思路为：首先需要通过设计手段预防其对关键结构和关键系统的损伤，对于无法通过设计手段预防的结构，需要建立发动机转子失效模型，确定结构严重的损伤情况并分析其剩余强度。此外，按照正常的设计，部分结构可能始终无法满足剩余强度要求。针对这些具体情况，可以采用概率评估的方法来判断发动机转子失效引起的危害是否可接受。因此，下面将重点介绍发动机转子失效模型和安全性分析的内容。

1. 发动机转子失效模型

发动机转子失效模型是根据 AC 20－128A“降低由非包容的涡扇发动机和辅助动力装置转子失效引起的风险的设计考虑因素(Design Considerations for Minimizing Hazards Caused by Uncontained Turbine Engine and Auxiliary Power Unit Rotor Failure)”来定义的，主要包括：1/3 涡轮盘碎片模型、中等碎片模型、替代碎片模型、小碎片模型和风扇叶片碎片模型等。这些失效模型主要规定了碎片尺寸、碎片扩散角、碎片质量、碎片重心和碎片能量等重要信息。

1) 1/3 涡轮盘碎片模型

1/3 涡轮盘碎片模型如图 3－12 所示。R 为涡轮盘半径，b 为叶片长度，碎片重心位于图 3－12 所示的位置。碎片的扩散角为±3°。当需要考虑碎片的能量时，应假设发动机为红线速度(red line speed)。

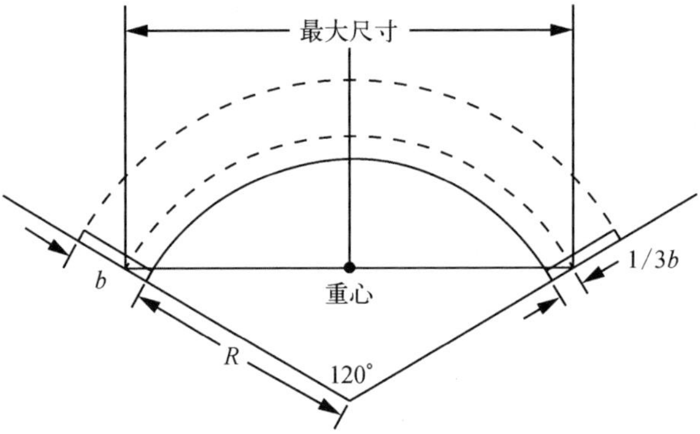

图 3－12　1/3 涡轮盘碎片

2) 中等碎片模型

中等碎片模型如图 3－13 所示。R 为涡轮盘半径，b 为叶片长度，碎片最大尺寸为 $1/3(R+b)$，其质量为带叶片的涡轮盘质量的 1/30，其重心位于涡轮盘的边缘位置。碎片的扩散角为±5°。当需要考虑碎片的能量时，应假设发动机为红线速度。

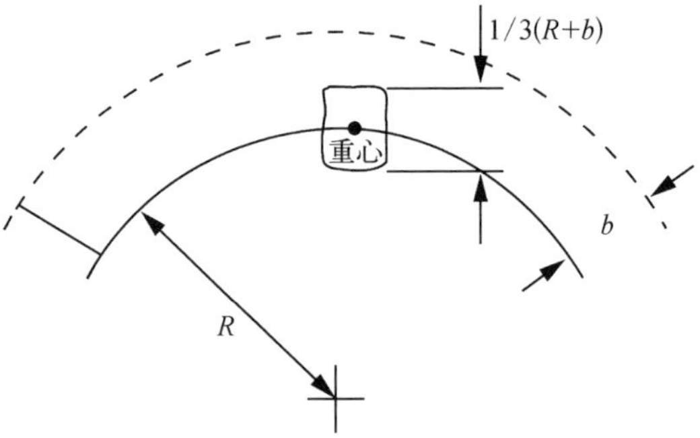

图 3－13　中等碎片

3）替代碎片模型

出于简化分析的考虑，可以保守地采用 1/3 涡轮盘碎片和±5°的扩散角作为替代碎片模型来覆盖 1/3 涡轮盘碎片模型和中等碎片模型的分析。

4）小碎片模型

小碎片的最大尺寸与叶片翼型部分的上半段一致（风扇叶片除外）。碎片的扩散角为±15°。服役经验已经表明铝合金机翼下壁板、吊挂、客舱及等效的结构通常可以抵挡来自这些小碎片的冲击。但是一些相对不重要的结构可能被击穿，例如整流罩、尾段、控制面和非增压区域的蒙皮等。这种情况下需要考虑多个小碎片冲击的影响，其数量等于 2.5%的失效转子级叶片数量。转子失效影响范围内小碎片的具体尺寸和能量应该向发动机制造商咨询。

小碎片冲击不能造成危险的燃油泄漏事故。当碎片冲击轨迹与被冲击表面的角度不为 90°时，可以采用冲击速度在垂直方向上的分量作为垂直冲击的速度。此外，应该考虑所有的碎片冲击姿态（面接触、边接触和点接触），并应该通过充足数量的冲击试验表明局部损伤模式和损伤范围是可重复且稳定的。

5）风扇叶片碎片模型

风扇叶片碎片模型如图 3－14 所示。X 为叶片型面长度，碎片质量为叶片型面质量的 1/3，其重心位于碎片的几何中心。碎片的扩散角为±15°。当需要考虑碎片的能量时，应假设发动机为红线速度。

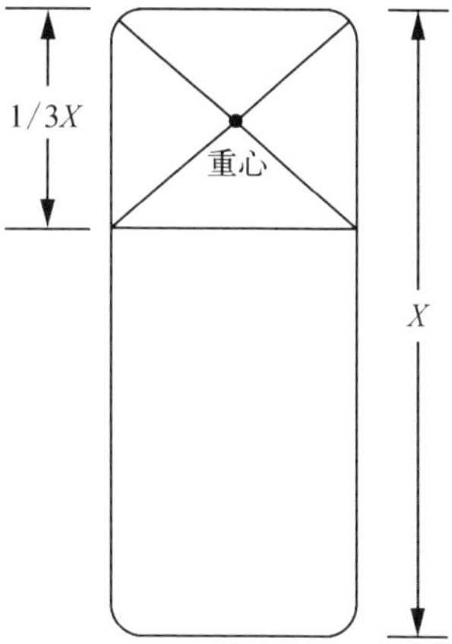

图 3－14　风扇叶片碎片

2. 安全性分析

安全性分析的主要工作是根据本节中定义的发动机转子失效模型和飞机结构的相对位置开展分析，以确定可能被转子碎片损伤到的飞机关键区域，并评估非包容性失效引起的后果。对于大部分的离散源损伤区域，结构强度均需要满足飞机安全返回并着陆所需的载荷要求。对于部分按照正常设计始终无法满足剩余强度要求的结构，可以采用概率评估的方法来说明飞机结构的安全性水平符合要求。可接受的失效概率包括：① 对于单个 1/3 轮盘碎片，其引起的灾难性事件的概率不大于 5%；② 对于中等碎片，其引起的灾难性事件的概率不大于 2.5%；③ 对于多个轮盘碎片，其引起的灾难性事件的概率不大于 10%。

3.5.3　非包容的 APU 失效

对于辅助动力装置（APU）而言，尽管 TSO C77b 等规定了 APU 的设计必须满足转子失效的包容性要求，但实际运营期间，APU 的非包容性转子失效情况仍有发生。所以，飞机结构的设计仍然需要考虑 APU 转子非包容性失效后碎片对飞机产生的潜在影响。由于 APU 通常安装在飞机后机身，因此 APU 转子失效主要影响后机身、平尾和垂尾等结构。具体需要结合 APU 转子失效模型和其具体安装位置来确定冲击影响区域。

APU 转子失效后应该按照小碎片模型进行安全分析。小碎片的质量与发动机转子小碎片的计算方法一致，其扩散角为±15°。小碎片的能量等于1%原始转子级的总旋转能量，该能量为 APU 红线速度对应的能量。

因为非包容的 APU 失效事件发生时通常伴有非常明显的飞机结构损伤及一些其他的操作异常，导致其可以被飞行员或机组人员立即感知，因此这类事件发生后飞机仅需要满足安全返回并着陆所需的载荷要求即可，具体要求与鸟体撞击事件相一致。

3.5.4 RAT 叶片失效

冲压空气涡轮机（RAT）是现代商用飞机常用的应急动力装置之一。由于 RAT 在使用时叶片高速旋转，其固定螺栓脱落、涡轮过速、配重失效或桨叶根部的失效都可能导致 RAT 叶片飞出，所以有必要考虑 RAT 叶片失效对飞机结构损伤的影响。RAT 的典型安装位置为中机身前下方或机头下方，因此 RAT 叶片失效主要影响中机身或机头等局部区域。具体的影响范围需要结合 RAT 叶片失效模型和具体安装位置来决定。

RAT 叶片失效可能在飞机处于任何高度和速度下发生，其失效模型可以参考 AC 25.905－1 对螺旋桨碎片模型的定义。碎片的质量为所假设碎片尺寸的实际质量，重心位于其几何中心。碎片的扩散角为±5°。碎片的能量为其最大旋转速度下对应的能量。

因为 RAT 叶片失效事件发生时通常伴有非常明显的飞机结构损伤及一些其他的操作异常，导致其可以被飞行员或机组人员立即感知，因此这类事件发生后飞机仅需要满足安全返回并着陆所需的载荷要求即可，具体要求与鸟体撞击事件相一致。

3.5.5 机轮和轮胎失效

机轮和轮胎失效是 AMC 25.734“机轮和轮胎失效防护（Protection Against Wheel and Tyre Failures）”规定的飞机设计需要考虑的特殊风险事件。这类事件通常与轮胎裂纹、外来物损伤或轮胎过热/过载有关，是飞机在恶劣的运营条件下偶然发生的。对于传统的金属飞机结构，服役经验已经表明该类结构对机轮和轮胎碎片冲击威胁具有良好的阻抗能力。这主要是因为金属结构的延展性较好，本身具有较好的抗冲击性能。因此对于金属飞机结构通常不需要进行专门的机轮和轮胎失效冲击损伤评估。而对于复合材料飞机结构，由于其对冲击威胁比较敏感，在机轮和轮胎碎片威胁下可能产生严重的内部损伤。因此，在损伤威胁评估中，需要额外关注机轮和轮胎碎片冲击威胁的影响。

根据起落架的收放状态，需要考虑四种不同类型的损伤威胁模型，包括：轮胎碎片冲击、轮缘碎片冲击、轮胎条甩打和轮胎爆破压力影响等。

3.5.5.1　轮胎碎片冲击

轮胎碎片冲击适用于起落架打开状态，即当轮胎与地面接触时才可能发生轮胎碎片冲击事件。这些轮胎碎片从轮胎胎面脱落，并投射至一定的飞机结构区域造成冲击，该冲击区域如图 3－15 所示。此外，不同情况下轮胎胎面碎片的尺寸是不同的，一般可以分为“大碎片”和“小碎片”两种情况。

1）大碎片

大碎片的尺寸为 $W_{SG} \times W_{SG}$（W_{SG} 的定义见图 3－15），厚度为完整胎面与最外面的帘线层厚度。碎片抛射角度 θ 为 15°。

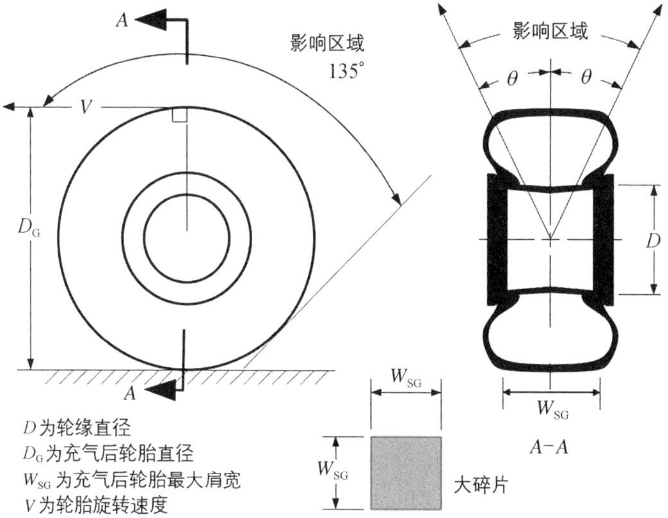

图 3－15　轮胎碎片威胁模型

2）小碎片

小碎片的质量为整个轮胎质量的 1%，其冲击载荷分布于 1.5% 的轮胎胎面总面积之上。碎片抛射扩散角 θ 为 30°。

轮胎碎片的速度为轮胎额定速度，不需要考虑轮胎爆破时由于爆破气压造成的额外速度分量。

通常设计准则要求轮胎碎片不能穿透燃油箱或损坏关键系统设备。但是对于大碎片情况，结构有可能被穿透。这种情况下，对于燃油箱，应特别关注不造成较大的燃油泄漏从而引起灾难事故；对于关键系统设备，也应该布置专门的防护装置。此外，还应基于损伤情况进一步评估飞机结构的剩余强度是否满足返回载荷要求。

3.5.5.2 轮缘碎片冲击

轮缘碎片冲击适用于起落架打开状态，即当轮胎与地面接触时才可能发生轮缘碎片冲击事件。轮缘碎片的尺寸通常假设为60°的轮缘弧段。碎片侧向抛出，抛射轨迹与机轮轴的夹角为20°以内，具体影响区域如图3-16所示。碎片抛射速度可以假设为100 m/s。当一个起落架上安装多个机轮时，只需要考虑最外侧的机轮轮缘破裂情况。此外，通常可以认为垂直抛射的轮缘碎片可以被轮胎碎片情况所覆盖。

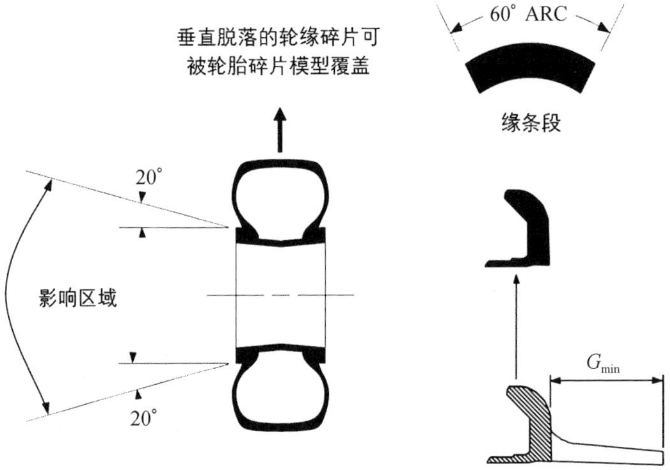

图3-16 轮缘碎片威胁模型

3.5.5.3 轮胎条甩打

轮胎条甩打同时适用于起落架打开和收起两种状态。

当起落架打开时，假设轮胎条的长度为$2.5W_{SG}$，宽度为$W_{SG}/2$，厚度为轮胎胎面的厚度。轮胎条与胎面相连，并随轮胎以额定的转速旋转，甩打相邻结构。对于此类情况的评估，甩打的影响区域为30°，具体如图3-17所示。

当起落架收起过程中或收起后，轮胎条的尺寸与起落架打开情况相同。然而，由于起飞后机轮减速，其旋转速度可能更低，当其收起至机轮舱内后速度可能降低为0。该情况下设计准则通常要求机轮回收制动系统不应该受轮胎条甩打的影响，且轮胎条甩打不应对飞机结构和关键系统造成危害。对于此类情况的评估，可以假设轮胎的初始速度为轮胎额定转速，甩打的影响区域为30°，具体如图3-17所示。

3.5.5.4 轮胎爆破压力影响

轮胎爆破压力影响适用于起落架收起过程中或收起后。

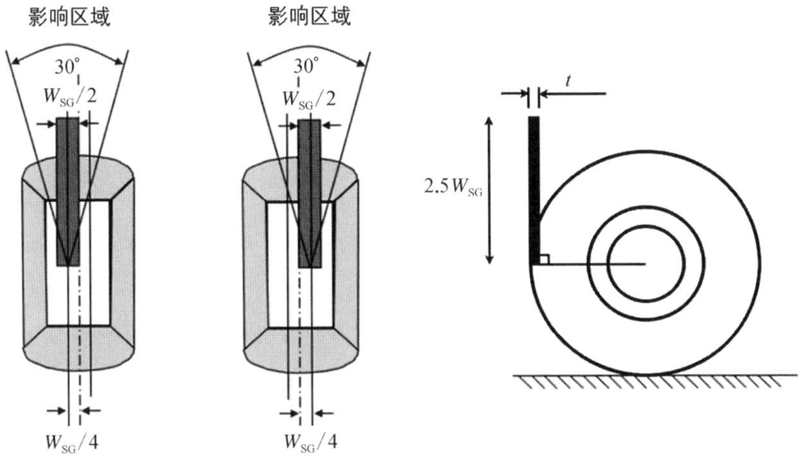

图 3－17　轮胎条甩打威胁模型

飞行中的轮胎爆破通常是由之前的轮胎损伤引起的，其可能在轮胎表面的任意一点发生。已知的轮胎爆破事件表明，所有收起后的轮胎爆破均是带制动机轮的主起落架，因此该情况仅适用安装制动机轮的轮胎。

在该情况下，通常假设轮胎不抛射碎片，结构损伤仅来源于轮胎爆破后气体压力的影响。该爆破压力通常假设为轮胎未受载状态下的最大工作压力的 130%，未受载状态下的最大工作压力为轮胎额定压力除以 1.07。

轮胎爆破的影响区域如图 3－18 所示，其气流模型和压力分布等细节可以参考 AMC 25.734“机轮和轮胎失效防护(Protection Against Wheel and Tyre Failures)”，此处不做详细的介绍。

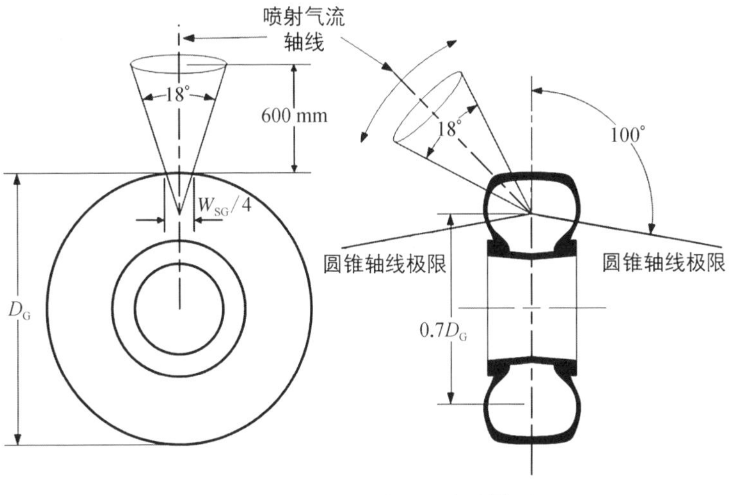

图 3－18　轮胎爆破压力威胁模型

参考文献

[1] US Department of Transportation, Federal Aviation Administration. AC 20 - 107B Composite aircraft structure[S], 2009.

[2] CMH - 17 Committee. Composite materials handbook, Vol 3: Polymer matrix composites: materials usage, design, and analysis [M]. Detroit: SAE International, 2012.

[3] Kan H P, Cordero R, Whitehead R S. Advanced certification methodology for composite structures [R]. Springfield: National Technical Information Service, 1997.

[4] US Department of Transportation, Federal Aviation Administration. AC 25.1309 - 1A System design and analysis[S], 1988.

[5] Ushakov A, Stewart A, Mishulin I, et al. Probabilistic design of damage tolerant composite aircraft structures[R]. Springfield: National Technical Information Service, 2002.

[6] 王守财,关志东,黎增山. 金属蒙皮飞机冲击威胁研究[J]. 振动与冲击, 2018, 37(4): 13 - 18.

[7] Andrewa J J, Srinivasana S M, Arockiarajan A. Parameters influencing the impact response of fiber-reinforced polymer matrix composite materials: A critical review[J]. Composite Structures, 2019, 224(9): 1 - 26.

[8] Nathalie T, Alstair J. Load upon impact behavior of composite structure [R]. Stuttgart: German Aerospace Center, 2011.

[9] FSA ENVR.MIL - HDBK - 310 Global climatic data for developing military products[S], 1997.

[10] FSA ENVR.MIL - STD - 210 Climatic information to determine design and test requirements for military systems and equipment[S], 1953.

[11] Sissenwine N, Court A. Climatic extremes for military equipment [R]. Environmental Protection Branch, 1951.

[12] Field P R, Hand W, Cappelluti G, et al. Hail threat standardization[R]. Koln: European Aviation Safety Agency, 2010.

[13] Gringorten L L. Hailstone extremes for design[R]. Air Force Surveys in Geophysics, 1972.

[14] American Society for Testing and Materials. ASTM F320 - 16 Standard test method for hail impact resistance of aerospace transparent enclosures[S], 2010.

[15] Franeknberger C E. Large engine uncontained debris analysis[R]. Springfield: National Technical Information Service, 1999.

[16] Moussa N A, Whale M D, Groszmann D E, et al. The potential for fuel tank fire and hydrodynamic ram from uncontained aircraft engine debris [R]. Springfield: National Technical Information Service, 1997.

第4章 低速冲击损伤

4.1 引言

服役经验表明,复合材料飞机结构损伤主要来源于制造、服役和维护过程中的低速冲击事件,以及离散源损伤等特定风险事件。其中,低速冲击事件造成的损伤形貌通常较为复杂,因此如何对其进行表征是后续剩余强度分析的首要问题。此外,与低速冲击损伤相关的变量众多,如材料类型、几何特征、冲头特征和湿热环境等均可能对冲击损伤产生显著的影响,因此需要进一步研究低速冲击损伤的影响因素。另外,中高速冲击造成的离散源损伤通常为穿透性损伤,将在第 9 章开展详细描述。

复合材料结构冲击损伤通常需要通过积木式试验验证。在积木式试验中,试验层级或试验目的不同,则冲击损伤的引入要求和方法可能有显著的差异。例如,低层级试验通常仅适合考虑低速冲击损伤,而高层级试验则可能需要考虑更为严重的离散源损伤等。因此,在不同层级的积木式试验中如何考虑冲击损伤及冲击损伤如何引入是损伤容限相关试验的重要问题。

虽然复合材料结构冲击损伤需要最终通过积木式试验验证,但完全依赖试验开展设计和验证是不现实的。一方面这会导致研发周期过长,另一方面也会导致不可接受的成本,因此冲击损伤分析是复合材料结构设计和验证的重要辅助手段。此外,在概率性方法中也要求建立冲击能量与结构损伤(例如,凹坑深度和损伤面积等)的函数关系,以进一步评估含损伤结构的失效概率。由于复合材料结构冲击损伤的复杂性,目前没有成熟的理论求解方法,而是主要依赖基于试验数据的经验性分析方法和基于精细有限元的数值求解方法。本章后续将详细介绍这两类分析方法。

综上所述,本章主要介绍复合材料结构冲击损伤形貌与表征、冲击损伤影响因素、冲击调查试验相关要求和冲击损伤分析方法等内容。

4.2 冲击损伤形貌与表征

复合材料结构冲击损伤的形成机理与金属结构完全不同。金属结构遭遇冲击事件时,主要通过塑性变形吸收冲击能量,因此会在表面产生明显的凹坑。而复合材料结构没有明显的塑性变形阶段且断裂韧性较差,因此在遭遇冲击事件时,其不能通过塑性变形吸收冲击能量,而主要通过分层和纤维断裂等形式吸收冲击能量。此外,被冲击面的背面也可能出现劈丝,而冲击面通常仅留下深度较浅的凹坑。

出于商用飞机运营成本的考虑,复合材料结构冲击损伤主要依赖目视方法进行检查。由于内部的损伤难以通过目视发现,因此表面凹坑深度成为损伤可检性的主要指标。此外,复合材料结构冲击后剩余强度主要与内部的损伤范围(通常以损伤面积表示)有关,因此损伤面积也是结构设计准则关注的重要内容。

复合材料结构的冲击损伤形貌(表面凹坑和内部损伤)与冲击能量有关。当冲击能量较小时,层压板吸收的能量没有达到层间或纤维的断裂韧性,因此既不会产生内部损伤,也不会产生表面凹坑。当冲击能量逐渐增加时,层压板吸收的能量首先达到了层间断裂韧性,层压板内部开始产生一定程度的分层损伤。此时对应的冲击能量称为损伤门槛值能量。需要注意的是,分层损伤不是逐渐产生的,而是在损伤门槛值能量附近跳跃性产生的。此时,表面凹坑依然不明显。

当冲击能量继续增加时,层压板内部的损伤急剧扩大。此时,层压板的铺层形式会对分层损伤的形貌产生一定的影响。当层压板为正交铺层时,内部分层的投影图像通常呈花生状,其长轴与占比较少的铺层方向相重合;而当层压板为准各向同性铺层时,内部分层的投影图像接近为正圆形,但当损伤较严重时 45°方向可能伴有一定程度的劈丝。如图 4-1 所示。

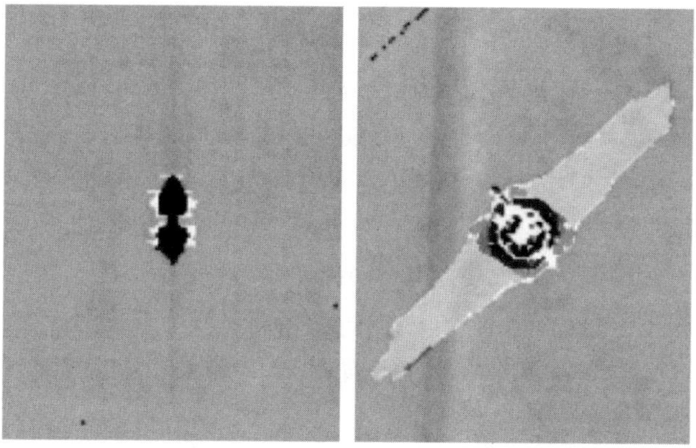

(a) 正交铺层　　(b) 准各向同性铺层

图 4-1　低速冲击损伤二维图像

此外,厚度和支持条件也会对分层损伤形貌产生一定的影响。对于较厚的层压板或背面有支持的情况,由于冲击点附近高度的应力集中,损伤首先出现在冲击点附近,分层尺寸从冲击点附近沿厚度方向逐渐增加,分层呈松树状分布。而对于较薄的层压板或背面没有支持的情况,由于冲击点附近变形显著,损伤首先出现在层压板背面,分层尺寸从层压板背面沿厚度方向逐渐增加,分层呈倒松树状分布,如图 4-2 所示[1]。

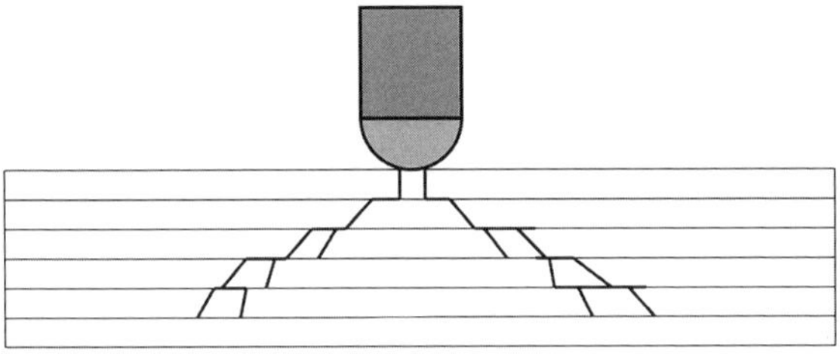

(a) 厚板或有支持的情况

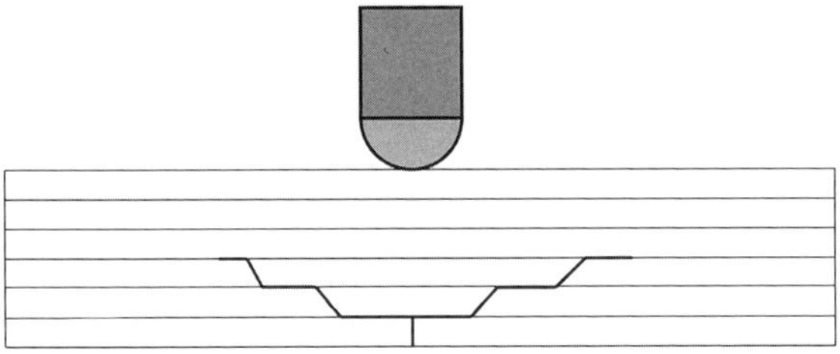

(b) 薄板、无支持的情况

图 4-2　低速冲击损伤形貌

在此阶段,层压板冲击损伤形式以分层为主。由于子层在压缩和剪切载荷下可能提前产生失稳,从而导致层压板强度显著下降,因此分层面积是冲击损伤表征的重要指标。此外,伴随分层出现的还有基体裂纹等。基体裂纹的形式通常比较复杂且难以检测,但由于其对层压板强度几乎没有影响,因此通常无须对其进行详细的表征。

当冲击能量进一步增加时,层压板内部的损伤形式逐渐以纤维断裂为主,分层面积不再显著地增加。此时,由于纤维发生断裂,表面凹坑深度开始急剧增加,产生拐点现象。由于凹坑深度与可检性相关,因此其是损伤表征的重要内容之一。同时,层压板内部产生较严重的纤维断裂,导致局部的应力集中,进而导致压缩、剪切和拉伸强度均有显著的下降。此外,层压板背面也很可能出现丝束劈裂。但由于丝束劈裂通常难以预测且对剩余强度几乎没有影响,因此通常不对其进行深入研究和表征。

当层压板产生纤维断裂后,其冲击阻抗能力急剧下降,冲击能量继续增加将导致层压板很快发生穿透。此时,损伤面积不再继续增加。当冲击能量很大时,由于损伤的演化机制不同,损伤面积甚至可能产生一定程度的减小。图 4-3 表示了在整个冲击能量范围内,凹坑深度和损伤面积随冲击能量的变化趋势。

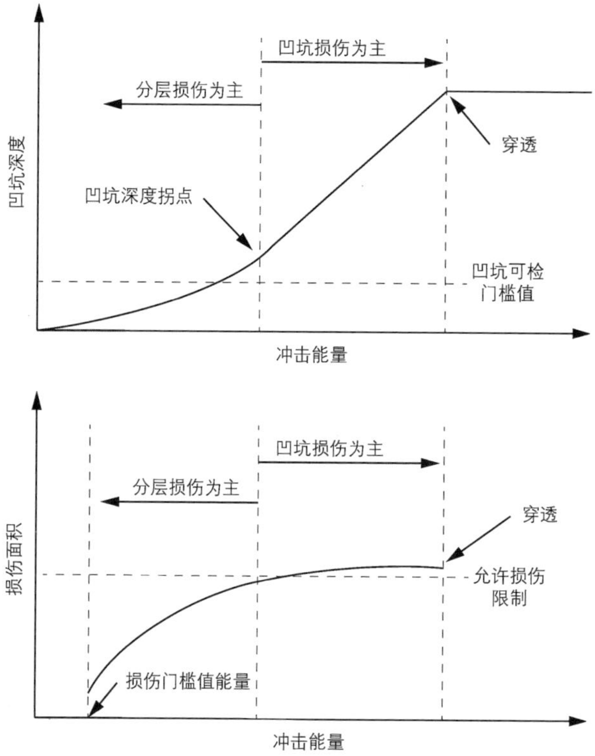

图 4-3　冲击能量与凹坑深度/损伤面积的关系

为了进一步加深对冲击过程中损伤形成的理解,还可以进一步观察冲击力-时间曲线,典型的冲击力-时间曲线如图 4-4 所示。在冲击过程的前期阶段,冲击力曲线表现出良好的线弹性行为,说明此时层压板内部没有出现损伤。随着时间增加,冲击力曲线开始出现下降,然后又继续上升,并多次出现类似的波动。这时,层压板内部开始产生分层,每次分层的形成或扩展都会引起微小的刚度下降,从而造成冲击力曲线波动。随着时间继续增加,冲击力增加到一定的水平后开始出现剧烈的波动并可能发生陡降,此时层压板内部开始出现纤维断裂,同时表面出现永久性的凹坑。由于纤维断裂后层压板的冲击阻抗能力急剧下降,因此继续增加冲击能量则主要发生纤维沿厚度方向的断裂破坏,并直至发生穿透。

除可能遭遇外来物横向冲击外,蒙皮自由边、开口边缘或 T 型长桁立边等位置

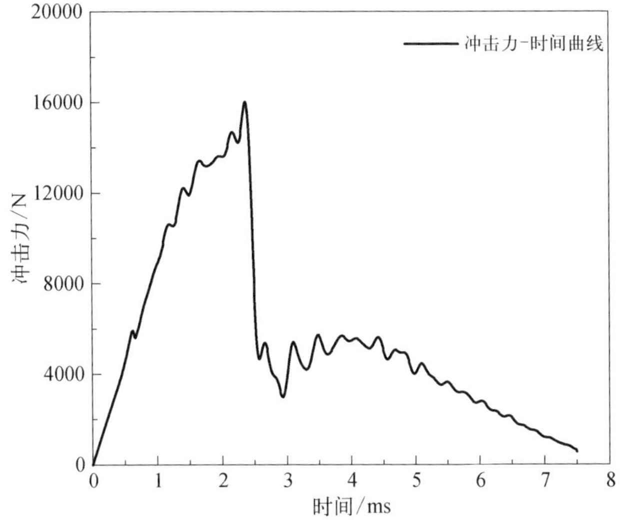

图 4－4　典型的冲击力-时间曲线

还可能遭遇工具掉落或人员误操作碰撞等场景引起的边缘冲击损伤，如图 4－5 所示。边缘冲击损伤的主要形貌特征包括表面凹坑、基体裂纹（分层）和内部损伤等。表面凹坑主要是由纤维和基体的塌陷形成的。内部损伤主要包括两部分区域，一是在冲击点附近形成的压塌区域，该区域损伤形式复杂，包括纤维断裂和分层等；二是在压塌区域外围形成的分层区域，该区域范围较大，且对结构压缩剩余强度有显著的影响。边缘冲击损伤的主要特征如图 4－6 所示。

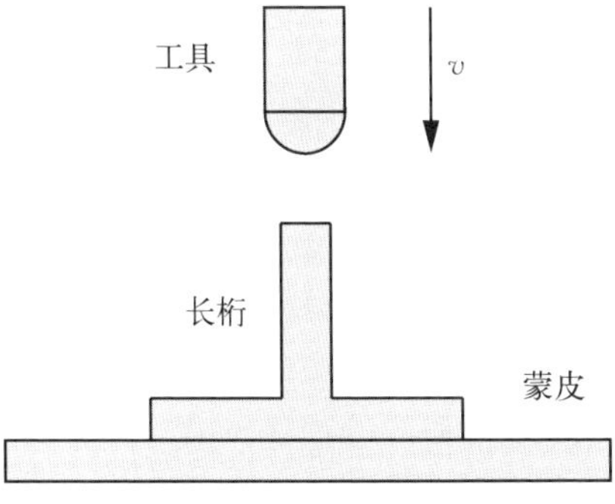

图 4－5　边缘冲击示意图

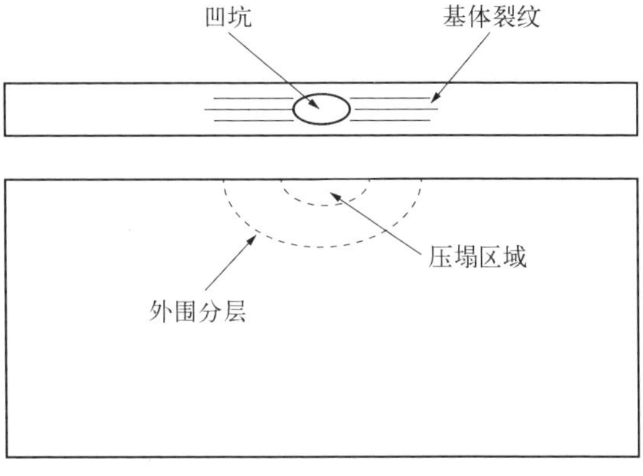

图 4－6　边缘冲击损伤示意图

边缘处的基体裂纹或分层是目视可检的，因此，边缘冲击损伤的可检性指标不仅可以为凹坑深度，还可以为裂纹长度等。对于边缘冲击情况，通常在较小的冲击能量下即可造成严重的冲击损伤，进而造成较明显的压缩强度下降。

4.3 冲击损伤影响因素

复合材料结构低速冲击损伤通常受多种因素影响,例如材料类型、几何特征、冲头特征和湿热环境等。

4.3.1 材料类型

材料类型对低速冲击损伤的影响包括：纤维类型、纤维细观构造、铺层方向,以及基体和界面类型等因素的影响。

纤维是复合材料的主要承力组分,也是复合材料刚度和强度的决定性因素,因而对冲击损伤的形成过程有显著的影响。常见的纤维类型包括碳纤维、玻璃纤维和芳纶纤维等。碳纤维的刚度和强度较高,但是其断裂韧性较低,因而失效应变相对较低;玻璃纤维的刚度和强度较低,但是其断裂韧性较高,因而失效应变相对较高;芳纶纤维的力学性能则介于两者之间。低速冲击时,冲击力大小主要与层压板的挠曲刚度有关,此外挠曲变形引起的层间剪切失效是主导冲击能量耗散的主要机制。因此,不同类型的纤维可以通过改变层压板的挠曲刚度对冲击力和冲击能量耗散产生影响,并进而影响最终的冲击损伤。

在冲击力-位移曲线中,初始损伤出现之前,线弹性区域的面积可以表征材料的冲击损伤阻抗能力,如图 4-7 中横线填充区域所示。该区域的面积越大则说明材料的冲击损伤阻抗能力越强。而初始损伤出现之后至穿透阶段,曲线下方区域的面积可以表征材料的穿透损伤阻抗能力。该区域的面积越大则说明材料的穿透损伤阻抗能力越强。当未发生穿透时,载荷-位移曲线最终会返回至零点或接近零点位置。此时,载荷-位移曲线包络的面积即为层压板在冲击过程中最终吸收的能量,如图 4-7 中灰色填充区域所示。这些冲击能量主要用于产生冲击损伤,包括纤维断裂和分层等。如果纤维的断裂韧性较高,则冲击损伤更倾向于表现为分层;如果纤维的断裂韧性较低,则冲击损伤更倾向于表现为纤维断裂。由此可见,纤维的刚度、强度和断裂韧性对冲击损伤(包括损伤门槛值能量和损伤形式等)均有一定程度的影响。试验研究[2,3]表明,芳纶纤维和玻璃纤维复合材料比碳纤维复合材料具有更高的冲击损伤和穿透损伤阻抗能力。

纤维的细观构造对复合材料结构冲击损伤阻抗能力和冲击损伤形式也有一定程度的影响。二维编织材料或 Z 向缝合材料的冲击损伤阻抗能力显著高于单向带材料。此外,复合材料-金属混合铺层形成的结构通常具有纤维的高刚度和金属材料的高延展性,从而具有较高的冲击损伤阻抗能力;而复合材料-金属纤维层内混编形成的结构具有更高的冲击阻抗能力[4]。然而,混合铺层材料或混编材料成本通常较高、效率较低,因此在大面积使用复合材料的飞机结构上通常不采用这些形

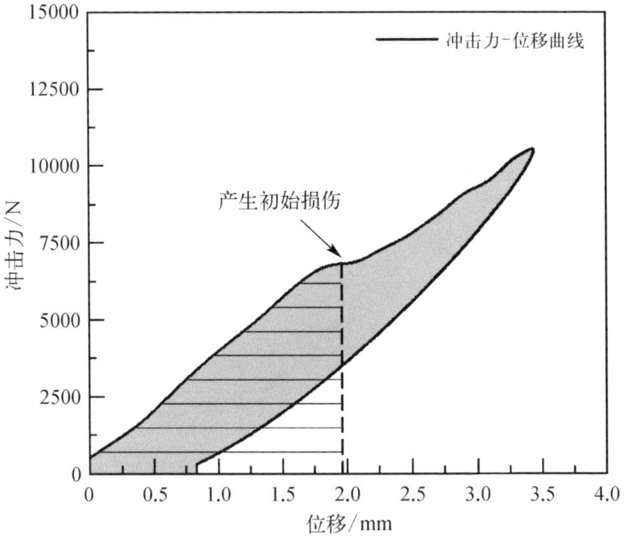

图 4－7　典型的冲击力-位移曲线

式。由于织物具有较好的冲击损伤阻抗能力，因此一种低成本且高效率的方法是在单向材料构成的层压板表面铺一层织物，以增强结构的冲击损伤阻抗能力。

单向带的铺层方向也会影响层压板的冲击损伤阻抗能力。研究[5]认为表面铺层为±45°的层压板具有更高的冲击损伤阻抗能力和冲击后压缩强度，因为±45°铺层使层压板具有更高的柔韧性，可以提高通过挠曲变形吸收冲击能量的能力。此外，相邻铺层的角度差也会影响分层损伤门槛值能量和分层面积。相邻铺层的角度差越小，则越不利于层压板通过分层吸收能量，而倾向于产生严重的纤维断裂或劈裂。当相邻铺层的角度差变大时，层压板可以通过分层吸收更多的冲击能量。

基体和界面材料体系对层压板冲击损伤也有非常明显的影响。基体可以保护和支持纤维，并可以在纤维间传递载荷。在低速冲击情况下，热塑性基体可以比热固性基体提供更高的冲击损伤阻抗能力。例如，研究[6, 7]表明碳纤维增强的聚醚醚酮（PEEK）复合材料具有更高的层间韧性，其在吸收较多的冲击能量下仅产生非常小范围的分层损伤。然而，在高速冲击情况下，该材料却没有表现出明显的冲击阻抗性能优势。基体和纤维的黏接强度以及层间断裂韧性对层压板的冲击损伤也有显著的影响。在低速冲击情况下，分层通常是由于纤维和基体脱黏后形成裂纹，裂纹进而扩展和连接形成的，而分层扩展通常是由在冲击载荷下层压板弯曲时产生的层间剪应力引起的。因此，改善基体和纤维的黏接强度以及层间断裂韧性可以显著提高层压板冲击损伤阻抗能力。图 4－8 为增韧树脂和非增韧树脂的冲击损伤对比。可以看出，增韧树脂具有更高的冲击损伤阻抗能力。

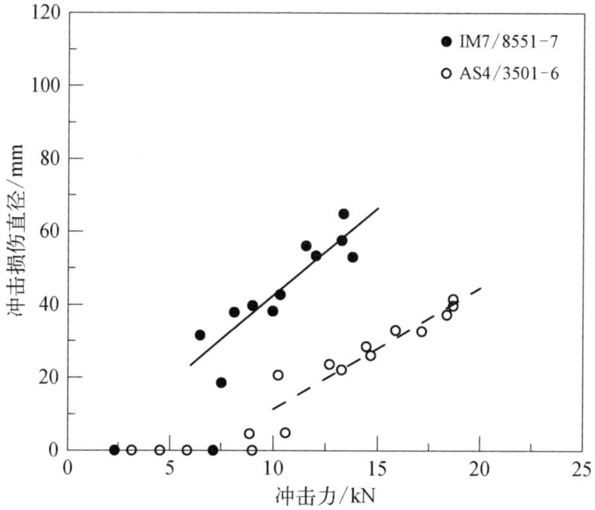

图 4-8　增韧树脂和非增韧树脂的冲击损伤对比

4.3.2　几何特征

几何特征对低速冲击损伤的影响包括厚度、曲率和尺寸效应等因素的影响。

层压板厚度可以改变冲击能量吸收和损伤形成的机理[8-10]。当厚度较薄时，层压板弯曲变形较大，从而产生较大的层间应力。此时，层压板主要依靠分层耗散冲击能量，因此会产生范围较广的分层。而当厚度较大时，层压板弯曲变形较小，层间应力相对较小。此时，冲击点会产生较大的接触力造成局部纤维断裂，因此层压板主要依靠冲击点的局部损伤耗散冲击能量。

冲击损伤门槛值载荷和门槛值能量均与层压板厚度相关。随着厚度增加，损伤门槛值载荷有显著增加，如图 4-9(a)所示。而损伤门槛值能量也有增加的趋势，但是在厚度较小的一定范围内无显著变化，这是因为厚度变化同时也影响了层压板挠曲刚度，如图 4-9(b)所示。此外，在低速冲击情况下，层压板的穿透能量也随厚度增加而增加。可以说，厚度是决定层压板冲击损伤阻抗性能的重要因素。

曲率对复合材料结构冲击损伤也有不可忽略的影响。实际飞机结构大多带有一定的曲率特征，然而目前对曲率影响的试验研究并不多，仅有的少数研究主要是采用精细有限元方法。一些研究[11, 12]认为，随着厚度减小、挠曲变形增加，曲率影响表现得越来越明显。曲率主要是通过改变复合材料结构的挠曲刚度来影响冲击损伤的。如果曲率较大，则结构挠曲刚度相对较大，挠曲变形相对较小，从而导致冲击力相对较大，冲击损伤相对集中；反之如果曲率较小，则结构挠曲刚度相

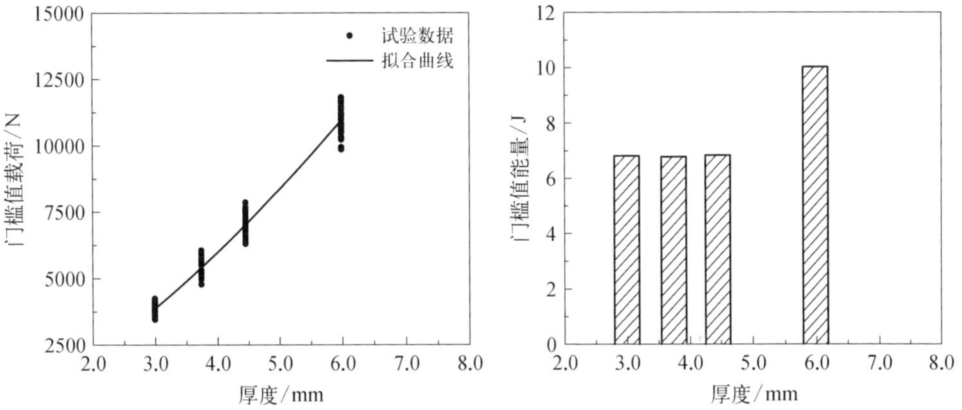

(a) 门槛值载荷　　(b) 门槛值能量

图 4－9　厚度的影响

对较小，挠曲变形较大，从而导致冲击力相对较小，冲击损伤以较大范围的分层为主。

边界条件对层压板的冲击损伤有非常显著的影响。边界支持刚度越大，通常越容易造成严重的冲击损伤。此外，支持边界与冲击点的距离也能够影响冲击损伤的形成。冲击点距离支持边界越近，则结构挠曲刚度越大，从而导致冲击力相对较大，但由于结构挠曲变形较小，冲击损伤通常相对集中；而冲击点距离支持边界越远，则结构挠曲刚度越小，从而导致冲击力相对较小，但由于结构挠曲变形较大，冲击损伤通常以较大范围的分层为主。

4.3.3　冲头特征

冲头特征主要包括冲头形状和尺寸、冲击物质量和速度，以及冲击角度等。这些冲头特征对低速冲击损伤有非常明显的影响。

研究复合材料结构冲击损伤时，最常用的冲头形状是半球形，直径通常为 12.7 mm、16 mm 和 25.4 mm 等。但是，在装配和维护过程中掉落的工具并不总是这种半球形的。因此，Mitrevski 等[13] 和 Lee 等[14] 还对圆锥形、立方形和平面形等形状的冲头进行了研究。研究表明，在相同的冲击能量下，被尖锐的冲头冲击的试验件容易吸收更多的冲击能量，且更容易造成厚度方向的纤维断裂；而被圆钝的冲头冲击的试验件容易产生更高的冲击力，冲击接触时间通常也更短，且更容易造成大面积的分层。此外，尖锐冲头的损伤门槛值更小，穿透能量也更低；而圆钝冲头的损伤门槛值更大，穿透能量也更大。图 4－10 为不同类型的冲头在 35 J 和 60 J 两种冲击能量下的冲击响应情况；图 4－11 为冲头直径对复合材料层压板冲击损伤的影响情况。

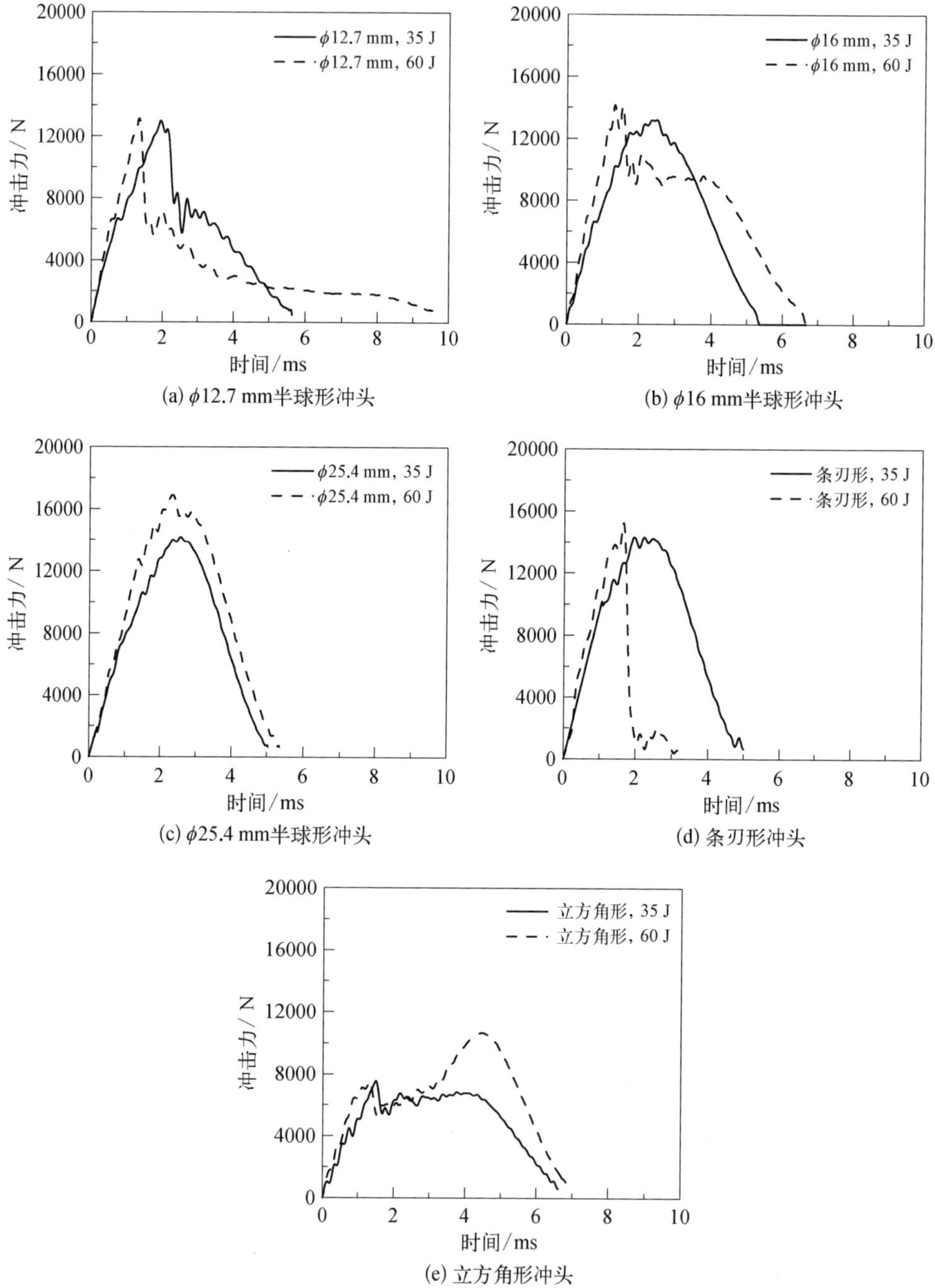

图 4-10　不同类型冲头在 35 J 和 60 J 两种冲击能量下的冲击响应情况

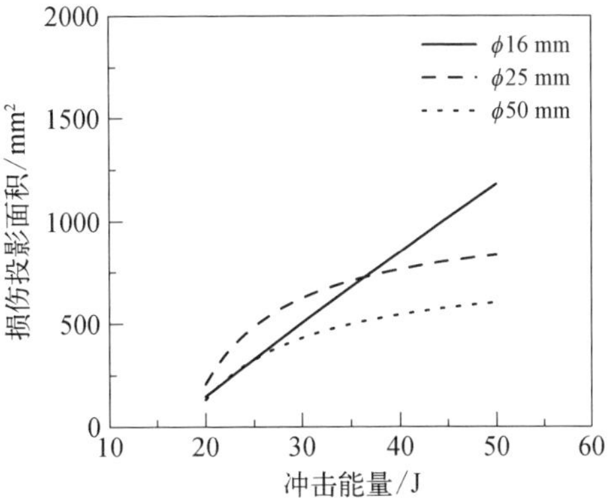

图 4-11　冲头直径对复合材料层压板冲击损伤的影响

对冲击物质量和速度的研究目前并不是很多。大部分的冲击研究试验采用固定的冲击物质量，通过改变冲击速度来改变冲击能量。不同的冲击速度将产生不同的应力波，从而影响冲击响应[15]。根据不同的冲击响应可以将冲击分为三类：超高速冲击、高速冲击和低速冲击。超高速冲击的冲击接触时间与应力波的瞬变时间处于同一量级，结构响应由横向应力波控制，如图 4-12(a) 所示。高速冲击的冲击接触时间小于应力波传至边界的时间，结构响应由沿平面传输的应力波控制，如图 4-12(b) 所示。低速冲击的冲击接触时间大于应力波传至边界的时间，结构响应由挠曲刚度控制，冲击过程是准静态的，如图 4-12(c) 所示。因此，对于能量较小的低速冲击，速度的影响非常微小，可以认为是准静态的过程。此外，大多数的研究[16-19]也表明，在相同的冲击能量下，冲击物质量对于低速冲击响应及损伤状态几乎没有影响。

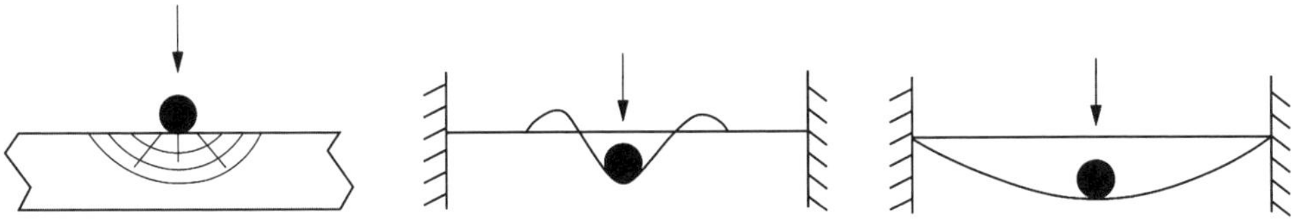

图 4-12　冲击响应类型

对冲击角度的研究目前比较少，公开的文献并不多[20]，绝大部分现有的冲击试验都是采用垂直冲击。然而在实际情况中发生的冲击事件通常并不总是垂直冲击，而是有一定的冲击角度，因此调查冲击角度对复合材料结构冲击损伤的影响是非常有必要的。仅有的少数研究[21]显示，在相同的冲击能量下，较大角度（与结构表面法线的夹角）的冲击会造成更小的损伤，这是显而易见的。更有意义的对比是，在垂直方向具有相同的冲击能量下不同冲击角度的影响，而目前尚未发现此类研究结果。还有一些研究[20, 22, 23]更多是调查高速冲击下冲击角度对能量耗散、损伤面积和穿透能力的影响，对复合材料飞机结构主要考虑的低速冲击损伤的借鉴意义并不大。

4.3.4　湿热环境

服役环境（尤其是湿热环境）会改变复合材料的力学性能，并可能导致结构内部产生复杂的应力状态,因此其会对冲击损伤状态产生一定的影响。

对于玻璃纤维复合材料,吸湿会在纤维界面产生酸性环境,进而侵蚀纤维和基体界面,引起界面性能下降甚至出现纤维脱黏[24]。这对复合材料结构通常是不利的,但是在冲击情况下,这些纤维和基体界面的提前失效会吸收一定的冲击能量,从而可能导致产生更小范围的分层。而对于碳纤维复合材料,纤维几乎不会吸收水分,但水分可能会使基体产生微损伤,在冲击情况下这些微损伤会提前发生扩展从而吸收少量的冲击能量,因此最终可能造成更小范围的分层。但由于吸湿后复合材料的层间性能也产生了一定程度的下降,从而使结构更容易出现分层,因此综合来看,吸湿对碳纤维复合材料冲击损伤的影响很可能是不明显的。

温度变化对复合材料结构冲击损伤的影响是多方面的。首先,温度变化会导致复合材料结构内部产生复杂的应力状态,这种复杂的应力状态对冲击损伤的影响通常难以直观地进行判断。此外,温度变化会改变复合材料层间的初始失效强度和断裂韧性,因此当温度有显著差异时,可以通过比较不同温度下层间的初始失效强度和断裂韧性来辅助判断温度对冲击损伤的影响。

4.4 冲击调查试验

复合材料飞机结构的研发和验证很大程度上依赖于积木式试验,包括试片级试验、元件级试验、组合件试验和部件级试验等。每一层级试验均有特定的试验任务,比如低层级试验更多地用于获取材料性能参数,以及研究冲击损伤和湿热环境的影响等;而高层级试验则更多地用于验证分析方法和结构完整性。无论是低层级试验还是高层级试验,在试验件上引入冲击损伤通常是不可避免的。

4.4.1 试片级试验

试片级试验通常为不含结构设计特征的试验。在试片级试验中引入冲击损伤通常是为了建立冲击能量与冲击损伤(凹坑深度和损伤面积)或剩余强度的关系,以用于确定许用值或许用值曲线。试片级冲击试验一般参考 ASTM D7136 标准,该标准中试验件尺寸为 150 mm × 100 mm、冲击窗口为 125 mm × 75 mm、边界无额外约束,冲头为半球形、直径为 16 mm。根据不同的试验目的,也可能需要改变试验件尺寸、冲击窗口、边界约束、冲头形状和冲头直径等。

经验表明,按照设计准则规定的冲击能量开展试片级冲击试验可能会产生较大的冲击损伤,比如损伤直径超过试验件宽度的一半。此时,继续开展冲击后压缩试验将得到比实际情况更低的剩余强度。因此对于这种情况,需要增加试验件尺寸重新开展冲击试验及剩余强度试验。

此外，对于较薄的层压板，冲击后压缩试验（ASTM D7137）可能出现提前屈曲的情况。为了避免该类问题，可以参考 ASTM D7956 标准开展薄板的冲击后压缩试验。在该标准中，先在薄板上引入冲击损伤（ASTM D7136），然后将其在黏接于夹芯材料的上表面做成夹层结构（下表面黏接无冲击损伤的薄板），最后采用长梁四点弯曲方法（ASTM D7249）对含冲击损伤的薄板进行压缩。薄板冲击后压缩试验件构型如图 4－13 所示。

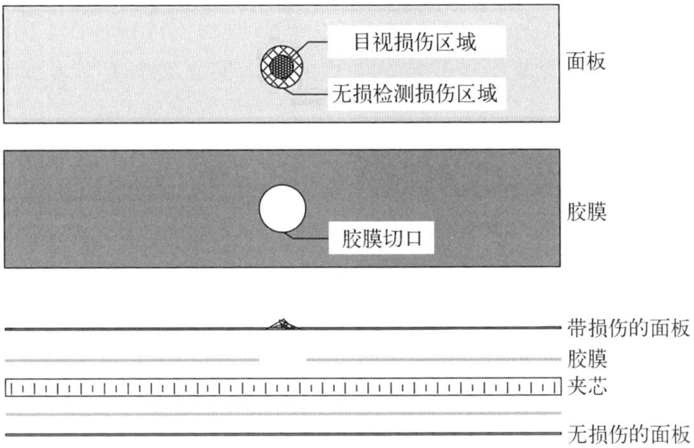

图 4－13　薄板冲击后压缩试验件构型

除横向冲击试验外，还可能需要开展边缘冲击试验。边缘冲击是指冲头沿侧向冲击试验件的边缘。冲头与试验件厚度中心对齐是该试验的关键和难点，通常需要采用运动冲头和定位冲头共同实现。定位冲头需预先放置于试验件的待冲击位置，并采用导向装置约束冲头的运动方向。运动冲头冲击定位冲头以产生边缘冲击损伤，如图 4－14 所示。

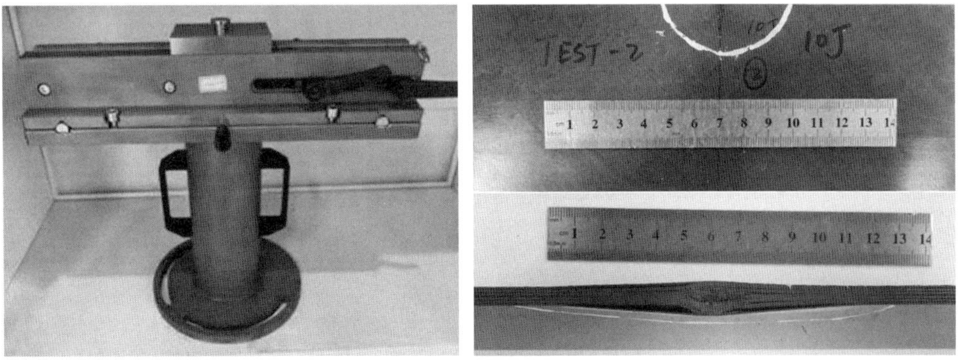

图 4－14　边缘冲击试验夹具（左）及边缘冲击损伤（右）

为了获取冲击损伤门槛值载荷和能量，通常需要测量冲击过程中的冲击力，并生成冲击力-时间和冲击力-位移曲线。此外，环境对冲击损伤的影响通常是在试片级试验中考虑。

4.4.2 元件级试验

元件级试验通常为包含小尺寸典型设计特征的试验，如长桁、直框、梁、立柱等试验，以及含小开孔、连接、曲边等细节特征的试验。这类试验件的尺寸通常比试片级试验件更大。元件级试验的目的通常是获取典型设计特征对层压板力学性能的影响，或者直接建立含典型设计特征结构的许用值。如果为后者，则需要考虑可能的冲击损伤情况。

元件级试验与特定的设计细节相关，因此难以建立通用的试验规范，而需要根据具体的结构设计方案进行试验设计。冲击损伤引入方案是元件级试验的难点，因为试验件尺寸通常较小，很难模拟真实产品的支持状态，而支持状态对冲击损伤有至关重要的影响。因此，合理地确定冲击方案是试验的关键。一种可行的方案是在大尺寸结构上预先进行冲击，然后再将其切割为小尺寸的试验件进行后续试验。比如，对于长桁压缩试验，可以先制造与真实结构相似的加筋壁板，并在加筋壁板上对长桁进行冲击，然后再将加筋壁板切割为一系列的单长桁试验件，以开展后续的剩余强度试验，如图 4-15 所示。这样可以避免在小尺寸的单长桁试验件上引入冲击损伤时支持边界难以模拟真实产品状态的问题。

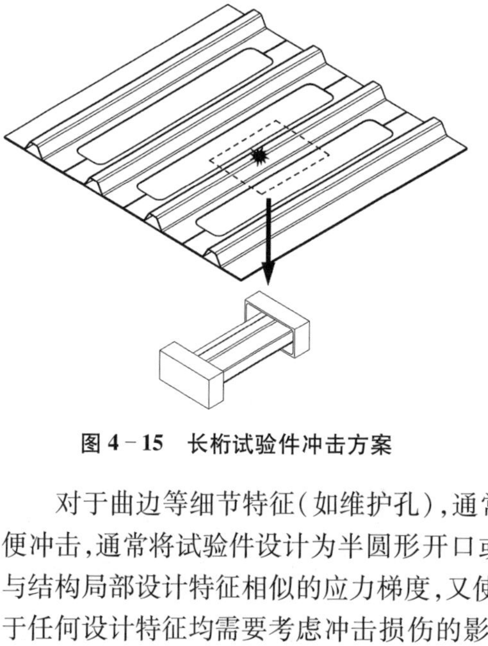

图 4-15　长桁试验件冲击方案

对于曲边等细节特征（如维护孔），通常需要考虑边缘侧向冲击情况。为了方便冲击，通常将试验件设计为半圆形开口或四分之一圆形开口。这样既可以模拟与结构局部设计特征相似的应力梯度，又使冲击方案变得简单易行。通常来讲，对于任何设计特征均需要考虑冲击损伤的影响，除非损伤威胁分析和运营经验表明该设计特征在制造、运营和维修期间不会遭遇任何冲击损伤，或遭遇冲击损伤后可以立即被发现。

4.4.3 组合件试验

组合件试验通常为包含更大尺寸设计特征及周围过渡结构的试验，如舱门开口、舷窗开口、维护开口、壁板对接区域和关键接头等试验。组合件试验的目的通常是确认这些大尺寸设计特征及周围过渡结构满足强度及疲劳性能要求，并确认基于小尺寸试验建立的分析方法的适用性。

组合件试验均需要考虑冲击损伤的影响，除非损伤威胁分析和运营经验表明该设计特征在制造、运营和维修期间不会遭遇任何冲击损伤，或遭遇冲击损伤后可以立即被发现。此外，组合件试验还可能需要考虑更大尺寸的损伤（如离散源损伤、长桁-蒙皮脱黏等），以验证结构满足损伤容限要求。

组合件试验的冲击损伤引入方案通常并不复杂，因为试验件包含了足够真实的设计特征及周围过渡结构，且试验件尺寸足够大，可以准确地模拟冲击点的支持状态。不过由于试验件尺寸较大，可能并不适合采用常见的落锤冲击设备在局部的设计细节处引入冲击损伤。这时可能需要采用手持便携式冲击设备（如图 4－16 所示）或摆锤进行冲击，或者在装配前就预先在零件上引入冲击损伤。

图 4－16　手持便携式冲击设备

此外，综合考虑试验风险和成本等因素，通常将转子失效引起的离散源损伤简化为相对保守的尺寸和损伤形式，并在试验件制造时以机械切割的方式引入。直接模拟发动机转子碎片冲击过程，动态地引入离散源损伤将存在较大的风险和耗费较大的成本。然而，鸟撞、冰雹和轮胎碎片等引起的离散源损伤通常包含较严重的内部分层，因此仍然需要采用冲击试验引入。此外，长桁-蒙皮脱黏则可以相对容易地在制造阶段实现。

4.4.4　部件级试验

部件级试验通常为相对独立的结构部段试验，如外翼盒段、平尾盒段、升降舵、后机身等试验。部件级试验的目的通常是检查部件内部元件间的载荷分配是否符合预期，以及设计细节的强度和疲劳性能是否满足要求，同时对小尺寸试验件不能反映的工艺影响进行最终的检查。因此，部件级试验件应该包含产品所有关键的设计信息。

局部的冲击损伤虽然通常不会影响元件间的载荷分配，但是会影响设计细节的强度和疲劳性能，因此部件级试验也需要考虑冲击损伤。部件级试验的冲击损伤引入方案通常并不复杂，与组合件试验相似。而冲击位置的选择是试验的关键要素，对于结构完整性验证至关重要。首先，冲击损伤应布置于可能发生冲击事件的位置，这取决于损伤威胁评估结果；其次，冲击损伤应布置于安全裕度低的位置，这取决于强度分析结果;最后,冲击损伤还应布置于无法通过分析表明结构完整性的位置,这取决于分析方法的适用范围。

此外,部件级试验还可能需要考虑更大尺寸的损伤(如离散源损伤、长桁-蒙皮脱黏等),以验证结构满足损伤容限要求。不过应尽量在组合件试验中引入这些大尺寸损伤并完成相关验证,因为在部件级试验开展这些大尺寸损伤验证通常存在更大的风险且耗费更大的成本。这些大尺寸损伤的引入方法与组合件试验相似,此处不再赘述。

4.5 冲击损伤分析

复合材料结构冲击损伤状态非常复杂,对冲击损伤进行理论分析通常是不现实的,因此目前在工程实践中主要是采用基于试验数据的经验性或半经验性分析方法,以及精细有限元分析方法。

4.5.1 经验性或半经验性方法

经验性分析方法是基于试验数据建立的,本质上是对试验现象的描述或总结,因此对于不同的材料或设计情况可能表现为不同的数学表达式。而半经验性方法通常有一定的理论基础,但又无法完全依靠理论推导完成最终计算,因此通常在理论推导的基础上构建因变量与主要自变量的函数关系。对于过于复杂或理论表达式难以解释的部分,可采用试验方法获得。

4.5.1.1 凹坑深度

冲击凹坑的形成机理非常复杂,目前主要依靠基于冲击试验数据的经验性方法进行预测。对于绝大多数复合材料层压板,试验数据表明凹坑深度与冲击能量近似呈指数关系,且该指数关系受多个设计参数的影响,例如层压板厚度、支持窗口尺寸和冲头直径等。此外,凹坑深度还会随时间发生缓慢地回弹,凹坑回弹现象将在第 5 章进行详细地介绍。

4.5.1.2 损伤门槛值

损伤门槛值是表征复合材料结构冲击损伤阻抗的重要指标,通常以损伤门槛值载荷和损伤门槛值能量的形式表示。目前对损伤门槛值的预测主要是采用半经验性的方法。

复合材料层压板损伤门槛值试验一般采用 ASTM D6264 准静态压痕试验标准测量。该标准规定采用半球形压头在试验件表面施加载荷,得到压头从初始加载直至试验件发生破坏的载荷-位移曲线,损伤门槛值载荷可以根据该曲线上载荷或斜率的不连续点来定量地确定,如图 4-17 所示。一般来说,在接触力达到这一值之前,微小的损伤(基体裂纹和分层)已经产生。因此,损伤门槛值载荷实际上大于初始损伤发生时对应的接触力。但是从实用的观点来看，由于载荷-位移曲线上的载荷或斜率的不连续点易于通过试验测量，而且其对应的损伤引起了材料响应的宏观突变（挠曲刚度发生突变），因此该标准中规定载荷-位移曲线上的斜率不连续点作为损伤门槛值。

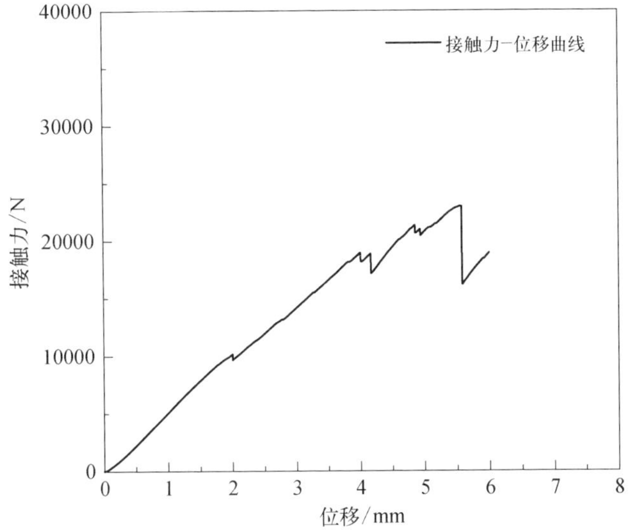

图 4-17　准静态压痕试验压头的载荷-位移曲线

损伤门槛值载荷 P_{thr} 与层压板的材料和厚度 t 有关，可以表示为

$$P_{thr} = P_{thr}(A,\ t) \tag{4-1}$$

式中，A 为与材料属性有关的参数，可由试验数据拟合得到。

在出现宏观损伤之前，可以认为层压板是理想的弹性体。从能量平衡的角度考虑，压头做功主要转化为了层压板挠曲变形势能和局部凹坑变形势能。因此，压头做功 W 与最大接触力 P_{max} 的函数关系可以表示为[25]

$$W = \frac{1}{2} \cdot \frac{P_{max}^2}{k} + \frac{2}{5} \cdot \frac{P_{max}^{5/3}}{n^{2/3}} \tag{4-2}$$

其中，

$$n = \frac{4}{3} \cdot E_n \cdot \sqrt{R} \tag{4-3}$$

式中，k 为层压板挠曲刚度；E_n 为层压板厚度方向的弹性模量；R 为压头半径。

当压头做功达到层压板损伤门槛值能量时，层压板开始出现宏观损伤。此时，

损伤门槛值能量 E_{thr} 为

$$E_{thr} = W_{thr} = \frac{1}{2} \cdot \frac{P_{thr}^2}{k} + \frac{2}{5} \cdot \frac{P_{thr}^{5/3}}{n^{2/3}} \tag{4-4}$$

通常情况下，n 远大于 k，因此产生局部凹坑变形消耗的能量与层压板挠曲变形消耗的能量相比可以忽略不计。此时，损伤门槛值能量可以表示为

$$E_{thr} = \frac{P_{thr}^2}{2k} \tag{4-5}$$

当层压板遭遇低速冲击时，假设层压板的挠曲刚度为 k，自然频率为 ω，冲击物的质量为 m，如果满足 $\omega^2/(k/m) \geqslant 100$，则可以认为冲击响应是准静态的[26]。实际上，复合材料飞机结构面临的绝大多数低速冲击都是准静态的，因此可以采用公式(4-1)和公式(4-5)预测其损伤门槛值载荷和损伤门槛值能量。

4.5.1.3　损伤面积

低速冲击损伤的主要形式是分层，通常以分层总面积和分层投影面积来表征。在冲击过程中层压板吸收的能量 E_{absorb} 等于分层区域的层间断裂能，而层间断裂能等于分层总面积与引起单位面积分层所需能量的乘积。因此，层压板分层总面积 A_{total} 可以表示为

$$A_{total} = \frac{E_{absorb}}{G_C} \tag{4-6}$$

式中，G_C 为层间临界应变能释放率，与冲击过程中层压板吸收的能量和材料类型相关。

根据试验规律，G_C 可以经验性地表示为

$$G_{DT} = u \cdot E_{absorb} + v \tag{4-7}$$

式中，u 和 v 为与材料类型相关的拟合参数。

试验表明，层压板厚度对 u 和 v 有一定的影响，因此在实际应用时需要根据层压板厚度对 u 和 v 进行修正。此外，根据公式(4-6)可知，为了确定层压板的分层总面积，还需要确定在冲击过程中层压板吸收的能量。在低速冲击过程中，典型的冲击力-位移曲线以及能量转化关系如图 4-18 所示。图中 P_{max} 为最大冲击力，P_{thr} 为损伤门槛值载荷，E_{thr} 为损伤门槛值能量，E_0 为冲击能量。从图 4-18 可以看出，冲击过程中层压板吸收的能量 E_{absorb} 可以近似地表示为

$$E_{absorb} = E_0 - E_{thr} \tag{4-8}$$

根据冲击能量 E_0、损伤门槛值能量 E_{thr}，以及材料参数 u 和 v 可以求得层压板冲击损伤总面积 A_{total}。然而在工程实践中，冲击损伤总面积 A_{total} 并不容易直接测

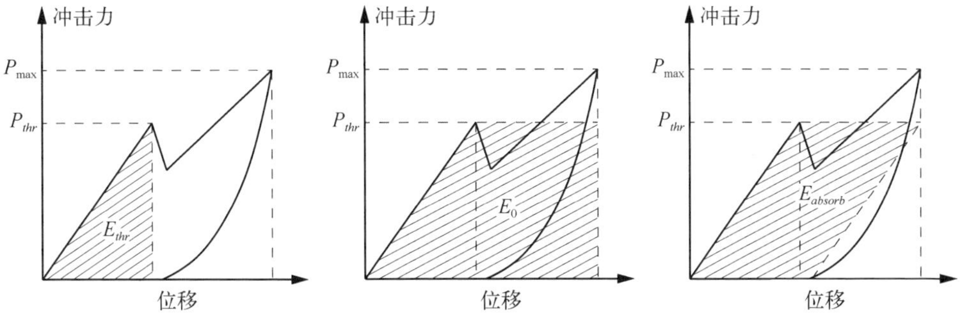

图 4-18　低速冲击过程的载荷-位移曲线

量，一般仅能通过超声 C 扫设备测量冲击损伤投影面积 A_d，因此还需要建立冲击损伤总面积 A_{total} 与冲击损伤投影面积 A_d 的关系。图 4-19 为含冲击损伤层压板相邻子层的分层状态示意图[25]。可以看出，层压板相邻子层的分层为楔形，该楔形分层在层压板的整个厚度方向分布。因此，层压板冲击损伤分层总面积 A_{total} 可以表示为

$$A_{total} = J_p \cdot A_d = \sum_{i=1}^{n_p-1} \frac{\phi_i}{180} A_d \tag{4-9}$$

式中，ϕ_i 为层压板第 i 个子层和第 $i+1$ 个子层的铺层角度差（绝对值）；n_p 为层压板的铺层数量；J_p 为与层压板铺层相关的系数。

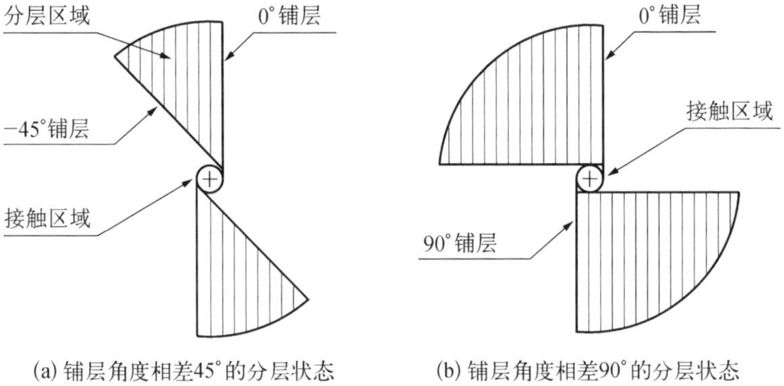

图 4-19　铺层角度与分层状态的关系

因此，层压板冲击损伤投影面积 A_d 最终可以表示为

$$A_d = \frac{1}{J_p} \cdot \frac{E_0 - E_{thr}}{u \cdot (E_0 - E_{thr}) + v} \tag{4-10}$$

可以看出，通过合理设计试验，不难获得公式（4-10）中所需与材料相关的参

数。此外，在工程应用中，试验设计还需要考虑实际结构的设计情况，例如不同的材料类型、生产工艺、铺层比例、厚度、冲头直径、冲击速度、支持条件和湿热环境等。在此类试验中，冲击损伤的测量和判定直接影响了与材料相关的拟合参数，是需要特别关注的试验因素。

4.5.2 精细有限元方法

由于复合材料结构冲击损伤状态非常复杂，目前几乎不可能通过数学解析性方法进行预测。因此，除采用基于试验数据的半经验性方法外，通常还采用基于损伤力学理论的精细有限元方法进行数值计算。精细有限元方法对材料模型、单元与网格、边界与加载、分析与显示等方面均有较高的要求，否则可能出现计算过程难以收敛，或计算结果误差较大的情况。

4.5.2.1 材料模型

材料模型通常包括线弹性阶段、材料失效准则和损伤演化准则三个方面。材料线弹性阶段主要由各个方向的弹性模量和泊松比决定。这些弹性模量和泊松比一般通过 ASTM 或 SACMA 等标准试验获得。表 4 - 1 列出了常见的复合材料力学性能及推荐的试验标准。需要注意的是，通过低层级试验获得的材料力学性能数据可能需要在高层级试验中进行修正。此外，并不是所有的材料参数都能通过试验有效地获取，有时需要结合经验进行合理地假设。

表 4 - 1　常见的材料力学性能及推荐的试验标准

序　号	材料力学性能	推荐的试验标准
1	纵向拉伸模量、强度和泊松比	ASTM D3039
2	纵向压缩模量和强度	SACMA SRM 1
3	横向拉伸模量和强度	ASTM D3039
4	横向压缩模量和强度	SACMA SRM 1
5	面内剪切模量、强度	ASTM D3518、ASTM D5379、ASTM D7078
6	层间剪切强度	ASTM D5379、ASTM D7078
7	Ⅰ型断裂韧性	ASTM D5528
8	Ⅱ型断裂韧性	ASTM D7905

材料失效准则是根据材料应力/应变状态判断其是否发生初始失效的依据。常见的复合材料失效准则主要包括最大应力准则、最大应变准则、Tsai-Hill 准则、Tsai-Wu 准则、Hashin 准则、Puck 准则和 LaRC 系列准则等。英国曼彻斯特大学、QinetiQ 等研究机构发起的世界失效竞赛（World Wide Failure Exercise，WWFE）曾

经评估了这些常见失效准则的准确性,并对其进行了排名。其中,一些失效准则的排名相对靠前,且已集成到 ABAQUS 等有限元软件之中,例如 Hashin 准则、Puck 准则和 LaRC 05 失效准则[27]等。然而,准确性越高的失效准则通常其数学形式越复杂,相应的计算时间也越长。在工程应用中,需要在准确性和计算效率之间平衡考虑。

对于复合材料层间失效,常见的准则主要包括最大名义应力准则、最大名义应变准则、二次名义应力准则和二次名义应变准则等。其中,最大名义应力准则和最大名义应变准则主要适用于单向载荷下的失效情况;而二次名义应力准则和二次名义应变准则反映了多向载荷的相互影响,因此适用于复杂载荷下的失效情况。

当单元应力/应变状态满足材料(层间)失效准则时,材料(层间)开始产生初始损伤,刚度也开始发生退化。随着载荷继续增加,初始损伤进一步演化,刚度也持续退化,直至材料完全失效。因此,损伤演化及刚度退化法则对材料最终失效有至关重要的作用。刚度退化法则一般分为三种类型: 刚度完全退化准则、刚度部分退化准则和渐进损伤准则。

1） 完全退化准则

该准则假设材料(层间)一旦发生失效,则相关单元的刚度立即下降为 0,不再承受任何载荷。该准则简单易行,且由于没有复杂的损伤演化过程,计算效率较高。而通过试验发现,复合材料内部损伤区域仍然具备一定的承载能力,因此该准则会产生较为保守的分析结果。

2） 部分退化准则

该准则根据不同的失效模式,将单元的部分刚度分量折减到某一水平,从而对损伤演化过程进行了简化。该方法参数较少,易于在有限元程序中实现,但模型的准确性依赖于刚度折减系数的选取,需要大量的试验数据和丰富的经验支持。例如,Camanho 部分退化模型[28]考虑了四种失效方式对应的刚度退化方案,是较为广泛使用的模型之一。

3） 渐进损伤准则

该准则假设材料(层间)发生初始损伤后,随着单元载荷继续增大,损伤逐步发生演化,材料刚度也逐步发生退化。直至材料完全失效时,刚度变为 0,单元不再承担任何载荷。渐进损伤准则中刚度退化方案主要分为两种: 一种是建立材料刚度折减系数与单元应力/应变状态的函数,函数形式包括指数型、三角函数型和混合型等;另一种是基于连续介质损伤力学方法,建立损伤变量与单元应力/应变状态的演化准则,使材料刚度随损伤演化逐渐降低。基于连续介质损伤力学的方法引入了材料应变能释放率的概念,该方法是 ABAQUS 等大型商业有限元软件中目前常用的方法之一。

4.5.2.2 单元与网格

复合材料结构冲击损伤包括表面凹坑、纤维断裂、基体裂纹和内部分层等。为了更准确地模拟表面凹坑和内部分层,通常采用三维连续体单元模拟单层材料。例如,在ABAQUS中采用C3D8R单元。此外,还需采用Cohesive单元(或Cohesive接触)模拟相邻单层材料之间的黏接状态。

在冲击过程中,冲击点及分层区域的应力梯度通常很高,为了保证凹坑深度和分层面积计算结果的准确性,有必要对冲击点及附近区域的网格进行加密,如图4-20所示。为了提高计算效率,通常仅在预期产生分层的区域设置Cohesive单元。此外,一般采用解析刚体模拟冲头,并将其质量赋予相应的参考点。

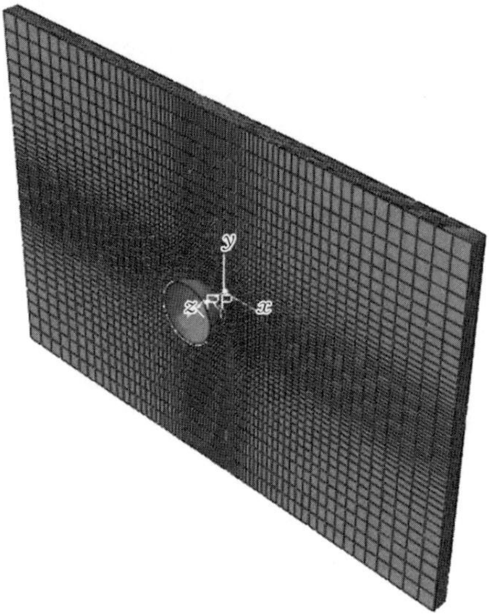

图4-20 有限元网格示例

4.5.2.3 边界与加载

有限元模型的边界约束要模拟实际情况,如有必要可以建立试验夹具的有限元模型。冲头与结构表面需要定义接触,通常仅在冲击点附近建立面与面接触,以减少计算时间。此外,通常需要限制冲头参考点的运动方向,使其仅能沿冲击面法向运动。

4.5.2.4 分析与显示

采用动态显式方法进行分析。分析时间以冲头刚好离开冲击面为宜。通常需要输出冲头参考点的速度-时间曲线、加速度-时间曲线、载荷-时间曲线和载荷-位移曲线等,并需要输出与材料损伤和失效相关的参数,并与试验数据进行比较。图4-21和图4-22分别显示了有限元分析和试验测量的冲击力-位移曲线对比情况,以及有限元分析和试验测量的冲击损伤状态对比情况。

4.5.2.5 小结

精细有限元方法的原理和使用并不复杂,但想要在工程实践中得到可靠的分析结果并不容易。这主要是因为有限元分析结果与材料模型、单元与网格、边界与加载、分析与显示等有密切的关系,尤其是与材料失效和损伤演化相关参数的获取和校准并不容易,需要对理论和工程有丰富的经验。目前,基于损伤力学的精细有限元方法在部分试片级试验中已经得到了较为可靠的结果。据悉,国际先进制造商已经在复合材料飞机结构的研制过程中将精细有限元分析作为重要的辅助手段,并获得了局方的认可。

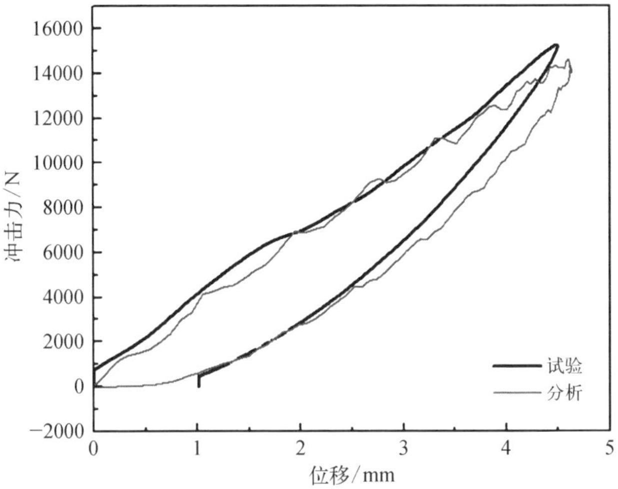

图 4-21　有限元分析和试验测量的冲击力-位移曲线对比

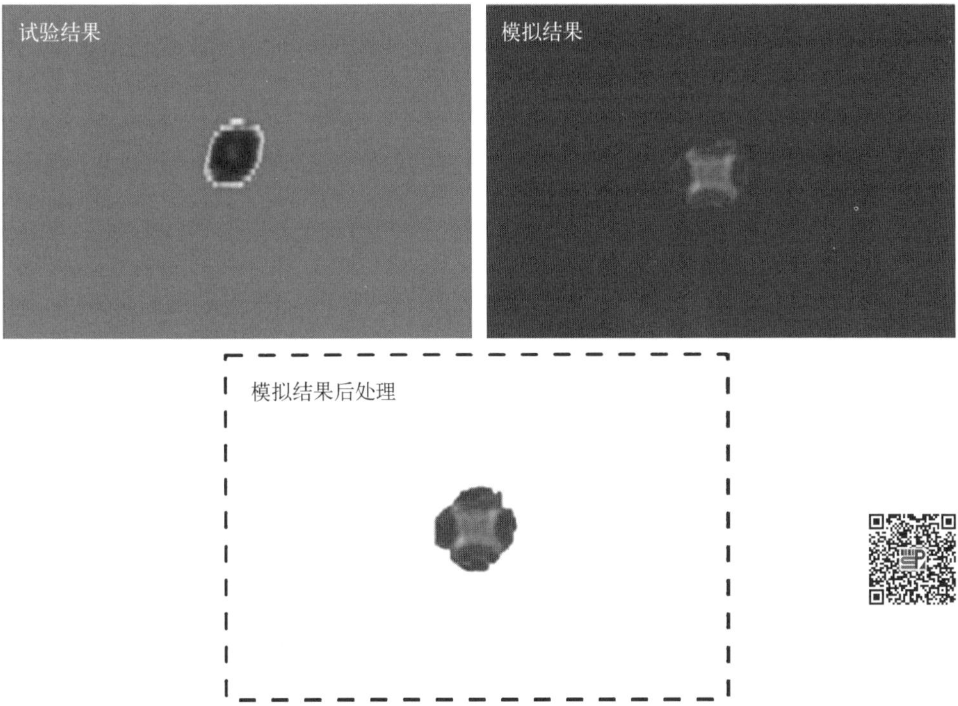

图 4-22　有限元分析和试验测量的冲击损伤状态对比

参考文献

[1] Abrate S. Impact on composite structures[M]. Cambridge: Cambridge University Press, 1998.

[2] Adams D F, Miller A K. An analysis of the impact behavior of hybrid composite materials[J]. Materials Science and Engineering, 1975, 19: 245-260.

[3] Beaumont P, Riewald P, Zweben C. Methods for improving the impact resistance of composite materials[C]. Philadelphia: The ASTM Symposium on Foreign Object Impact Damage to Composites, 1973.

[4] Pegoretti A, Fabbri E, Migliaresi C, et al. Intraply and interply hybrid composites based on E-glass and poly (vinyl alcohol) woven fabrics: tensile and impact properties[J]. Polymer International, 2004, 53(9): 1290-1297.

[5] Leomand G C. Failure mode of composite materials with organic matrices and their consequences on design[R]. Advisory Group for Aerospace Research and Development Paris, 1975.

[6] Xu X, Zhou Z, Hei Y, et al. Improving CAI performance of carbon-fiber composites by CNTs/thermoplastic hybrid film interlayer[J]. Composites Science and Technology, 2014, 95: 75-81.

[7] Husmn G E, Whitney J M, Halpin J C. Residual strength characterization of laminated composites subjected to impact loading[J]. ASTM Special Technical Publication, 1975: 92-113.

[8] Evci C. Thickness-dependent energy dissipation characteristics of laminated composites subjected to low velocity impact[J]. Composite Structures, 2015, 133: 508-521.

[9] Cantwell W J, Morton J. Impact perforation of carbon fibre reinforced plastic[J]. Composites Science and Technology, 1990, 38(2): 119-141.

[10] Cho C, Zhao G. Effects of geometric and material factors on mechanical response of laminated composites due to low velocity impact[J]. Journal of Composite Materials, 2002, 36(12): 1403-1428.

[11] Choi I H. Geometrically nonlinear transient analysis of composite laminated plate and shells subjected to low-velocity impact[J]. Composite Structures, 2016, 142: 7-14.

[12] Leylek Z, Scott M L, Georgiadis S, et al. Computer modelling of impact on curved fiber composite panels[J]. Composite Structures, 1999, 47(1-4): 789-796.

[13] Mitrevski T, Marshall I H, Thomson R. The influence of impactor shape on the damage to the composite laminates[J]. Composite Structures, 2006, 76: 116-122.

[14] Lee S M, Cheon J S, Im Y T. Experimental and numerical study of the impact behavior of SMC plates[J]. Composite Structures, 1999, 47: 551-561.

[15] Zabala H, Aretxabaleta L, Castillo G, et al. Impact velocity effect on the delamination of woven carbon-epoxy plates subjected to low velocity equienergetic impact loads[J]. Composites Science and Technology, 2014, 94: 48-53.

[16] Ambur D R, Kemmerly H L. Influence of impactor mass on the damage characteristics and failure strength of laminated composites plates[C]. Long Beach: 39th AIAA/ASME/ASCE/AHS/ASC Structures, Structural Dynamics, and Materials Conference and Exhibit, 1998.

[17] Feraboli P, Kedward K T. A new composite structure impact performance assessment program[J]. Composites Science and Technology, 2006, 66: 1336-1347.

[18] Bucinell R, Nuismer R J, Koury J L. Response of composites plates to quasi-static impact events[J]. ASTM STP, 1991, 1110: 528-549.

[19] Jefferson Andrewa J, Srinivasana S M, Arockiarajanb A, et al. Parameters influencing the impact response of fiber-reinforced polymer matrix composite materials: A critical review[J]. Composite

Structures, 2019, 224: 1 - 26.

[20] Xie W B, Zhang W, Kuang N H, et al. Experimental investigation of normal and oblique impacts on CFRPs by high velocity steel sphere[J]. Composites Part B Engineering, 2016, 99: 483 - 493.

[21] Pernas Sanchez J, Artero Guerrero J A, Varas D, et al. Experimental analysis of normal and oblique high velocity impacts on carbon/epoxy tape laminates[J]. Composites Part A: Applied Science and Manufacturing, 2014, 60: 24 - 31.

[22] Siva Kumar K, Balakrishna Bhat T. Response of composite laminates on impact of high velocity projectiles[J]. Key Engineering Materials, 1998, 141: 337 - 348.

[23] Yang I Y, Cho Y J, Im K H, et al. Penetration fracture characteristics of CFRP curved shells according to oblique impact[J]. Key Engineering Materials, 2006, 141: 337 - 348.

[24] Imielińska K, Guillaumat L. The effect of water immersion ageing on low velocity impact behaviour of woven aramid-glass fiber/epoxy composites[J]. Composites Science and Technology, 2004, 64(13 - 14): 2271 - 2278.

[25] CMH - 17 Committee. Composite materials handbook, Vol 3: Polymer matrix composites: materials usage, design, and analysis [M]. Detroit: SAE International, 2012: 12 - 107.

[26] Jackson W C, Poe C C Jr. The use of impact force as a scale parameter for the impact response of composite laminates[J]. Journal of Composites Technology and Research, 1993, 15(4): 282 - 289.

[27] Pinho S T, Vyas G M, Robinson P. Material and structural response of polymer-matrix fibre-reinforced composites: Part B[J]. Journal of Composite Materials, 2013, 47(6 - 7): 679 - 696.

[28] Camanho P P, Matthews F L. A progressive damage model for mechanically fastened joints in composite laminates[J]. Journal of Composite Materials, 1999, 33(24): 2248 - 2280.

第5章

冲击凹坑回弹

5.1 引言

复合材料飞机结构的定期检查主要依赖目视方法,而表面凹坑是目视检查的主要指标。服役经验表明,低速冲击在复合材料结构表面引起的凹坑会发生缓慢回弹的现象,而且湿热环境和重复载荷会进一步促进凹坑回弹,从而导致表面凹坑难以检出,进而对飞机的安全性造成不利的影响。因此有必要对复合材料结构冲击凹坑回弹现象及规律进行深入的研究。

本章主要介绍了冲击凹坑回弹的一般规律,然后分析研究了湿热环境、重复载荷,以及湿热环境叠加重复载荷对凹坑回弹的影响,最后介绍了在严苛环境下初始凹坑深度和最终凹坑深度的对应关系。

5.2 室温环境下的凹坑回弹

复合材料结构表面的冲击凹坑会随时间变化缓慢地发生回弹。图 5 - 1 展示了含 1.0 mm 凹坑的不同铺层层压板在室温环境条件下的回弹情况[1]。从图 5 - 1 中可以看出,这些层压板的凹坑回弹百分比约为 35%,即回弹后的凹坑深度最终在 0.65 mm 左右。冲击凹坑发生了缓慢回弹的现象。这一现象可以从两个角度来理解:① 从微观角度看,由于环氧树脂基体是高分子聚合物,其受到冲击力作用时,分子链被迫改变构象以达到平衡态,而冲击力消失后分子链会再次改变构象从平衡态恢复到原来的稳定态[2]。分子链构象从平衡态向稳定态变化需要经历相对较长的时间,而且难以恢复到初始状态,因此冲击凹坑会发生缓慢回弹现象。② 另外,从宏观角度看,由于环氧树脂基体在室温条件下仍具有一定的黏弹性[3-5],外来物冲击会在凹坑附近产生明显的残余应力[5-7]。由于这些残余应力不断地挤压周围材料,且冲击凹坑一侧的材料在冲击后变得松软且易变形,导致材料向凹坑侧蠕变,从而产生缓慢的回弹现象[5]。

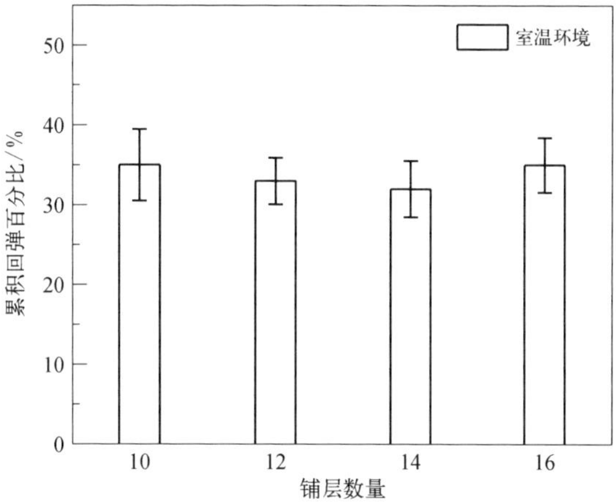

图 5－1　室温环境下的凹坑回弹百分比

5.3　湿热环境的影响

湿热环境对复合材料结构表面凹坑回弹现象会产生显著的影响。图 5－2 显示了含 1.0 mm 凹坑的不同铺层的层压板在室温环境和湿热环境条件下的回弹情况对比[1]。在室温环境下,试验件的凹坑回弹百分比约为 35%;而在湿热环境下,试验件的凹坑回弹百分比约为 51%。图 5－3 和图 5－4 分别显示了 X850 材料层压板在湿热环境下的凹坑回弹曲线和凹坑深度百分比变化曲线。可以看出,对于常见的凹坑深度,在凹坑产生的第一周左右基本上即可回弹到最终值,且最终凹坑深度约为初始凹坑深度的 35%以上,即凹坑回弹百分比不超过 65%。

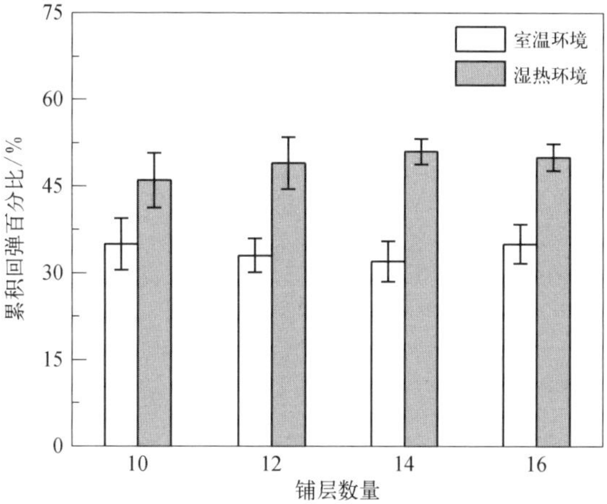

图 5－2　湿热环境对凹坑回弹百分比的影响

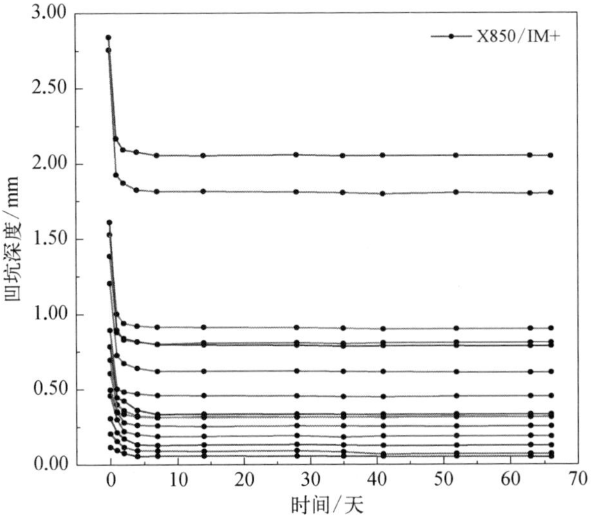

图 5-3　湿热环境下的凹坑回弹曲线

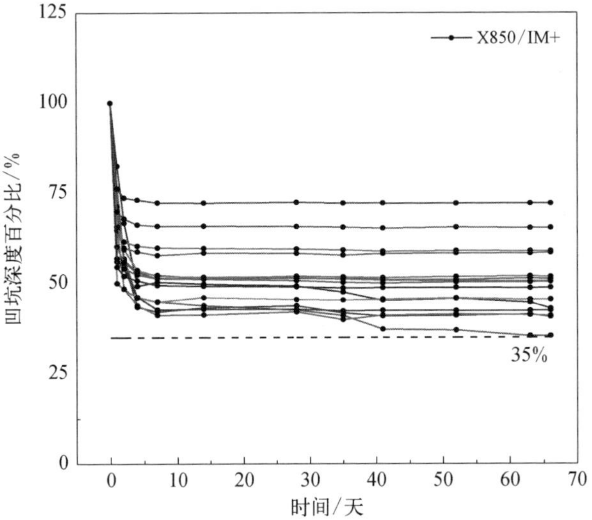

图 5-4　湿热环境下的凹坑深度百分比变化曲线

湿热环境对凹坑回弹的影响可能包括以下三个方面：首先，环氧树脂基体吸湿后发生体积膨胀，可为分子链运动提供自由体积，促进分子链构象转化[8]。其次，由于冲击点区域有大量的裂纹和分层为水分子侵入提供通道，因此凹坑附近的环氧树脂吸湿量明显多于其他区域。而且冲击点附近发生的纤维断裂和基体分层减少了对树脂体积变化的约束，从而使树脂吸湿后更易发生膨胀变形，进而导致凹坑深度变浅。最后，由于环氧树脂基体吸湿后弹性模量下降且塑性增加[8,9]，因此在相同的外部条件下，其在厚度方向上更易发生变形。

5.4　重复载荷的影响

重复载荷对复合材料结构表面凹坑回弹现象也会产生影响。图 5－5 显示了含 1.0 mm 凹坑的不同铺层的层压板在室温环境和重复载荷条件下的回弹情况对比[1]。在室温环境下,试验件的凹坑回弹百分比约为 35%;而在重复载荷下,试验件的凹坑回弹百分比约为 42%。这说明重复载荷提高了凹坑回弹速率,从而在相同的时间内比室温环境下的凹坑回弹百分比更大。其原因可能为在重复载荷作用下材料反复变形,加速了凹坑附近残余应力的释放过程,从而加速了凹坑回弹速率。此外,从图 5－5 可以看出,冲击点附近部分铺层断裂后呈相互交错的状态,该区域在重复压缩载荷下反复接触摩擦产生热量,可以促使残余应力释放。

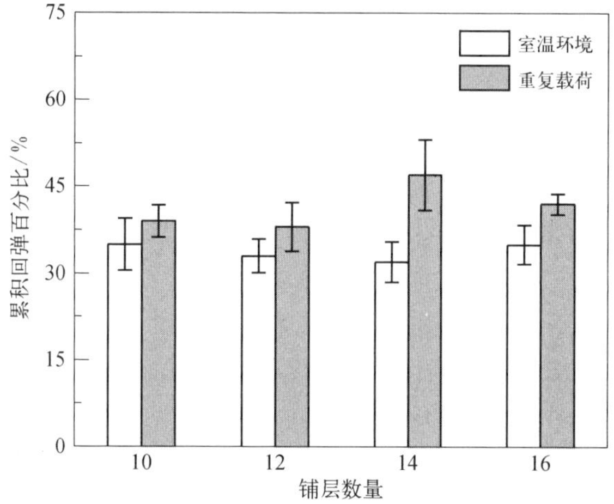

图 5－5　重复载荷对凹坑回弹百分比的影响

5.5　湿热环境和重复载荷的影响

湿热环境与重复载荷叠加条件下,复合材料结构表面凹坑会产生更为显著的回弹现象。图 5－6 显示了含 1.0 mm 凹坑的不同铺层的层压板在室温环境和湿热环境/重复载荷叠加条件下的回弹情况对比[1]。在室温环境下,试验件的凹坑回弹百分比约为 35%;而在湿热环境与重复载荷叠加条件下,试验件的凹坑回弹百分比均为 68%以上,其明显高于湿热环境或重复载荷单独的影响。这可能是由于湿热环境和重复载荷以不同的方式促进了冲击凹坑的回弹,形成了叠加效应。施加压缩重复载荷时,冲击损伤区域子层张开可以为树脂基体吸收水分子提供更多的通道,从而加快凹坑回弹。试验件吸湿饱和后,吸湿对残余应力释放的作用不再继续,从而不再继续促进凹坑回弹。

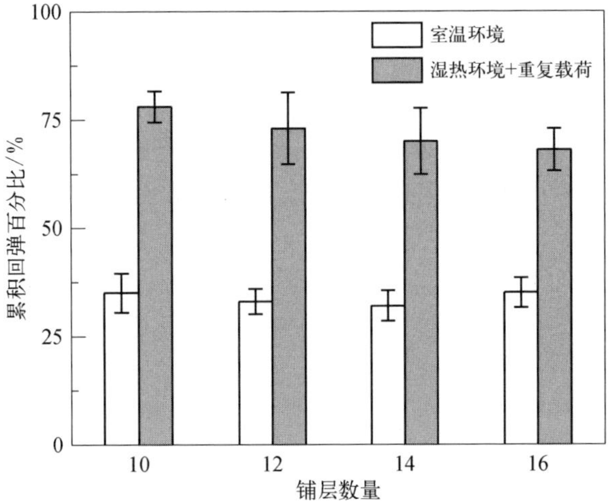

图 5-6　湿热环境和重复载荷对凹坑回弹百分比的影响

5.6　凹坑深度回弹关系

综上所述,湿热环境是影响凹坑最终回弹量的决定性因素,而重复载荷对最终凹坑回弹量也有一定的影响。由于试验数据有限,本节仅汇总了现有的 X850/IM+复合材料层压板在湿热环境下的凹坑回弹数据,并采用指数函数的形式近似表示了初始凹坑深度和回弹后凹坑深度的关系,如图 5-7 所示。可以看出,当初始凹坑深度较小时,凹坑回弹比例相对较大;反之当初始凹坑深度较大时,凹坑回弹比例相对较小。

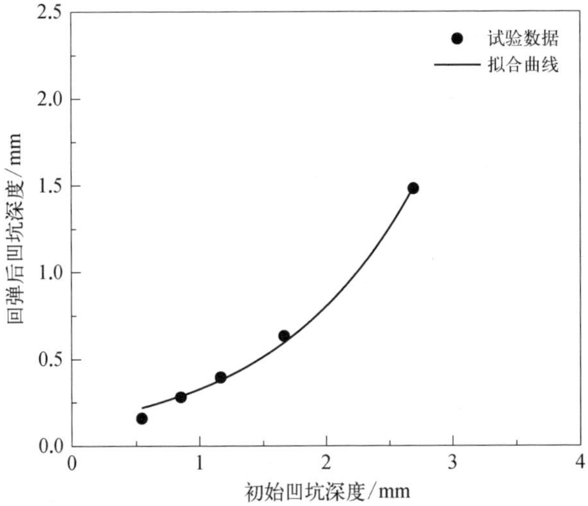

图 5-7　初始凹坑深度与回弹后凹坑深度的关系

参考文献

[1] 管清宇，严文军，吴光辉，等.碳纤维/环氧树脂复合材料层压板冲击凹坑的回弹特性[J].复合材料学报，2020，37(2)：284－292.
[2] 胡令金.CFRP 层合板低能量冲击损伤研究[D].哈尔滨：哈尔滨工业大学，2014.
[3] Abouhamzeh M，Sinke J，Jansen K M B，et al. A new procedure for thermo-viscoelastic modelling of compo-sites with general orthotropy and geometry[J]. Composite Structures，2015，133：871－877.
[4] 梁军，杜善义.黏弹性复合材料力学性能的细观研究[J].复合材料学报，2001，18(1)：97－100.
[5] 陈丹迪.双稳态复合材料层合结构的粘弹性行为研究[D].杭州：浙江工业大学，2016.
[6] Komorowski J P，Gould R W，Marincak A. Study of the effect of time and load on impact damage visibility[C].Ottawa：Proceedings of the Second Canadian International Composites Conference and Exhibition，1993.
[7] Thomas M. Study of the evolution of the dent depth due to an impact on carbon/epoxy laminates[C]. Monterey：Consequences on impact damage visibility and on in service inspection requirements for civil aircraft composite structures，1993.
[8] 冯青，李敏，顾轶卓，等.不同湿热条件下碳纤维/环氧复合材料湿热性能试验研究[J].复合材料学报，2010，27(6)：16－20.
[9] 吕小军，张琦，马兆庆，等.湿热老化对碳纤维/环氧树脂基复合材料力学性能影响研究[J].材料工程，2005，11：50－57.

第6章

冲击后剩余强度

6.1 引言

服役经验表明,复合材料飞机结构损伤主要是由低速冲击事件引起的。这是因为复合材料结构对重复载荷和湿热环境具有天然良好的阻抗能力,而更大的离散源损伤的发生概率极低且影响范围有限。相比之下,低速冲击损伤具有发生概率较高、影响区域较广、不易目视检出,且对剩余强度影响显著等特点,因此冲击后剩余强度是复合材料飞机结构设计和分析的重要因素。

低速冲击损伤的主要特征是分层,因此分层面积是冲击后剩余强度的关键参数。冲击后剩余强度主要包括冲击后压缩强度(CAI)、冲击后剪切强度(SAI)和冲击后拉伸强度(TAI)等。由于冲击后拉伸强度通常不是关键的设计指标,而冲击后剪切强度通常可以转化为相邻铺层方向的冲击后压缩强度来处理,因此冲击后剩余强度预测的关键问题是冲击后压缩强度的预测。此外,冲击后剩余强度还受其他众多设计变量的影响,如材料类型、几何特征、湿热环境和分散性等。这些影响因素对冲击后剩余强度的影响通常以修正因子的方式进行考虑。

复合材料结构冲击后剩余强度通常需要通过积木式试验验证。在积木式试验中,试验层级或试验目的不同,对冲击后剩余强度试验的要求和方法也有一定的差异。例如,低层级试验件的尺寸与冲击损伤范围相关,而高层级试验通常需要考虑更为严重的离散源损伤等。因此,如何在不同层级的积木式试验中考虑冲击后剩余强度问题是损伤容限相关试验的重要内容。

虽然复合材料结构冲击后剩余强度通常要求最终通过试验验证,但是从研发周期和成本的角度考虑,完全依赖试验是不现实的。因此,冲击后剩余强度分析是复合材料结构设计和验证的重要辅助手段。此外,在概率性方法中也要求建立冲击能量、冲击损伤与剩余强度的函数关系,以进一步评估结构失效概率。与冲击损伤相同,冲击后剩余强度目前也没有成熟的解析性计算方法,而是主要依赖基于试验数据的经验性分析方法和基于精细有限元的数值求解方法,包括开孔简化方法、子层屈曲方法、软化夹杂方法和渐进损伤方法等。

综上所述,本章主要介绍复合材料结构冲击后剩余强度影响因素、冲击后剩余强度试验相关要求,以及冲击后剩余强度分析方法等内容。

6.2　冲击后剩余强度影响因素

复合材料结构冲击后剩余强度通常受多种因素影响,例如材料类型、几何特征、湿热环境和分散性等。

6.2.1　材料类型

材料类型对冲击后剩余强度的影响包括纤维类型、基体韧性、层间韧性和铺层顺序等因素的影响。

纤维类型不仅对冲击损伤有显著的影响,而且对冲击后剩余强度也有明显的影响,尤其是当冲击损伤区域处于压缩状态时。在压缩载荷下,冲击损伤区域通常首先发生子层失稳,并在周围引起应力集中,进而导致结构发生失效。纤维类型不同,则层压板子层的刚度不同,从而导致失效应变有一定差异。

对于较薄的层压板或夹层结构面板,纤维类型对冲击后剩余强度的影响更加显著。研究表明,具有较高失效应变和断裂韧性的芳纶复合材料和玻纤复合材料的冲击损伤阻抗能力更高,然而其冲击后剩余强度比碳纤维复合材料更低[1]。对于较厚的层压板,基体韧性对冲击损伤有显著的影响,然而对含有等效损伤状态层压板压缩剩余强度的影响则不明显。这是因为对于较厚的层压板,冲击损伤的主要形式为分层,所以受基体韧性的影响更加显著,而冲击后剩余强度与子层稳定性和铺层顺序等因素相关性更强,子层失稳后损伤区域载荷重新分配更多是依靠±45°方向的纤维完成的,因此基体韧性的影响不明显。图 6－1 为 IM7/8551－7 和 AS4/3501－6 复合材料层压板的冲击后压缩剩余强度曲线对比[2-4]。可以看出,当冲击损伤直径超过 20 mm 时,增韧树脂对冲击后压缩剩余强度的影响并不明显。

铺层顺序对冲击后剩余强度的影响是不可忽略的,这主要是由于两方面的原因。一方面,冲击损伤区域载荷重新分配与损伤在厚度方向的分布状态相关。对于较厚的层压板,冲击面的纤维断裂状态通常比较严重,这些严重损伤的纤维将不再参与载荷传递,因而铺层顺序会影响整个损伤区域的载荷重新分配情况。另一方面,冲击损伤区域向无损伤区域传递载荷主要依靠±45°方向的纤维。因此,±45°方向的纤维数量对提升层压板的损伤容限性能有很大的帮助,并最终影响层压板的失效应变。图 6－2 为不同铺层比例的 X850/IM+复合材料层压板冲击后压缩剩余强度随损伤面积的变化曲线。可以看出,0°铺层比例越低且±45°铺层比例越高,

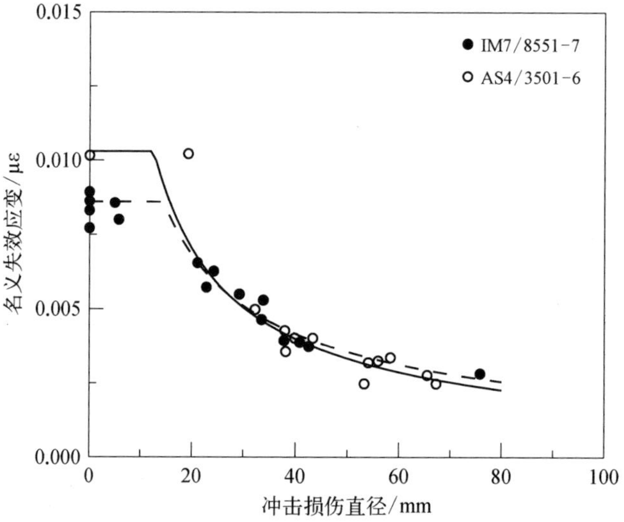

图 6-1　IM7/8551-7 复合材料和 AS4/3501-6 复合材料层压板的冲击后压缩剩余强度曲线对比

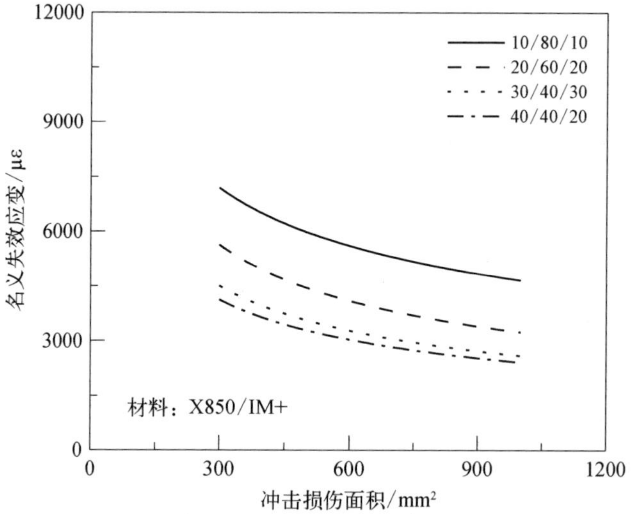

图 6-2　不同铺层比例 X850/IM+复合材料层压板的冲击后压缩强度曲线

则层压板的名义失效应变越高；而 0°铺层比例越高且±45°铺层比例越低，则层压板的名义失效应变越低。

6.2.2　几何特征

几何特征对冲击后剩余强度的影响主要包括厚度和有限宽度等因素的影响。厚度对冲击损伤及冲击后剩余强度均有显著的影响。对于较薄的层压板，冲击更容易导致穿透损伤;而对于较厚的层压板,则更容易导致分层损伤,同时冲击点附近也可能产生一定程度的纤维断裂。在一定的冲击能量下,层压板越厚,冲击点附近在厚度方向的损伤程度越轻。因此,在等效的损伤面积下,其压缩剩余强度通常越高。此外,在压缩载荷下,冲击损伤区域通常会首先发生子层失稳,并进而导致层压板最终失效。对于较厚的层压板,子层受到更多的侧向支持,从而可以提升其失效应变。图 6-3 为不同厚度 X850/IM+复合材料层压板冲击后压缩剩余强度曲线。可以看出,在相等的损伤面积下,越厚的层压板,其压缩剩余强度越高。

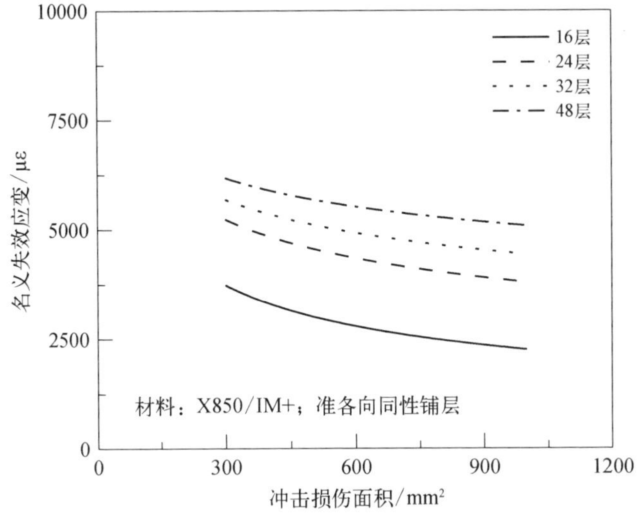

图 6-3　不同厚度 X850/IM+复合材料层压板冲击后压缩剩余强度曲线

对于冲击后压缩试验,试片宽度与冲击损伤直径的比例通常会对冲击后压缩强度有一定的影响。比如,通常情况下当冲击损伤直径超过试片宽度的一半时,试验测得的压缩剩余强度会低于层压板实际的压缩剩余强度。对于更严重的穿透损伤,损伤直径与试片宽度的比例要求则更低。这是因为层压板冲击损伤附近会产生载荷重新分配,如果试片宽度足够大,则载荷可以充分地重新分配,试验测得的失效应变能够反映层压板的真实失效应变;而如果试件宽度有限,则载荷仅能在有限的区域进行重新分配,导致试验测得的失效应变低于层压板的实际失效应变。因此,对于标准的冲击后压缩试验,应当通过选择冲击能量来获得合适的冲击损伤面积。对于冲击损伤面积过大的情况,应该重新检查试验方案或对试验数据进行相应的修正。

6.2.3　湿热环境

飞机结构服役温度范围通常为-55℃左右至 70℃左右,局部热源附近温度可能会更高。此外,服役经验表明,飞机服役末期复合材料结构通常会达到饱和吸湿状态。服役环境(尤其是湿热环境)会改变复合材料的力学性能,因此其会对冲击后剩余强度产生一定的影响。

在高温环境和试验件吸湿状态下,层压板的压缩剩余强度通常会显著降低。反之,在低温环境和试验件烘干状态下,层压板的压缩剩余强度则通常会显著升高。其主要原因为在高温环境和试验件吸湿状态下,树脂基体的弹性模量和强度等力学性能显著下降,对纤维的支撑作用减弱,进而导致压缩剩余强度性能显著下降。因此,结构设计应主要关心高温环境和试验件吸湿状态对冲击后压缩强度的影响。

图 6-4 为在室温环境、室温湿态、高温湿态(70℃)和高温湿态(100℃)下,M21/IMA 复合材料层压板冲击后压缩强度的对比情况。可以看出,在饱和吸湿状态下,层压板冲击后压缩强度约下降 7%;而在试验环境为 70℃ 且吸湿饱和状态下,层压板冲击后压缩强度比仅在饱和吸湿状态下更低,约下降 18%;当温度升至 100℃时,冲击后压缩强度则进一步降低,约下降 38%。

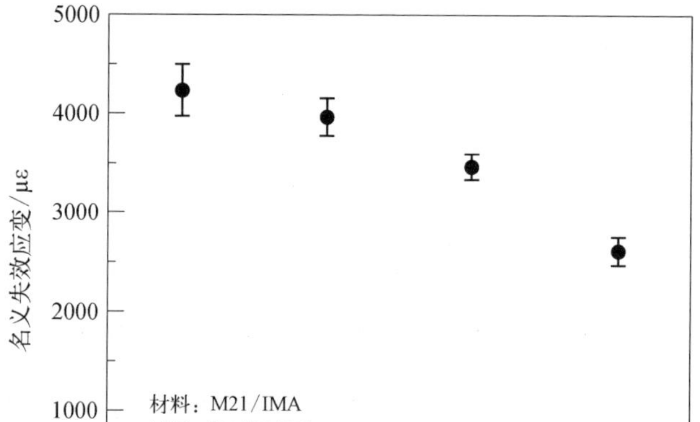

图 6-4　不同湿热环境下 M21/IMA 复合材料层压板冲击后压缩强度

在湿热环境下,层压板的拉伸剩余强度通常不会受到显著的影响。这主要是因为在拉伸状态下,纤维为主要受力组分,而碳纤维几乎不吸收水分,受湿热环境影响小,因此拉伸剩余强度不会下降。而树脂基体在湿热环境下性能发生下降,其提前发生失效可能会缓解应力集中现象,反而会导致拉伸剩余强度略微升高。

6.2.4　分散性

复合材料强度性能通常采用 *A* 基准值或 *B* 基准值。*A* 基准值为在 95%的置信度下具有 99%可靠性的强度值，适用于单传力路径；*B* 基准值为在 95%的置信度下具有 90%可靠性的强度值，适用于多传力路径。由于复合材料飞机结构通常采用多传力路径，因此主要使用其 *B* 基准值。*B* 基准值可以表示为平均值与 *B* 基准因子的乘积。其中，*B* 基准因子与复合材料的分散性（离散系数）和取样数量有关，详见第 6.4.1.4 节。在取样数量相同的情况下，分散性越大将导致 *B* 基准值越低，因此分散性对最终使用的强度性能有不可忽略的影响。

图 6－5 为 X850/IM+复合材料层压板的冲击后压缩强度平均值和 *B* 基准值曲线。在该例中，*B* 基准因子为 0.87。

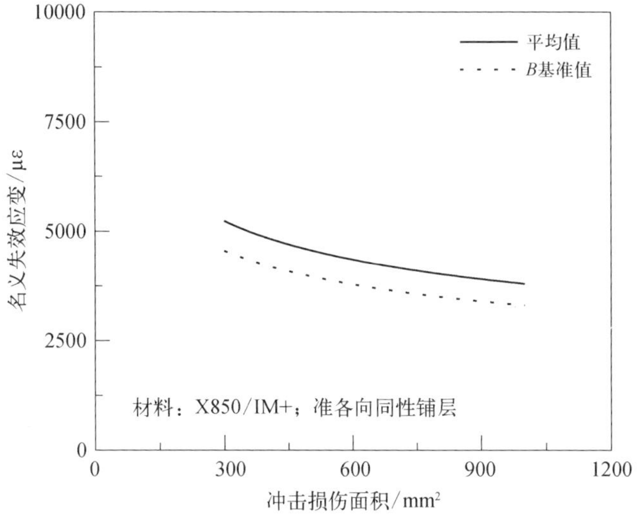

图 6－5　X850/IM+复合材料层压板冲击后压缩强度平均值和 *B* 基准曲线

6.3　冲击后剩余强度试验

6.3.1　试片级试验

试片级试验的主要目的是建立冲击能量、冲击损伤与剩余强度的函数关系。冲击后压缩试验方法一般参考 ASTM D7137 标准。该标准中试验件尺寸规定为 150 mm×100 mm。大量试验表明，冲击后压缩试验中分层区域首先发生子层屈曲，然后载荷发生重新分配，原来各个子层传递的载荷部分地分配到相邻未损伤区域，最终失效是由载荷重新分配后损伤边缘处应力集中引起的。因此，只有损伤直径占试验件宽度的比例足够小时，损伤区域的载荷才能充分地重新分配。如果损伤直径过大，继续开展压缩试验将产生比真实情况低的剩余强度。因此，试验件尺寸和冲击能量的确定需要充分地考虑这一关系。

此外,对于较薄的层压板,可以参考 ASTM D7956 标准开展冲击后压缩试验。该试验标准规定,首先在薄板上引入冲击损伤,然后将含冲击损伤的薄板黏接于夹芯材料上表面,最后采用四点弯曲方法对含冲击损伤的薄板施加压缩载荷。试验件设计应充分考虑各种潜在的失效模式,不应使加载点压溃和芯子剪切破坏等失效模式提前发生。

对于边缘侧向冲击后压缩试验,边缘冲击损伤区域需要与试验夹具夹持区域保持一定的距离,以免对试验件最终破坏载荷产生影响。边缘冲击后压缩强度通常受多种因素影响,如铺层比例、厚度、边缘曲率等。试验件设计应充分考虑这些影响因素。

湿热环境对冲击后剩余强度的影响和材料分散性通常是基于试片级试验获得的。因此,试验应充分考虑飞机实际运营时可能遭遇的极端湿热环境条件。此外,还应充分考虑材料分散性的影响,以获取 B 基准因子。为此,每组试验应安排不少于 18 个有效样本。

6.3.2 元件级试验

元件级试验通常为包含小尺寸典型设计特征的试验,如长桁、直框、梁、立柱等试验,以及含小开孔、连接、曲边等细节特征的试验。元件级试验的目的通常是获取典型设计特征对层压板力学性能的影响,或者直接建立含典型设计特征结构的许用值。如果为后者,则需要考虑可能的冲击损伤情况。

元件级试验的冲击损伤引入方案是难点,而加载方案通常并不复杂,主要以压缩载荷为主。典型的元件级压缩试验(如长桁、直框、梁和立柱等)通常需要使用灌封端。灌封端一方面有利于防止端部提前发生失效,另一方面有利于保持试验件上下端面平行,从而更容易校准加载中心。部分元件级试验件尺寸可能较大,如曲边边缘冲击后压缩试验,压缩加载方案需要考虑合适的防失稳措施,且防失稳夹具不能夹持到冲击损伤区域,以防止影响冲击损伤扩展。

6.3.3 组合件试验

组合件试验通常为包含更大尺寸设计特征及周围过渡结构的试验,如舱门开口、舷窗开口、维护开口、壁板对接区域和关键接头等试验。组合件试验的目的通常是确认这些大尺寸设计特征及周围过渡结构满足强度及疲劳性能要求,并确认基于小尺寸试验建立的分析方法的适用性。组合件试验通常需要考虑冲击损伤对剩余强度的影响,除非损伤威胁分析和运营经验表明该区域有充分的设计防护,不会遭受冲击损伤,或遭受冲击损伤后可以立即被发现。

组合件试验的冲击损伤引入方案通常并不复杂,但其加载方案通常较为复杂。因为试验件尺寸较大,试验夹具通常较为复杂,加载方案也通常不是简单的拉伸或压缩加载,而涉及更多的组合加载情况。比如,含舱门开口的大尺寸壁板试验,其边界约束需要模拟真实产品状态,通常较为复杂。此外,加载方案还需要考虑增压舱载荷和外部气动载荷,需要对载荷进行离散化处理,并采用拉压垫施加载荷。

组合件试验通常需要考虑大尺寸损伤情况,如长桁-蒙皮脱黏、目视可检损伤、单跨蒙皮损伤、双跨蒙皮损伤,以及梁弦和附近蒙皮损伤等。其中,对于长桁-蒙皮脱黏、目视可检损伤和单跨蒙皮损伤情况,试验件需要满足超过限制载荷的要求;而对于双跨蒙皮损伤、梁弦和附近蒙皮损伤情况,试验件需要满足持续安全返回载荷的要求。

6.3.4 部件级试验

部件级试验通常为相对独立的全尺寸结构部段,其几乎包含了产品所有关键的结构设计信息。部件级试验目的主要是检查部件内所有元件的内力分配是否符合预期,并对小尺寸试验件不能反映的工艺影响进行最终的检验。冲击损伤通常不会影响元件的内力分配,但是工艺影响与冲击损伤影响是需要叠加考虑的,因此仍然需要在部件级试验件上引入冲击损伤。

部件级试验件从传力路径的角度相对独立,因此其边界约束通常较为简单。但是由于部件级试验件通常尺寸较大,加载时变形非常明显,因此加载方案需要考虑试验件的变形情况。例如机翼盒段试验,在模拟气动载荷时,需要考虑加载方向始终垂直于机翼蒙皮表面。此外,对于较严重的冲击损伤情况,需要通过应变测量等手段验证载荷重新分配情况。

部件级试验周期长、成本高,应尽量通过低层级试验排除该类试验的风险,尤其需要提前关注冲击损伤部位的强度。

6.4 冲击后剩余强度分析

复合材料结构的冲击损伤状态非常复杂,导致难以简单地对冲击后剩余强度进行预测。工程研究人员提出的方法主要包括基于试验数据的经验性分析方法、开孔简化方法、子层屈曲方法、软化夹杂方法和渐进损伤方法等。

6.4.1 经验性分析方法

经验性分析方法是以实验规律为基础的,是对实验现象的归纳性总结,因此对于不同的材料或设计情况可能有不同形式的数学表达式。通过合理设计的试验可以发现冲击后剩余强度与冲击能量或损伤面积的函数关系,但要将该函数关系应用于结构设计中,还需要考虑各种设计参数对该函数关系的影响,比如铺层比例、厚度和湿热环境等。这些影响通常以修正因子的形式进行考虑。

冲击后剩余强度主要包括冲击后压缩强度、冲击后剪切强度和冲击后拉伸强度等。一些现有的分析方法是基于冲击能量和关键设计参数来预测结构剩余强度的。这些方法可以很好地支持结构设计,但是对服役阶段产生的冲击损伤却难以进行评估。因此,本节主要介绍基于典型冲击损伤状态(CDS)来预测结构剩余强度的方法。

6.4.1.1 冲击后压缩

大量的实践表明:当冲击能量较小时,层压板内部不会发生损伤,显然其压缩强度也不会发生下降;当冲击能量增加,达到层压板的损伤门槛值能量时,层压板内部开始产生损伤,相应地其压缩强度也开始下降;当冲击能量继续增加,层压板表面产生明显的凹坑时,层压板内部的纤维发生断裂,压缩强度急剧下降;当冲击能量进一步增加时,层压板的分层面积几乎不再改变而主要以纤维断裂为主,此时凹坑深度迅速增加,压缩强度曲线逐渐变得平缓;当冲击能量使层压板穿透时,压缩强度达到了最低值,如图 6-6 所示。冲击后压缩强度拟合模型应能充分反映这一典型的物理规律。

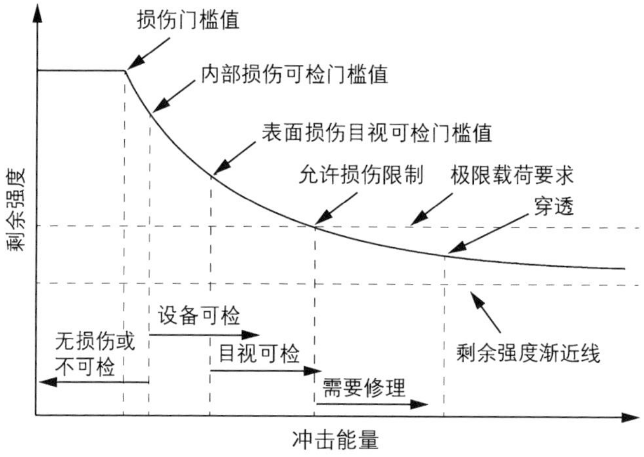

图 6-6 典型的冲击后压缩剩余强度规律

由于结构设计的复杂性,采用冲击能量作为主变量很难建立普遍适用的冲击后剩余强度函数关系。而复合材料结构的剩余强度主要与其内部的典型损伤状态相关,因此采用冲击损伤作为主变量更接近冲击后剩余强度规律的物理本质,结合冲击能量和冲击损伤的关系可以建立适用性更广泛的冲击后剩余强度规律。

由于层压板压缩剩余强度主要与冲击造成的大面积分层有关,因此普遍认为层压板压缩剩余强度与分层面积存在一定的规律。研究发现,在结构产生损伤之后,以远场应变表征的层压板压缩剩余强度与损伤面积呈现负指数关系。图 6-7 展示了以负指数规律描述的 X850/IM+复合材料层压板冲击后压缩强度试验数据。

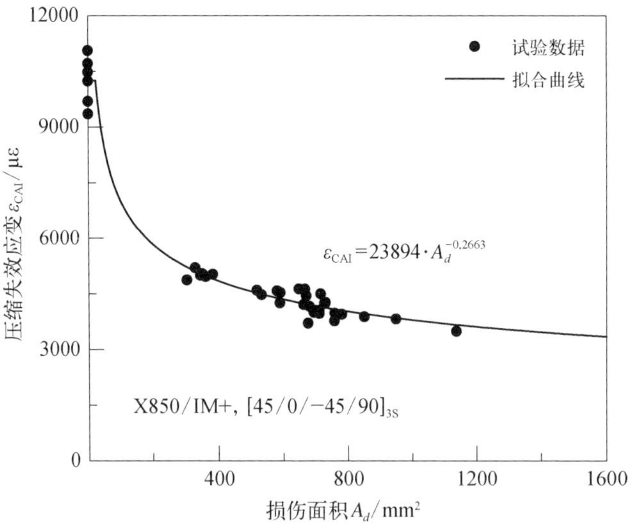

图 6－7　X850/IM+复合材料层压板冲击后压缩强度曲线(负指数模型)

此外,为了更好地利用无缺口压缩(UNC)试验数据来建立冲击后压缩强度曲线,也可以采用以下非线性数学模型来拟合试验数据:

$$\varepsilon_{CAI}=\varepsilon_{UNC}\cdot(1+p\cdot A_d)^{-q} \tag{6-1}$$

式中,ε_{CAI} 为冲击后压缩失效应变;ε_{UNC} 为无缺口压缩失效应变;A_d 为冲击损伤投影面积,通常不包含劈丝部分;p 和 q 为与材料性能相关的经验参数。

采用该数学模型不但可以将无缺口试验数据与冲击后压缩试验数据统筹分析,通常还可以得到更为准确的拟合结果。图 6－8 为以非线性模型描述的 X850/IM+复合材料层压板的冲击后压缩强度拟合试验数据。可以看出,非线性新模型与试验数据表现出非常好的一致性。

根据经验性或半经验性方法建立了确定性的冲击后压缩强度模型后,还需要进一步确定模型的参数。对于负指数形式的数学模型,可以将其转化为对数线性方程并采用最小二乘法进行处理。而对于更为复杂的非线性模型,通常需要采用极大似然估计法及 Levenberg Marquardt(LM)迭代算法[5,6]来求解非线性方程参数的最佳估计值。

6.4.1.2　冲击后剪切

对于常见的层压板铺层,剪切载荷情况可以转化为±45°方向的拉伸或压缩载荷情况,因此冲击后剪切剩余强度可以等效为±45°方向的双轴拉压剩余强度,如图 6－9 所示。由于工程中通常以某一铺层方向的纤维断裂作为结构最终失效的判据,因此通常将工作载荷转化至每一铺层方向进行分析。对于复杂载荷情况,需要针对每一铺层方向开展分析,以保证所有方向的纤维均满足剩余强度要求。

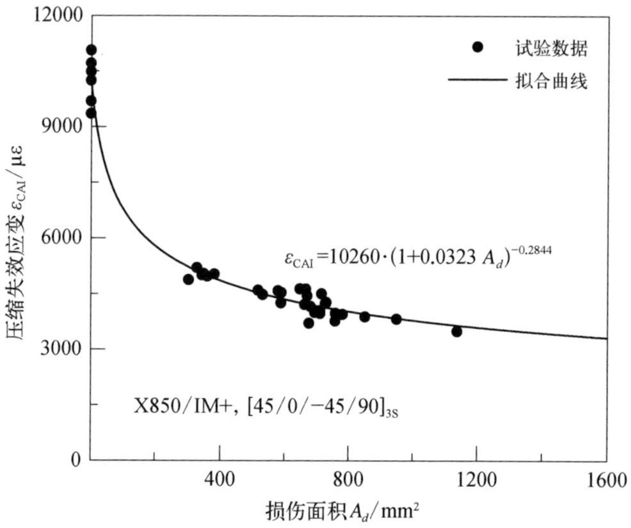

图 6－8　X850/IM+复合材料层压板冲击后压缩强度曲线(非线性模型)

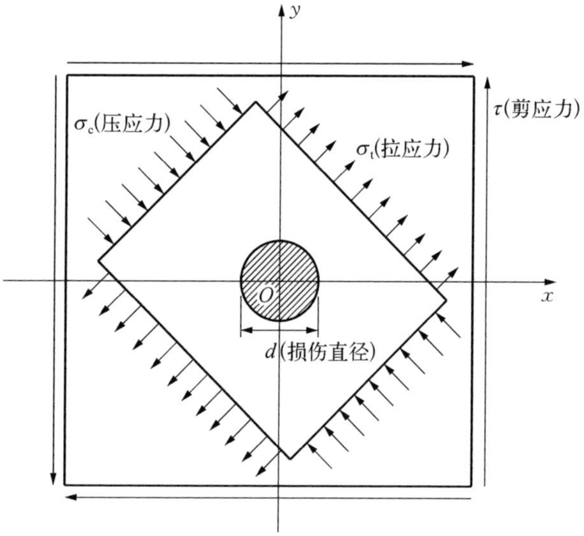

图 6－9　剪切强度等效方法

由于冲击后拉伸强度通常比较高,不是主要的设计驱动,因此冲击后剪切强度通常可以由±45°方向的冲击后压缩强度表征。通过试验研究发现,冲击后剪切剩余强度可以表示为公式(6－2)所示的函数关系:

$$\gamma(i) = C_\gamma \cdot \min[\varepsilon_{CAI}(i + 45°),\ \varepsilon_{CAI}(i - 45°)] \tag{6-2}$$

式中,i 为铺层方向(包括0°, 45°, 90°, −45°);C_γ 为与材料性能相关的经验参数。

6.4.1.3　冲击后拉伸

对于绝大部分飞机结构，冲击后拉伸强度通常不是关键性能指标。这主要是因为冲击损伤对拉伸强度的影响远比对压缩强度的影响小，而且湿热环境对冲击后拉伸强度几乎没有影响。然而，对于一些主要受拉伸载荷的结构，如机翼下壁板和发动机旋转叶片等，冲击后拉伸强度依然是需要关注的性能之一。

由于对冲击后拉伸情况的研究相对较少，基于有限的试验数据，得到了如公式(6－3)所示的函数关系：

$$\varepsilon_{\mathrm{TAI}} = a \cdot A_d + b \tag{6-3}$$

式中，a 和 b 为与材料性能相关的经验参数。

图 6－10 为 M21/IMA 复合材料层压板冲击后拉伸强度试验数据及拟合曲线。其中，铺层 A 为[45/0/－45/0/90/0/45/0/－45/0]$_S$，铺层 B 为[45/－45/90/45/－45/45/－45/0/45/－45]$_S$。可以看出，在冲击损伤面积超过 2 000 mm^2 的情况下，冲击后拉伸强度仍然可以保持在 7 500 με 以上。

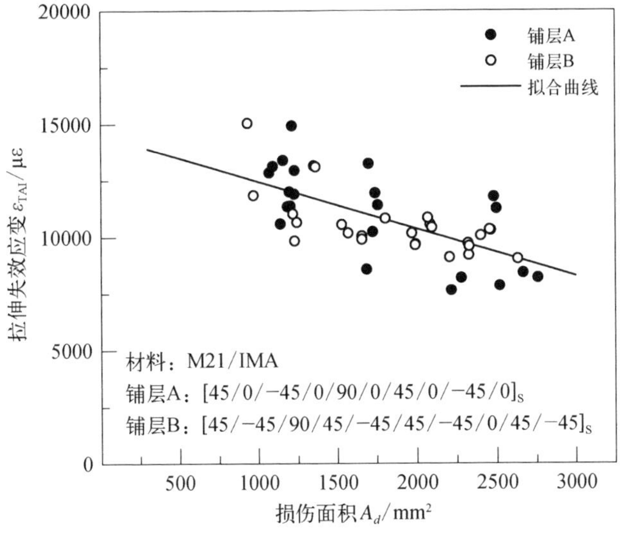

图 6－10　M21/IMA 复合材料层压板冲击后拉伸强度分析结果与试验数据的对比

6.4.1.4　分散性分析

复合材料飞机结构通常采用多传力路径设计，因此主要采用材料强度的 *B* 基准值作为许用值。而确定性的数学模型仅描述了冲击后剩余强度的平均性能，并没有反映其分散性，从而无法满足设计所需的基准值要求，因此还需要对试验数据开展分散性分析。

此外，在概率性方法中，理论上要求建立冲击后剩余强度曲线及其概率分布函数,但是通过大量的设计参数敏感性研究发现,以概率分布函数的形式描述冲击后剩余强度的方法耗费大量的计算时间,且计算过程复杂,但对计算结果的影响却不明显。因此,在工程实践中通常不直接采用概率分布函数的形式描述冲击后剩余强度的分散性,而以确定性的 B 基准折减因子代替。

分散性分析的理论较多,常见的有回归残差分析法、合并离散系数法、合并标准差法和单点法等。这些方法的选择均需要满足一定的前提条件,并应该紧密结合所解决问题的物理意义。

1) 回归残差分析法

假设试验样本中共有 k 组试验数据,其中第 i 组试验数据共有 n_i 个试验观测点,则试验样本共有 $N=\sum_{i=1}^{k} n_i$ 个试验观测点。以 $E_i(i=1, 2, \cdots, k)$ 代表第 i 组试验的冲击能量,以 $A_{d,i}(i=1, 2, \cdots, k)$ 代表第 i 组试验的冲击损伤投影面积,并以 $\varepsilon_{ij}(i=1, 2, \cdots, k; j=1, 2, \cdots, n_i)$ 代表第 i 组试验中第 j 个试验观测点的远场失效应变。

根据回归分析理论,可以通过计算远场失效应变残差的标准差和 B 基准值单侧容限系数来计算失效应变的 B 基准值。

定义试验失效应变的残差 Δ_{ij} 为

$$\Delta_{ij}=\varepsilon_{ij}-\hat{\varepsilon}_i, \begin{cases} i=1, 2\cdots k \\ j=1, 2\cdots n_i \end{cases} \tag{6-4}$$

式中, $\hat{\varepsilon}_i$ 为根据回归分析得到的第 i 组试验远场失效应变的估计值。

根据回归分析理论,残差的标准差可以表示为

$$S_R=\sqrt{\frac{\sum_{i=1}^{k}\sum_{j=1}^{n_i}(\Delta_{ij})^2}{N-2}} \tag{6-5}$$

此时,远场失效应变的 B 基准值可以表示为

$$\varepsilon_{B\_value}=\hat{\varepsilon}_i-k_B\cdot S_R \tag{6-6}$$

式中, k_B 为 B 基准单侧容限系数。k_B 可以表示为

$$k_B=t_{\gamma,0.95}(\delta)\sqrt{\frac{1+\Delta}{N}} \tag{6-7}$$

式中, $t_{\gamma,0.95}(\delta)$ 为非中心 t 分布(自由度 $\gamma=N-2$)的 95%分位点。

非中心参数 δ 的值为

$$\delta = \frac{z_B}{\sqrt{\dfrac{1+\Delta}{N}}} \tag{6-8}$$

$$\Delta = \frac{N \cdot (A_d - \bar{A}_d)^2}{\sum_{i=1}^{k} n_i \cdot (A_{d,i} - \bar{A}_d)^2} \tag{6-9}$$

式中，z_B 为标准正态分布的 90%分位点。$\bar{A}_d$ 为所有试验数据点冲击损伤投影面积的加权平均值，可以表示为

$$\bar{A}_d = \sum_{i=1}^{k} (n_i \cdot A_{d,i}) \Big/ N \tag{6-10}$$

根据以上公式可以看出，不同冲击损伤投影面积对应远场失效应变的 B 基准值是不同的。靠近冲击损伤投影面积加权平均值的试验数据具有更高的置信度和可靠度，因此对 B 基准值有较大影响的单侧容限系数 k_B 更小。可以看出，该方法更适用于冲击后剩余强度规律尚不十分明显的新材料。

2）合并离散系数法

如果 k 组试验数据能够通过离散系数等同性检验，则可以使用合并离散系数的方法来计算合并分组数据后的离散系数，并进一步计算远场失效应变的 B 基准值。

选取某一分组的冲击能量 E_{ref} 作为参考点，将其他分组的有效试验数据集 $(E_{\text{ref}},\ \varepsilon_{ij})$ 映射至该参考组，映射规则为

$$\varepsilon_{proj,\,ij} = \bar{\varepsilon}_{\text{ref}} \cdot \frac{\varepsilon_{ij}}{\bar{\varepsilon}_i},\ \begin{cases} i = 1,\ 2\cdots k \\ j = 1,\ 2\cdots n_i \end{cases} \tag{6-11}$$

式中，$\varepsilon_{proj,\,ij}$ 为映射后的远场失效应变；$\bar{\varepsilon}_i$ 为第 i 组远场失效应变的平均值；$\bar{\varepsilon}_{\text{ref}}$ 为参考组远场失效应变的平均值。

定义映射后远场失效应变的残差 Δ_{ij} 为

$$\Delta_{ij} = \varepsilon_{proj,\,ij} - \bar{\varepsilon}_{\text{ref}} = \bar{\varepsilon}_{\text{ref}} \cdot \left(\frac{\varepsilon_{ij}}{\bar{\varepsilon}_i} - 1 \right),\ \begin{cases} i = 1,\ 2\cdots k \\ j = 1,\ 2\cdots n_i \end{cases} \tag{6-12}$$

将所有远场失效应变的残差归一化：

$$\delta_{ij} = \frac{\varepsilon_{proj,\,ij} - \bar{\varepsilon}_{\text{ref}}}{\bar{\varepsilon}_{\text{ref}}} = \frac{\varepsilon_{ij}}{\bar{\varepsilon}_i} - 1,\ \begin{cases} i = 1,\ 2\cdots k \\ j = 1,\ 2\cdots n_i \end{cases} \tag{6-13}$$

将归一化的残差合并分析，可以求得合并后归一化残差的标准差（即离散系

数)为

$$s=\sqrt{\frac{\sum_{i=1}^{k}\sum_{j=1}^{n_i}(\delta_{ij})^2}{N-k}} \tag{6-14}$$

则第 i 组远场失效应变的 B 基准值折减因子为

$$B_i = 1 - k_{B,\,i}\cdot s \tag{6-15}$$

式中, $k_{B,\,i}$ 为第 i 组远场失效应变的 B 基准单侧容限系数。$k_{B,\,i}$ 可以表示为

$$k_{B,\,i}=\frac{t_{\gamma,\,0.95}(z_B\cdot\sqrt{n_i})}{\sqrt{n_i}} \tag{6-16}$$

式中, $t_{\gamma,\,0.95}(z_B\cdot\sqrt{n_i})$ 为非中心 t 分布(自由度 $\gamma=N-2$) 的 95%分位点,非中心参数的值为 $z_B\cdot\sqrt{n_i}$; z_B 为标准正态分布的 90%分位点。

因此,第 i 组远场失效应变的 B 基准值可表示为

$$\varepsilon_{B\_value,\,i}=B_i\cdot\bar{\varepsilon}_i \tag{6-17}$$

通过以上公式可以看出,如果每个分组的试验数据量相同,则计算得到的 B 基准折减因子也相同。因此,为了得到相同的 B 基准折减因子,要求试验规划和测试时保证每个分组的有效数据量一致。此外,可以看出,该方法适用于冲击后剩余强度规律相对明确,且在冲击能量(或冲击损伤)区间内远场失效应变离散系数等同的情况。

3) 合并标准差法

如果 k 组试验数据能够通过标准差等同性检验,则可以使用合并标准差的方法来计算合并分组数据后的标准差,并进一步计算远场失效应变的 B 基准值。

定义试验失效应变的残差 Δ_{ij} 为

$$\Delta_{ij}=\varepsilon_{ij}-\bar{\varepsilon}_i,\ \begin{cases} i=1,\ 2\cdots k\\ j=1,\ 2\cdots n_i\end{cases} \tag{6-18}$$

将残差合并分析,可以求得合并后残差的标准差为

$$S_p=\sqrt{\frac{\sum_{i=1}^{k}\sum_{j=1}^{n_i}(\Delta_{ij})^2}{N-k}} \tag{6-19}$$

则第 i 组远场失效应变的 B 基准值为

$$\varepsilon_{B\_value,\,i} = \bar{\varepsilon}_i - k_{B,\,i} \cdot S_p \tag{6-20}$$

式中，$k_{B,\,i}$ 为第 i 组远场失效应变的 B 基准单侧容限系数。$k_{B,\,i}$ 可以表示为

$$k_{B,\,i} = \frac{t_{\gamma,\,0.95}(z_B \cdot \sqrt{n_i})}{\sqrt{n_i}} \tag{6-21}$$

式中，$t_{\gamma,\,0.95}(z_B \cdot \sqrt{n_i})$ 为非中心 t 分布（自由度 $\gamma = N-2$）的 95%分位点，非中心参数的值为 $z_B \cdot \sqrt{n_i}$；z_B 为标准正态分布的 90%分位点。

通过以上公式可以看出，如果每个分组的试验数据量相同，则计算得到的 B 基准折减量也相同。因此，为了得到相同的 B 基准折减量，要求试验规划和测试时保证每个分组的有效数据量一致。此外，可以看出，该方法适用于冲击后剩余强度规律相对明确，且在冲击能量（或冲击损伤）区间内远场失效应变标准差等同的情况。

4）单点法

如果 k 组试验数据既不能通过离散系数等同性检验，也不能通过标准差等同性检验，则只能通过单点法计算远场失效应变的 B 基准值。

定义远场失效应变的残差 Δ_{ij} 为

$$\Delta_{ij} = \varepsilon_{ij} - \bar{\varepsilon}_i,\ \begin{cases} i = 1,\ 2\cdots k \\ j = 1,\ 2\cdots n_i \end{cases} \tag{6-22}$$

对于第 i 组试验数据，其标准差为

$$S_i = \sqrt{\frac{\sum_{j=1}^{n_i} (\Delta_{ij})^2}{n_i - 1}} \tag{6-23}$$

第 i 组远场失效应变的 B 基准值可以表示为

$$\varepsilon_{B\_value,\,i} = \bar{\varepsilon}_i - k_{B,\,i} \cdot S_i \tag{6-24}$$

式中，$k_{B,\,i}$ 为第 i 组远场失效应变的 B 基准单侧容限系数。$k_{B,\,i}$ 可以表示为

$$k_{B,\,i} = \frac{t_{\gamma,\,0.95}(z_B \cdot \sqrt{n_i})}{\sqrt{n_i}} \tag{6-25}$$

式中，$t_{\gamma,\,0.95}(z_B \cdot \sqrt{n_i})$ 为非中心 t 分布（自由度 $\gamma = N-2$）的 95%分位点，非中心参数的值为 $z_B \cdot \sqrt{n_i}$；z_B 为标准正态分布的 90%分位点。

如果采用单点法，则最终的冲击后剩余强度 B 基准曲线应该充分保守，以覆盖所有单组试验数据的 B 基准值。

需要注意的是，以上四种分散性分析方法均要求试验数据满足正态性假设，如果无法满足正态性假设则需要采用其他方法计算 B 基准值。

6.4.2 开孔简化方法

开孔简化方法将冲击损伤简化为开孔，并采用点应力/点应变等方法评估层压板的剩余强度。开孔简化方法是一种简单、易理解且快速的评估方法，但当冲击损伤并不严重时（损伤形式主要为分层），该方法可能较为保守。

采用开孔简化方法时，需要根据典型损伤状态确定开孔尺寸。由于冲击损伤可能存在背面劈丝情况，而劈丝通常对剩余强度几乎没有影响，因此在确定开孔尺寸时不应该考虑劈丝部分。

开孔简化方法将冲击损伤简化为较为理想的开孔，直观上认为会产生较为显著的保守量，但如果考虑孔边微损伤带来的局部载荷重新分配（如采用点应力/点应变方法），则并不会造成十分显著的保守。当冲击损伤较严重时，由于损伤边界可能存在尖端，导致产生更严重的应力集中，因此该方法甚至可能存在不保守的情况。图 6-11 展示了在不同的冲击损伤直径下压缩剩余强度试验数据和采用开孔简化方法（包括点应变方法和线弹性方法）得到的计算值的比较。可以看出，在该例中当冲击损伤直径较大时，开孔简化方法并不保守。

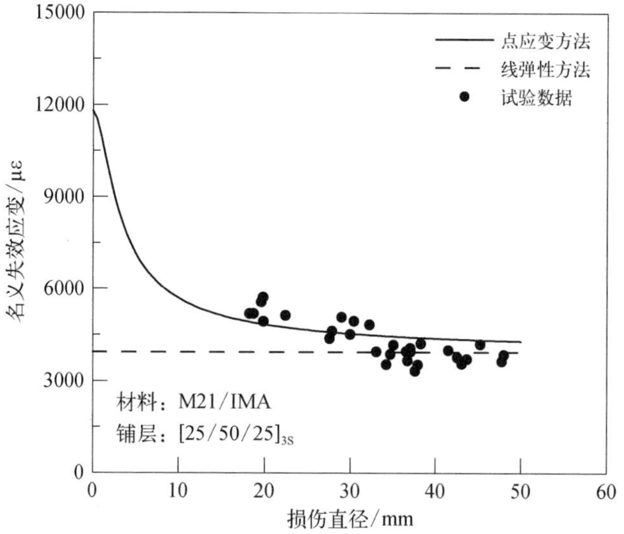

图 6-11 冲击后压缩强度试验数据与开孔简化方法计算值对比

6.4.3　子层屈曲方法

子层屈曲方法仅适用于冲击损伤主要为分层且受压缩或剪切载荷的情况,因此在运用子层屈曲方法之前必须采用无损检测设备准确测量结构的典型损伤状态。子层屈曲方法的基本流程为[1]:

(1) 根据层压板的典型冲击损伤状态划分子层模型;

(2) 施加外载荷步,并按照刚度分配每一子层的载荷;

(3) 判断每一子层是否发生屈曲,如果没有子层发生屈曲,则继续增加载荷步,直至某一子层首先发生屈曲;

(4) 如果某一子层发生屈曲,则重新分配每一子层的载荷,并重新检查其他子层是否发生屈曲,如果有新增的子层发生屈曲,则重复步骤(4),直至达到平衡状态;

(5) 增加载荷步,并重复步骤(4),直至所有子层全部发生屈曲或相邻材料满足失效准则。

子层屈曲方法的计算流程如图 6-12 所示。

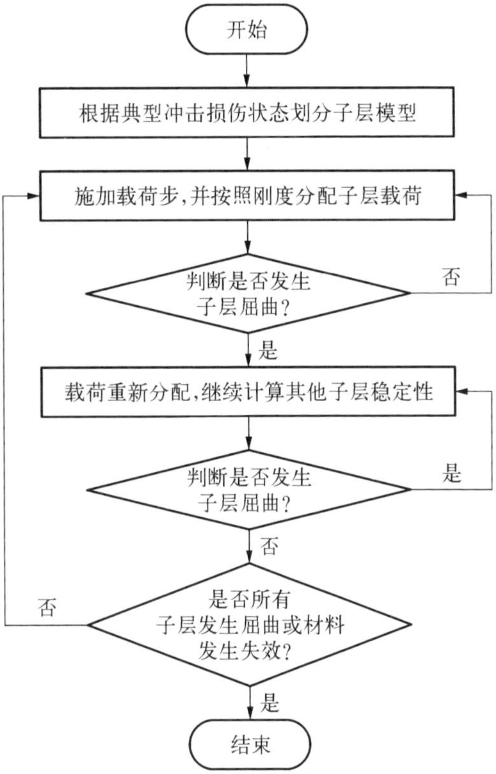

图 6-12　子层屈曲方法计算流程图

在工程实践中,需要对子层的形状(如圆形或矩形)、边界条件和弯曲刚度等做出合理的假设。子层发生屈曲后重新分配载荷时,可以保守地假设已屈曲的子层不再承载,或者不再承担额外的载荷,子层载荷或额外载荷将分配至相邻材料,造成应力集中。采用层压板理论计算子层稳定性时,需要考虑非对称的铺层顺序的影响,也可以采用精细有限元方法模拟子层屈曲和相邻材料的应力集中。此外,对结构最终失效的判断也可以有多种方法,例如已屈曲子层相邻材料的强度、已屈曲子层的分层扩展和所有子层发生屈曲等。图 6-13 为 AS6/3501-6 复合材料$[45/0/-45/90]_{5S}$铺层的冲击后压缩试验数据与子层屈曲方法计算结果对比[4]。可以看出,分析结果与试验数据有较好的一致性。对于含分层的夹层结构或长桁-蒙皮脱黏的壁板,可以采用类似的理念进行计算。

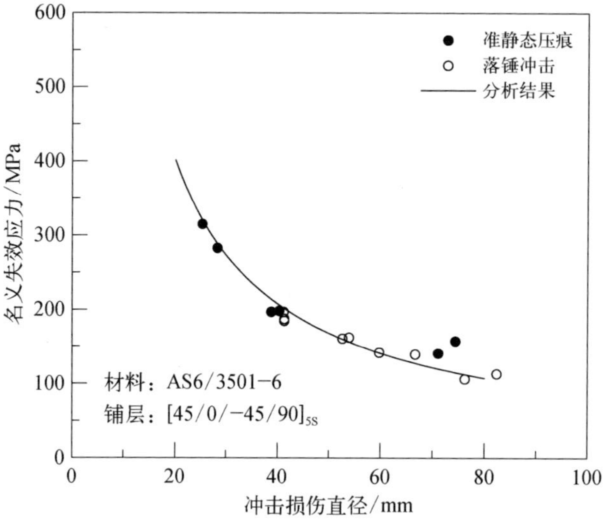

图 6-13　子层屈曲方法与试验结果对比

6.4.4　软化夹杂方法

由于冲击损伤分层区域通常还具有一定的刚度,因此将其简化为开孔可能会得到较为保守的结果。软化夹杂方法采用刚度缩减的软化区域来模拟冲击损伤区域。由于软化区域的刚度定义具有一定的灵活性,因此该方法在理论上具有更好的灵活性。而且,分层软化区域可以缓解冲击损伤边缘的应力集中,从而提高了层压板的剩余强度,得到与试验相近的分析结果。

通常冲击损伤区域的刚度并不是常数,在冲击点附近由于纤维断裂严重,刚度非常低,而在远离冲击点的损伤区域,刚度则相对较高。因此,软化夹杂的刚度可以是分区域的,也可以是遵循某一规律渐进变化的,比如由冲击点至冲击损伤边缘夹杂材料的刚度线性缩减。对于软化夹杂区域刚度为常数的情况,可以采用 Lekhnitskii 方法得到软化夹杂边缘切向应力的解析解,不同的刚度缩减情况对应不同的边缘切向应力,如图 6-14 所示[7]。而对于其他的软化法则,则通常需要结合精细有限元方法进行计算。由于需要区别定义冲击损伤区域的材料刚度,因此在运用软化夹杂方法之前必须采用无损检测设备准确测量结构的损伤状态。

采用软化夹杂方法需要解决两方面的问题：① 应该合理假设并验证夹杂区域的刚度缩减比例,如常见的线性缩减法则和指数型缩减法则等;② 含软化夹杂层压板的应力集中计算问题。对于椭圆形的夹杂形状和夹杂区域刚度均匀缩减的情况,存在解析解;而对于其他情况,则通常需要结合精细有限元方法求解。软化夹杂方法在拉伸、压缩、剪切或组合载荷下均适用。但需要注意的是,软化夹杂方法暗含了层压板的失效是由冲击损伤边缘的应力集中引起的,因此对于损伤范围较

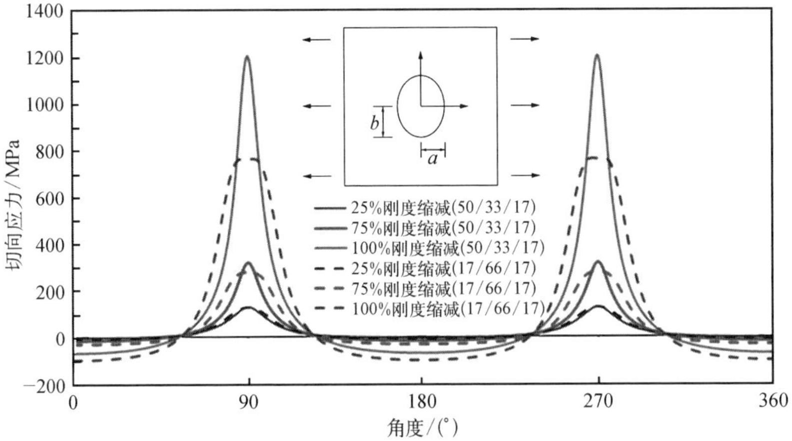

图 6－14　在拉伸载荷下软化夹杂边缘的切向应力分布

大且受压缩载荷的情况，该方法得到的计算结果一般不保守，而需要采用子层屈曲方法进行计算。此外，不同的刚度缩减法则对冲击损伤剩余强度分析结果有显著的影响。在不同的载荷情况下软化夹杂区域的刚度缩减法则可能并不完全相同，不同铺层比例和厚度的层压板也可能采用不同的刚度缩减法则。夹杂区域的刚度缩减法则与多种设计变量相关，难以通过简单的方法有效获得，通常需要根据大量冲击后剩余强度试验数据进行反向校正。然而一旦确定了夹杂区域的刚度缩减法则，剩余强度分析方法可以很好地扩展至复杂的结构形式。

6.4.5　渐进损伤方法

对于无缺口或无损伤的小试片，复合材料通常表现出显著的线弹性本构关系，即材料发生失效前弹性模量几乎没有任何变化，如图 6－15 所示。而对于含缺口或损伤的小试片，采用线弹性材料模型将得到非常保守的强度预测结果，即试验结果显著高于计算预测结果。这主要是因为损伤边缘的材料在高应力水平下会产生微损伤，并产生刚度退化，从而引起局部载荷重新分配，导致复合材料强度显著升高。

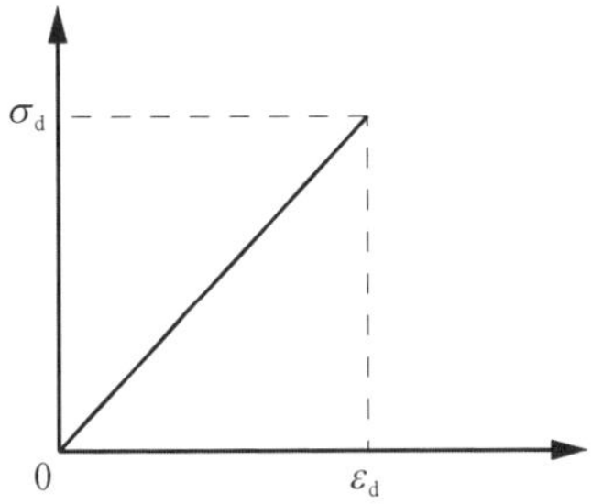

图 6－15　复合材料线弹性本构关系

渐进损伤方法是基于连续介质损伤力学(continuum damage mechanics, CDM)提出的方法,能够有效地模拟损伤边缘高应力梯度区域微损伤的形成及载荷重新分配现象。该方法在材料产生初始损伤后,采用损伤因子和刚度退化模型来描述材料的刚度退化和渐进失效过程。显然,渐进损伤方法要求复合材料本构关系并不是完全线弹性的,而是在产生初始损伤至最终失效之间存在刚度退化阶段,如图6-16所示。正是由于材料具备了刚度退化的特点,复合材料在缺口或损伤边缘等高应力梯度区域具备了载荷重新分配能力,而由于无缺口或无损伤的小试片几乎没有应力梯度,因此其没有载荷重新分配能力。

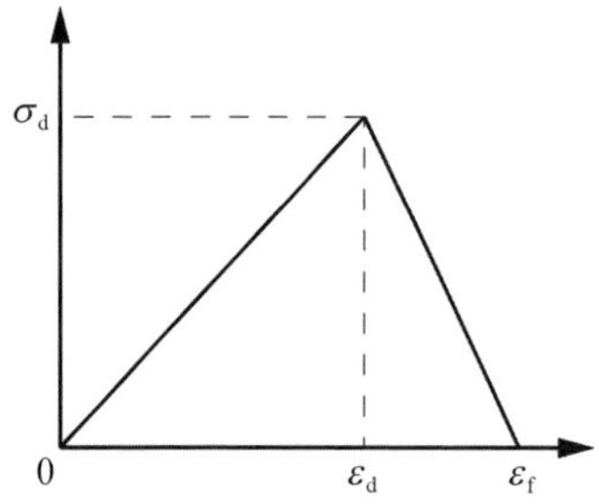

图6-16 复合材料应变软化准则

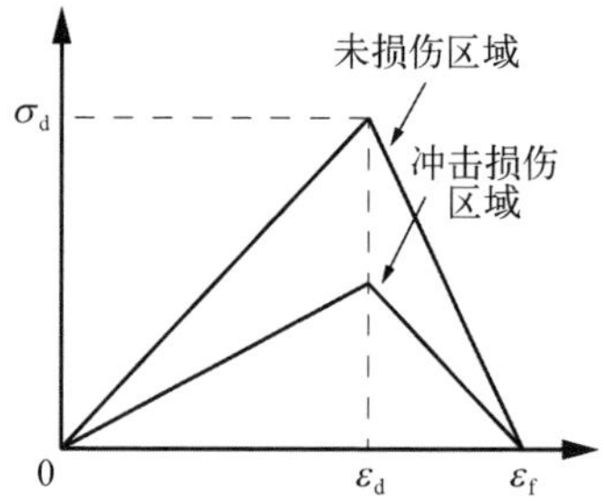

图6-17 复合材料冲击损伤区域应变软化准则

复合材料冲击后剩余强度分析还需要解决冲击损伤区域材料本构关系的问题。对于冲击损伤区域,材料的模量和强度显然低于完好的复合材料,因此需要区别定义冲击损伤区域材料的本构关系。通常采用完好复合材料模量和强度的某一百分比来模拟冲击损伤区域的材料本构关系,如图6-17所示。

采用渐进损伤方法预测复合材料冲击后剩余强度需要解决以下四个方面的问题: ① 单元类型选取和网格尺寸定义应能充分反映真实应力水平分布,尤其是冲击损伤边缘高应力梯度区域;② 应该合理定义材料的初始损伤准则,该准则将影响材料进入损伤演化和刚度退化的时机;③ 应该合理假设材料刚度退化模型和最终失效准则,复合材料的最终失效通常根据其断裂能量(G)来判断,常见的刚度退化法则包括线性退化和指数型退化等;④ 应该合理假设冲击损伤区域的本构关系,定义的刚度缩减百分比需要通过大量的冲击后剩余强度试验来校正。渐进损伤方法涉及的材料参数众多,在调试的过程中如果协调这些参数使其适用众多情景,也是渐进损伤分析的关键。例如,高强度低断裂能的本构关系可能更适用于分析具有高强度、低韧性的材料,以及模拟较小缺口尖端的损伤区域或尺寸效应不显著的试片;相反,低强度高断裂能的本构关系可能更适用于分析具有低强度、高韧性的材料,以及模拟较大缺口尖端的损伤区域或尺寸效应显著的试片。

基于渐进损伤方法的材料本构关系较为复杂,部分参数通常难以简单有效地直接获得。目前,有一些测量材料断裂能量的标准可以参考,如针对纤维的 ASTM E399 和 ASTM E1820 等,以及针对基体或胶接面的 ASTM D5528 和 ASTM D7905 等。然而这些标准试验有时并不容易得到预期的失效模式。因此,目前更多地采用根据冲击后剩余强度试验结果反向校准分析参数的方法。无论采用哪种方法,与渐进损伤相关的分析参数均不易准确地获得。然而,一旦确定了这些分析参数,通常可以将其扩展至复杂的结构形式进行剩余强度分析。

渐进损伤方法涉及复杂的材料刚度退化和载荷重新分配等过程,通常需要通过精细有限元方法具体实现,同时有限元方法对于处理复杂的飞机结构形式能够表现出更强的灵活性和准确性,因此基于渐进损伤理论的有限元分析方法得到越来越多的重视,近年来不断发展,有望在未来复合材料飞机结构剩余强度分析中扮演重要角色。

然而渐进损伤方法也有一些不足之处,例如计算时间较长,而且可能会出现计算不收敛的情况,因此目前主要用于小试片的剩余强度计算。其次,单元尺寸对分析结果也有较为显著的影响,较大的单元尺寸会使缺口或损伤处的应力集中变得缓和,从而导致分析得到的破坏载荷比真实情况更高。如果采用二阶或更高阶单元,可以减轻单元尺寸对最终分析结果的影响,但是将导致更长的计算时间。此外,该方法目前尚难以可靠地预计复杂的失效路径,且通常需要大量的试验数据对计算结果进行校正。

参考文献

[1] CMH-17 Committee. Composite materials handbook, Vol 3: Polymer matrix composites: materials usage, design, and analysis [M]. Detroit: SAE International, 2012.

[2] Dost E F, Ilcewicz L B, Avery W B, et al. Effects of stacking sequence on impact damage resistance and residual strength for quasi-isotropic laminates[R]. NASA Report, 1991.

[3] Dost E F, Ilcewicz L B, Gosse J H. Sublaminate stability-based modeling of impact damaged composite laminates[C]. Seattle: Proceeding of 3rd Technology Conference of American Society for Composites, 1988.

[4] Ilcewicz L B, Dost E F, Coggeshall R L. A model for compression after impact strength evaluation [C]. New Jersey: Proceeding of 21st International SAMPE Technical Conference, 1989.

[5] Levenberg K. A method for the solution of certain non-linear problems in least squares[J]. Quarterly of Applied Mathematics, 1944, 2(2): 164-168.

[6] Marquardt D W. An algorithm for least-squares estimation of nonlinear parameters[J]. Journal of the Society for Industrial and Applied Mathematics, 1963, 11(2): 431-441.

[7] Lekhnitskii S. Anisotropic plates [M]. 2nd ed. New York: Gordon and Breach Science Publishers, 1968.

第7章

冲击损伤可检性

7.1 引言

在商用飞机结构损伤容限理念中，定期开展结构检查是保证飞机结构等效安全性的一项重要措施。由于目视检查方法具有成本低和周期短的优势，长期以来飞机结构检查主要依赖目视方法。

根据检查的详细程度和有效性，目视检查可以分为巡回检查（walk around, WA）、一般目视检查（general visual inspection, GVI）、详细检查（detailed inspection, DET）和特别详细检查（special detailed inspection, SDI）等。不同检查方法要求的可接近性、光照条件和清洁程度等明显不同，因此对应的可检性水平显然不同。

冲击损伤的可检性一般采用可检门槛值来度量。需要注意的是，该处的可检门槛值并不是指最小的可检损伤，而是指能够可靠检出的最小损伤。所谓可靠检出，即需要满足在95%的置信水平下具有90%以上的检出概率。对于设计规定的详细检查或一般目视检查而言，可检门槛值对应的冲击损伤一般称为勉强目视可见损伤（BVID）；对于巡回检查而言，可检门槛值对应的冲击损伤一般称为明显可见损伤，也称为大的目视可见损伤（LVID）；介于BIVD和LVID之间的冲击损伤一般称为目视可见损伤（VID）。此外，在概率性方法中，不仅要求确定可检门槛值，还要求确定检出概率曲线。无论是可检门槛值还是检出概率曲线，均是在冲击损伤检出概率试验的基础上，通过数据统计分析获得的。

冲击损伤可检性与冲击损伤区域的表面特征有关。一般来说，凹坑深度和边缘裂纹长度均可能是冲击损伤的主要指示特征。对于层压板边缘处的冲击损伤，边缘裂纹（分层）长度和凹坑深度是度量损伤可检性的主要指示特征；而对于其他部位的冲击，由于内部分层目视不可检，因此凹坑深度是度量损伤可检性的主要指示特征。冲击损伤可检性研究主要是建立凹坑深度或边缘裂纹（分层）长度与目视检出概率的函数关系。显然，冲击损伤可检性与检查方法、光照条件、检查角度、表面颜色、冲头直径、表面清洁度和人员因素等有关。因此，在制定冲击损伤可检性准则时，需要考虑这些因素对冲击损伤可检性的影响。

还需注意的是，由于部分区域的冲击损伤以凹坑深度作为可检性准则，而凹坑从发生到检出的过程中会发生回弹现象，从而使损伤检测变得困难。因此，在制定冲击损伤可检性准则时，还需要考虑凹坑回弹的影响。凹坑回弹的规律与时间、湿热、湿热循环、载荷循环等因素相关，此外还与层压板本身的厚度有关。这些因素对凹坑回弹的影响已在第 5 章进行了深入的讨论和研究。

本章主要介绍了常用的目视检查方法和过程、损伤检出概率试验和数据处理方法，并总结了检查方法、光照条件、检查角度、表面颜色、冲头直径、表面清洁度和人员因素等对损伤检出概率的影响。最后，介绍了未来可能应用于商用飞机结构损伤检测的新技术。

7.2　检查方法和过程

冲击损伤可检性或检出概率依赖于飞机实际运营和维护过程中所采用的目视检查方法。采用的目视检查方法越详细（例如较小的检查距离、较长的检查时间和采用辅助检查工具等），则冲击损伤可检性或检出概率就越高。因此，咨询通告和行业规范均对目视检查方法进行了明确的分类和详细的规定。目前，最为广泛使用的与目视检查有关的行业规范为美国航空运输协会（Airline Transport Association, ATA）下属的维护指导组（Maintenance Steering Group, MSG－3）制定的“运营商/制造商定期维护开发”文件。

根据目视检查的详细程度和有效性，通常将目视检查方法分为四类，分别为巡回检查、一般目视检查、详细检查和特别详细检查。

1）巡回检查

巡回检查是由飞机机组人员或维护人员在每次飞行前和每次飞行后在地面开展的例行检查，目的是对飞机结构进行快速检查，以发现那些明显可见的损伤。在开展检查前，应该查询飞机的服役历史，关注那些已经存在的损伤。巡回检查时结构的可接近性、光照条件和检查角度等受具体条件限制。由于巡回检查由人员在地面检查，因此主要检查机身的侧壁版、机翼下壁板，以及机翼前缘、活动面、舱门、起落架舱和其他易发生损伤的区域。

2）一般目视检查

一般目视检查是对内部或外部区域、安装或装配细节等进行的目视检查，目的是发现可检的损伤、失效或异常等情况。该级别的检查除另有规定外，应该是在可以接触到的距离内进行的。对于不易接近的区域，为了增强检查区域的可达性，可以借助梯子、工作台或反光镜等工具。如果有必要还可以拆卸或打开检查口盖或舱门等进行检查。该级别的检查一般在正常光线条件下进行,如日光、机库内灯光、手电筒或吊灯。此外,还可能需要对检查区域进行基本的清洁。

3）详细检查

详细检查是对特定项目、安装或装配细节的增强检查,以发现可检的损伤、失效或异常等情况。为了增强检查区域的可达性,可以拆除所有的内饰,还可以借助反光镜和放大镜等辅助工具。此外,还可以采用辅助的直射光源以保证良好的照明条件。此外,还可能需要对检查区域进行专门的表面清洁,甚至采用触觉进行辅助评估。

4）特别详细检查

特别详细检查是使用特定的检测技术(例如无损检测)或设备(例如内窥镜和视频窥镜等)对特定项目、安装或装配细节进行的一种检查,以探测损伤、失效或异常等情况。特别详细检查可能需要复杂的清洁和专门的接近或者拆解程序。此外,检查人员的资质通常需要有严格的规定。

2015 年,MSG－3 工作组在修订“运营商/制造商定期维护开发”时,删除了巡回检查的相关要求。但是目前巡回检查仍然是航空公司最常见的检查程序。

开展目视检查之前通常应预先检查待检区域的清洁度、外来物、丢失的紧固件和零件安全状态等。在不消除损伤迹象和不损伤任何表面漆层的情况下,通常应该预先仔细地清理待检区域。还应注意的是,目视检查通常仅作为损伤检出的手段,而一旦发现疑似的结构损伤,应采用更精确的无损设备检测方法进一步确定损伤的尺寸和严重程度。应该记录所有已发现的损伤并存档,特别是应该记录损伤类型、位置和尺寸等信息。除需要记录文本信息外,最好采用更直观的方式进行详细的描述,例如草图、照片和视频等。

对于潜在的分层和脱黏等情况,不能采用目视方法作为检查手段。因此,对于容易发生这类损伤的位置,应该采用其他的检查方法来判断结构是否发生损伤。例如,可以通过测量负压下的机械变形来判断夹层结构的蒙皮是否存在脱黏。

7.3 损伤可检门槛值

7.3.1 损伤检出概率试验

为了确定复合材料结构损伤检出概率和可检门槛值,需要开展损伤检出概率试验。试验件应能代表真实的产品特征,包括材料形式、结构特征(如曲率)和表面处理(如颜色和粗糙度)等。试验还应考虑产品在运营过程中实际的检查条件,如光照条件(光源和强度)、检查角度等。此外,检查人员信息也可能是需要关注的因素，如年龄、性别、经验、视力和色觉等。对于复合材料结构，还应考虑冲击凹坑和边缘损伤两种情况。

试验前，在试验件上预制不同深度的凹坑或不同长度的裂纹，并记录每个凹坑或裂纹的编号及尺寸，还应消除任何可能暗示或误导检查人员检查结果的信息。图 7－1 为目视检出概率试验件示例，表 7－1 为冲击损伤目视检查记录表示例。试验过程中，检查人员不能相互交流，如果发现疑似损伤，应及时记录损伤位置等信息。图 7－2 为目视检出概率试验过程照片示例。试验后，应及时核对检查人员的检查结果，并汇总检测次数和损伤被检出的次数等信息，为后续确定损伤可检门槛值和损伤检出概率函数提供试验数据。

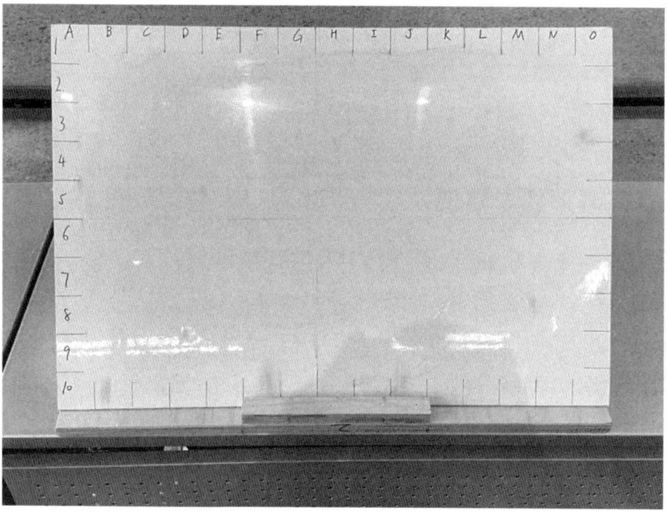

图 7－1　目视检出概率试验件

表 7－1　冲击损伤目视检查记录表

	A	B	C	D	E	F	G	H	I	G	K	L	M	N	O
1															
2															
3															
4															
5															
6															
7															
8															
9															
10															

图 7-2　目视检出概率试验过程照片

7.3.2　损伤检出概率数学模型

众所周知,当冲击损伤较小时,目视检查很难发现,即损伤检出概率非常低;随着冲击损伤逐渐变大,其检出概率逐渐升高,并最终接近于 1。因此,现有的研究一般用对数累积正态函数模型和对数奇函数模型来描述损伤检出概率[1]。其中,对数累积正态函数模型更适用于复合材料结构冲击凹坑深度的检查结果,而对于复合材料结构边缘分层的检查结果,则两种模型都可以采用。

对数累积正态模型的一般表达式为

$$p(a)=\Phi\left(\frac{\ln a-\mu}{\sigma}\right)=\frac{1}{\sqrt{2\pi}}\int_{-\infty}^{\frac{\ln a-\mu}{\sigma}}\exp\left(-\frac{x^2}{2}\right)\mathrm{d}x \tag{7-1}$$

式中,a 为冲击凹坑深度;μ 和 σ 为函数的两个参数。

对数奇函数模型的一般表达式为

$$p(a)=\left\{1+\exp\left[-\left(\frac{\pi}{\sqrt{3}}\right)\left(\frac{\ln a-\mu}{\sigma}\right)\right]\right\}^{-1} \tag{7-2}$$

式中,a 为边缘分层长度;μ 和 σ 为函数的两个参数。

7.3.3　模型参数估计方法

在确定了损伤检出概率数学模型之后,可以采用极大似然估计法来计算模型参数 μ 和 σ 的最佳估计值。

1）对数累积正态模型

令 a_i 表示第 i 个冲击凹坑的深度，n_i 表示第 i 个冲击凹坑的总检测次数，t_i 表示第 i 个冲击凹坑被检出的次数，m 表示冲击凹坑的总数量。其似然函数可以表示为

$$L = \prod_{i=1}^{m} C_{n_i}^{t_i} \cdot p_i^{t_i} \cdot (1 - p_i)^{(n_i - t_i)} \tag{7-3}$$

为了计算简便，对该似然函数取对数：

$$\ln L = \ln\left(\prod_{i=1}^{m} C_{n_i}^{t_i}\right) + \sum_{i=1}^{m} t_i \ln p_i + \sum_{i=1}^{m} (n_i - t_i)\ln(1 - p_i) \tag{7-4}$$

令

$$p(a) = \Phi\left(\frac{\ln a - \mu}{\sigma}\right) \tag{7-5}$$

$$q(a) = \frac{1}{\sqrt{2\pi}}\exp\left[-\frac{1}{2}\left(\frac{\ln a - \mu}{\sigma}\right)^2\right] \tag{7-6}$$

根据极大似然估计法，需要求似然函数的极大值。因此，首先需要对两个模型参数分别求一阶导数 $\frac{\partial \ln L}{\partial \mu}$、$\frac{\partial \ln L}{\partial \sigma}$ 和二阶导数 $\frac{\partial^2 \ln L}{\partial \mu^2}$、$\frac{\partial^2 \ln L(\mu,\sigma)}{\partial \mu \partial \sigma}$、$\frac{\partial^2 \ln L(\mu,\sigma)}{\partial \sigma^2}$。

为了简化表达形式，令

$$H = \begin{pmatrix} \frac{\partial^2 \ln L}{\partial \mu^2} & \frac{\partial^2 \ln L}{\partial \mu \partial \sigma} \\ \frac{\partial^2 \ln L}{\partial \sigma \partial \mu} & \frac{\partial^2 \ln L}{\partial \sigma^2} \end{pmatrix} \tag{7-7}$$

$$Q = \begin{pmatrix} \frac{\partial \ln L}{\partial \mu} \\ \frac{\partial \ln L}{\partial \sigma} \end{pmatrix} \tag{7-8}$$

设 $\theta = (\mu, \sigma)^{\mathrm{T}}$，$\theta^{(t)}$ 为第 t 次迭代计算得到的 θ 值。代入上式可以得到相应的 $Q^{(t)}$ 和 $H^{(t)}$。在 $\theta^{(t)}$ 处将 $\ln L(\mu, \sigma)$ 按照二元函数的 Taylor 公式展开，并取至二次项，记为 $R^{(t)}$，则有

$$R^{(t)} = \ln L(\theta^{(t)}) + Q^{(t)}(\theta - \theta^{(t)}) + \frac{1}{2}(\theta - \theta^{(t)})^{\mathrm{T}} H^{(t)}(\theta - \theta^{(t)}) \quad (7-9)$$

计算该二次项的极小值。令

$$\frac{\partial R^{(t)}}{\partial \theta} = Q^{(t)} + H^{(t)}(\theta - \theta^{(t)}) = 0 \quad (7-10)$$

根据该表达式，可以建立以下迭代公式：

$$\theta^{(t+1)} = \theta^{(t)} - (H^{(t)})^{-1} Q^{(t)} \quad (7-11)$$

该迭代公式即为 Newton-Raphson 迭代公式。

在迭代计算的过程中，还可以通过计算 Fisher 信息矩阵得到 $\hat{\theta}$ 的协方差矩阵：

$$V = (-H)^{-1} \quad (7-12)$$

2）对数奇函数模型

对数奇函数模型的数学表达式如下所示：

$$p(a) = \left\{1 + \exp\left[-\left(\frac{\pi}{\sqrt{3}}\right)\left(\frac{\ln a - \mu}{\sigma}\right)\right]\right\}^{-1} \quad (7-13)$$

将对数奇函数模型代入公式(7－3)所示的似然函数，然后采用与对数累积正态模型一样的处理方法，计算似然函数的一阶导数和二阶导数，然后进行 Taylor 展开并求导，即可以得到对数奇函数模型的迭代公式。详细的推导过程本书不再赘述。

采用以上方法计算冲击损伤检出概率模型参数的估计值时，需要合理地确定待估计参数的初始值。如果初始值距离最佳估计值较远，则可能出现迭代过程不收敛的情况。因此，通常选用最小二乘法先计算待估计参数的初始值，然后再采用极大似然估计法计算待估计参数的最佳估计值。

此外，如果被检出的凹坑深度和被漏检的凹坑深度不协调，则迭代方程也可能无解。比如，预制的凹坑深度较大，导致全部被检出，或者预制的凹坑深度较小，导致全部被漏检。这样就得不到用于估计模型参数的有效信息。所以在设计损伤检出概率试验时，应选择合适的凹坑深度，使这些凹坑深度主要位于检出概率曲线斜率较大的区域。这样可以增加试验的有效信息，从而减小参数估计值的标准差，进而减小置信区间的范围。对于裂纹或边缘分层长度的检测数据也存在类似的情况。

7.3.4 置信水平

众所周知，极大似然估计法是一种点估计方法，并不能得到估计值的置信区间。因此，为了获得满足一定置信水平的损伤可检门槛值，还需要计算一定置信水平下的模型参数。计算方法简述如下。

令 a_p 表示 $p(a_p)=p$ 的凹坑深度，z_p 表示标准正态分布的 p 分位点。则有

$$\frac{\ln a_p-\mu}{\sigma}=z_p \tag{7-14}$$

公式变形后，可以得到：

$$a_p=\exp(\mu+z_p\cdot\sigma) \tag{7-15}$$

用 $\hat{\mu}$ 表示 μ 的极大似然估计值，$\hat{\sigma}$ 表示 σ 的极大似然估计值。由于 $\hat{\mu}$ 和 $\hat{\sigma}$ 服从渐近正态分布，因此 $X_p=\hat{\mu}+z_p\cdot\hat{\sigma}$ 也服从渐近正态分布。其均值、方差和标准差分别为

$$M(X_p)=\hat{\mu}+z_p\cdot\hat{\sigma} \tag{7-16}$$

$$D(X_p)=V_{11}+2z_p\cdot V_{12}+z_p^2\cdot V_{22} \tag{7-17}$$

$$SD(X_p)=\sqrt{D(X_p)} \tag{7-18}$$

式中，V_{11} 为 $\hat{u}$ 的方差；V_{22} 为 $\hat{\sigma}$ 的方差；V_{12} 为 $\hat{u}$ 和 $\hat{\sigma}$ 的协方差。

因此，可以得到：

$$a_{p/q}=\exp[\hat{\mu}+z_p\cdot\hat{\sigma}+z_q\cdot SD(X_p)] \tag{7-19}$$

在 95%的置信水平下，对应 90%检出概率的凹坑深度（B 基准）可以表示为

$$a_{90/95}=\exp[\hat{\mu}+1.282\hat{\sigma}+1.645SD(X_{90})] \tag{7-20}$$

在 95%的置信水平下，冲击损伤检出概率模型的参数分别为

$$\mu_{95}=\ln a_{50/95} \tag{7-21}$$

$$\sigma_{95}=\frac{\ln a_{99/95}-\ln a_{50/95}}{2.327} \tag{7-22}$$

因此，在 95%的置信水平下，冲击损伤检出概率函数为

$$p(a)=\Phi\left(\frac{\ln a-\mu_{95}}{\sigma_{95}}\right) \tag{7-23}$$

图 7－3 为复合材料结构冲击损伤目视检出概率曲线与可检门槛值示例。在该示例中，目视检出概率曲线的置信度为 95%，目视可检门槛值约为 0.29 mm。

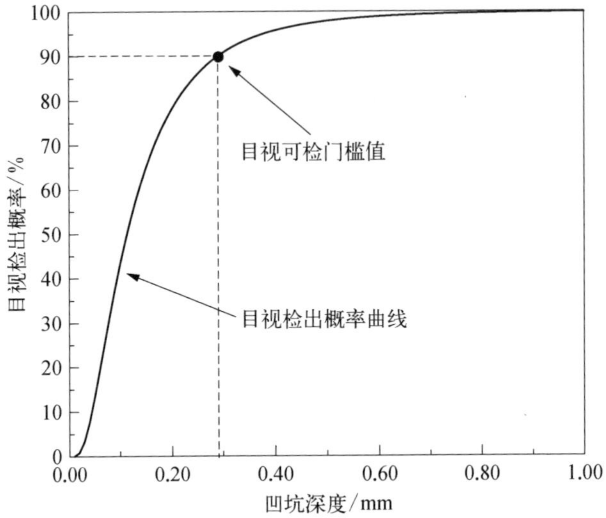

图 7-3　目视检出概率曲线与可检门槛值示例

7.4　损伤检出概率影响因素

复合材料结构冲击损伤检出概率受多种因素影响，包括检查方法、光照条件、检查角度、表面颜色、冲头直径、表面清洁度和人员因素等。

7.4.1　检查方法

如前所述，常用的检查方法主要包括巡回检查、一般目视检查、详细检查和特别详细检查等。其中，特别详细检查对检测设备的依赖性较大，且检测设备的精度通常由设备制造商和质检部门对其进行鉴定，因此飞机制造商一般不需要额外研究其检出概率问题。除此之外，巡回检查、一般目视检查、详细检查代表了目视检查的不同详细程度，因此对于冲击损伤的检出概率会有明显的不同。

Jiang 等[2]研究了 GVI 和 DET 的检出概率对比情况。为了控制影响因素，仅考虑了 GVI 和 DET 在检查时间和检查距离方面的差异。GVI 的检查时间规定为 0.36 m^2/min，DET 对检查时间没有限制；GVI 的检查距离规定为 1.0 m，DET 的检查距离规定为 0.5 m。该研究得到的对应 GVI 和 DET 的检出概率曲线如图 7-4 所示，对应的可检门槛值分别为 0.33 mm 和 1.40 mm。同时，研究还指出 Aerospatiale 采用的对应 DET 的可检门槛值为 0.3~0.5 mm，波音采用的对应 DET 的可检门槛值为 0.254~0.508 mm，而空客采用的对应 DET 的可检门槛值为 0.3 mm，对应 GVI 的可检门槛值为 1.3 mm。可以看出，GVI 和 DET 两种检查方法的冲击损伤检出概率和可检门槛值有十分显著的差异。

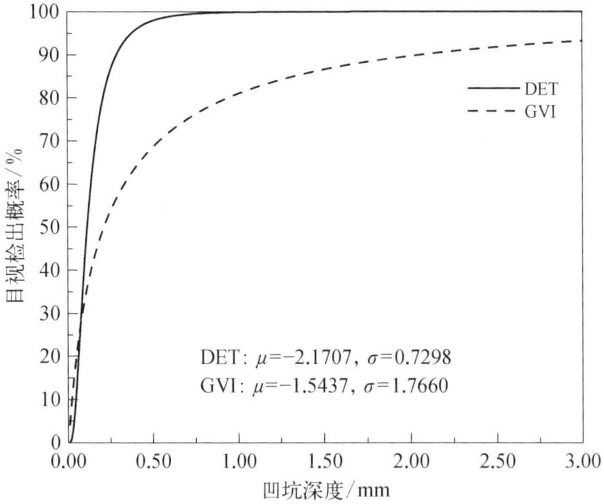

图 7－4　不同检查方法对应的检出概率曲线

7.4.2　光照条件

光照条件对冲击损伤检出概率的影响主要包括光照强度、炫目性、显色性和反射比等,其中最主要的影响因素为光照强度[3]。显然,充足的光照强度可以显著提高冲击损伤的可检性。

德国宇航中心复合材料结构和自适应系统研究所(Institute of Composite Structures and Adaptive Systems)调查了不同光照强度下复合材料结构冲击损伤的检出概率,如图 7－5 所示[4]。结果显示,随着光照强度增加,冲击损伤检出概率可以得到显著的提升。

图 7－5　不同光照强度下的目视检查试验

虽然光照强度可以显著提升冲击损伤的可检性,但是过度的光照可能造成检查人员炫目。炫目会掩盖检查人员对细节的目视感知,因此对损伤可检性有不利的影响。目视场内直接光源照射或镜面反射均可能造成炫目，如果在这样的环境中开展飞机检查，那么应该降低光照强度或采用非直射光源以减少炫目。

按照美国照明工程协会(IES)的标准[5, 6]，一般的航线检查任务要求光照强度为500 lx，维护过程要求光照强度在750 lx到1 000 lx之间，详细的检查任务也要求光照强度在1 000 lx左右，但是更详细的检查任务可能要求额外的光照条件，如2 000 lx左右。表7－2[5]展示了飞机维护和检查任务时所需的光照强度水平。

表7－2　不同维护和检查任务的光照强度

维护或检查任务	光照强度/lx
维护/检查之前或之后	300～750
维护过程	750～1 000
检查过程(正常检查条件)	500
检查过程(详细检查条件)	1 000
检查过程(精细检查条件)	2 000

此外，被检查结构显示的颜色是由其本身的颜色和光源的颜色共同决定的。例如，绿色表面在红色光照条件下可能显示为黑色。而不同表面颜色会进而影响损伤检出概率。因此，光源与被检查结构表面颜色的显色性对冲击损伤检出概率有一定的影响，这些影响在文献[6]中有详细的描述。日照光和白炽灯光具有非常好的显色性，因此一般采用白炽灯作为室内维护和检查的光源。

光照条件还很大程度受被检查结构及附近物体表面的反射比影响，因此反射比也是影响损伤检出概率的重要因素。高反射比虽然增加了光照的有效性，但镜面反射可能造成炫目，因此应该尽量避免。IES更推荐采用半哑光的表面，适当地降低反射比，从而避免炫目情况。IES[5]推荐机库天花板的反射比为80%～90%，墙壁的反射比为40%～60%，设备的反射比为25%～45%，地板的反射比为不少于40%，如表7－3所示。对于机库而言，高漫反射比有助于形成充分均匀的目视环境，并避免镜面反射。

表7－3　推荐的漫反射值

表　面	反射比
天花板	80%～90%
墙壁	40%～60%
设备	25%～45%
地板	不低于40%

7.4.3 检查角度

飞机在航线或维修机构进行目视检查时，目视检查人员大部分情况下站在地面上或梯子上对飞机结构表面进行检查。由于检查人员和飞机被检查部位的相对位置不固定，检查角度通常会在一定的范围内变化，而垂直目视和侧向目视可能造成不同的检查结果。

肖闪闪[1]研究了检查角度对复合材料结构冲击损伤检出概率的影响。该研究考虑了三种不同的检查角度，分别为 15°、45°和 60°（在该研究中检查角度定义为试验件表面与水平面的夹角，下同），其认为该角度范围涵盖了飞机结构检查时实际的检查角度。试验件为绿色光洁的试板，检查距离为 50 cm，检查时间没有限制。根据试验结果计算得到的损伤检出概率曲线如图 7－6 所示。可以看出，检查角度对冲击损伤检出概率有显著的影响，检查角度为 15°时冲击损伤检出概率显著下降，更大的检查角度会提升损伤检出概率。该研究规定检查角度为试验件表面与水平面的夹角，而检查距离为检查人员至试验件底边的距离。由于试验件高度方向尺寸较大（为 1 000 mm），因此当检查角度为 15°时，检查人员距大多数冲击损伤位置的距离比检查角度为 45°和 60°时更远，这也可能是影响损伤检出概率的原因。

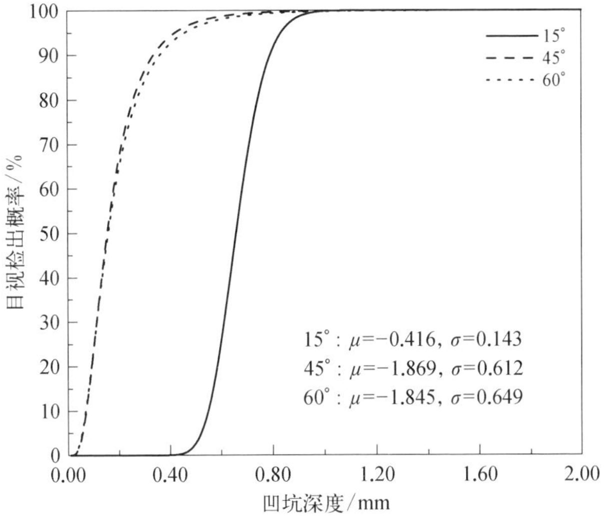

图 7－6　不同检查角度对应的检出概率曲线

德国宇航中心复合材料结构和自适应系统研究所也做了类似的研究[4]，调查了 15°、45°和 65°情况下冲击损伤检出概率的差异，如图 7－7 所示。试验件为红色光洁的加筋壁板，光照强度均为 400 lx 左右，检查方法为一般目视检查。该研究指出检查角度为15°时,冲击损伤检出概率最高,检查角度为65°时,冲击损伤检出概率最低,而检查角度为45°时,冲击损伤检出概率介于两者之间。该研究指出,检查角度为15°时,位于天花板的4个光源的光线可以同时在试验件表面反射至检查人员的方向,从而有利于冲击损伤的检出。而检查角度为45°时和65°时,只有两个光源的光线可以照射试验件表面,并反射至检查人员的方向,因此不利于冲击损伤的检出。目前对检查角度的研究尚不充分,得出的结论均具有一定的特殊性。

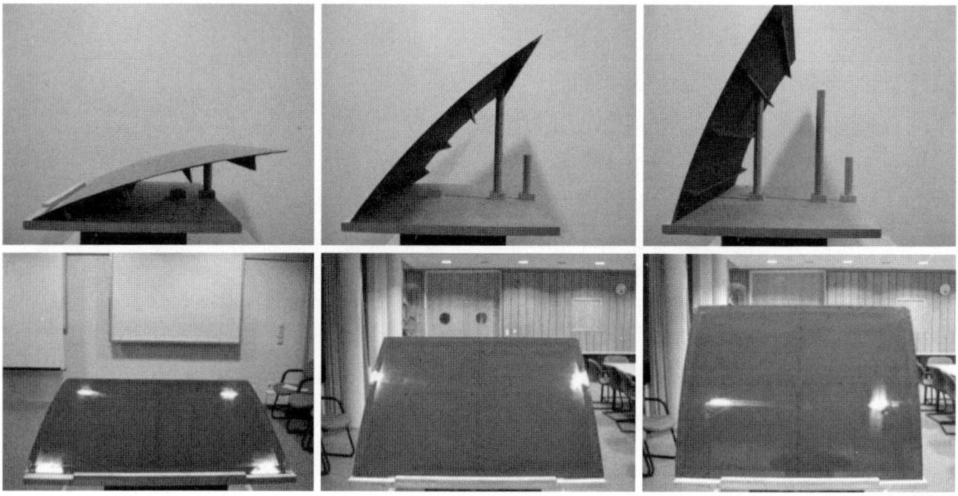

图7-7 检查角度从左到右分别为15°、45°和65°

7.4.4 表面颜色

飞机外表面颜色一般为白色,但航空公司通常也有其他颜色的涂装需求,而表面颜色很可能会影响冲击损伤检出概率。2006年,在美国芝加哥举办的“Composite Damage Tolerance and Maintenance Workshop”上发布了一些研究需求,其中一个重要方向就是表面颜色和表面光洁度对冲击损伤检出概率的影响[7]。

Jiang等[2]研究了表面颜色对冲击损伤检出概率的影响。该研究采用了一般目视检查方法,试验件颜色包括黑色(原始未喷漆状态)、红色、白色和蓝色等,如图7-8所示。该研究发现白色试验件的损伤检出概率最高,红色试验件的损伤检出概率最低,但总体而言,表面颜色的影响并不十分明显。

德国宇航中心复合材料结构和自适应系统研究所调查了亮光红色、哑光红色和哑光蓝色三种不同表面颜色对冲击损伤检出概率的影响[4],如图7-9所示。试验采用了一般目视检查方法。该研究没有对试验数据进行统计分析,但通过对检查结果的定性判断指出表面颜色和光亮度对冲击损伤检出概率影响不明显。

图 7-8　不同表面颜色的损伤检出概率试验件

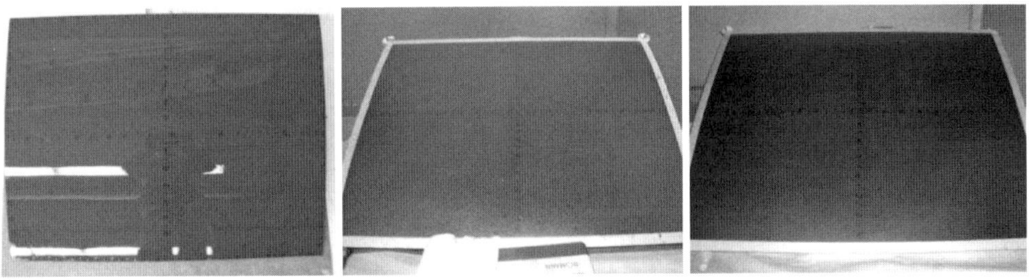

图 7-9　不同表面颜色/光亮度

肖闪闪[1]也开展了类似的研究，试验件分别考虑了白色、绿色和未喷涂漆层（黑色）三种情况，如图 7-10 所示。采用了一般目视检查方法，检查角度为 45°。光照条件为普通室外情况。该研究得出了三种不同表面颜色的冲击损伤检出概率曲线，如图 7-11 所示。可以看出，绿色试板上的冲击损伤比黑色试板更容易被检出；白色试板在冲击损伤较小时有较高的检出概率，而在冲击损伤较大时，相对于绿色和黑色试板，其检出概率偏低。该研究同时指出，白色试板的冲击损伤较为集中，获得的损伤检出概率数据可能不够真实。

需要注意的是，结构表面颜色与光源的显色性是共同作用的，因此对损伤检出概率的影响是交叉的。此外，表面颜色不仅对冲击损伤检出概率有影响，其本身可能就是潜在损伤的重要迹象，如磨损、烧蚀、闪电等情况均可能引起表面颜色改变。因此，目视检查任务一般应使用显色性较好的日光或白炽灯作为光源。

图 7-10　不同表面颜色的损伤检出概率试验件

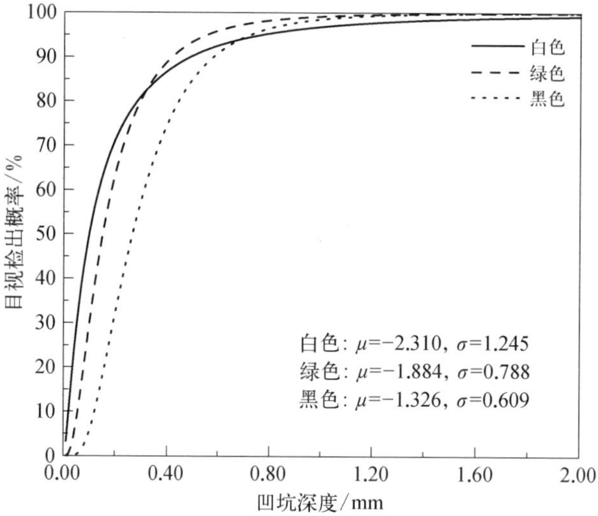

图 7-11　不同表面颜色对应的损伤检出概率曲线

7.4.5　冲头直径

飞机在运营过程中可能会遭遇不同尺寸的冲击物冲击,这些冲击物通常采用不同直径的冲头来模拟。不同冲头造成的表面损伤特征不同。例如,直径较小的冲头容易造成更深的凹坑,凹坑边缘通常也更明显;而直径较大的冲头造成的凹坑通常更浅,凹坑边缘通常也不明显。显然,不同冲头直径造成的凹坑将导致其检出概率有所区别。

德国宇航中心复合材料结构和自适应系统研究所调查了直径分别为 25.4 mm

和 320 mm 的冲头引入的损伤对检出概率的影响[4]，如图 7－12 所示。该研究指出在相同的冲击能量下，320 mm 的冲头产生的损伤表面迹象不明显，即损伤检出概率更低。

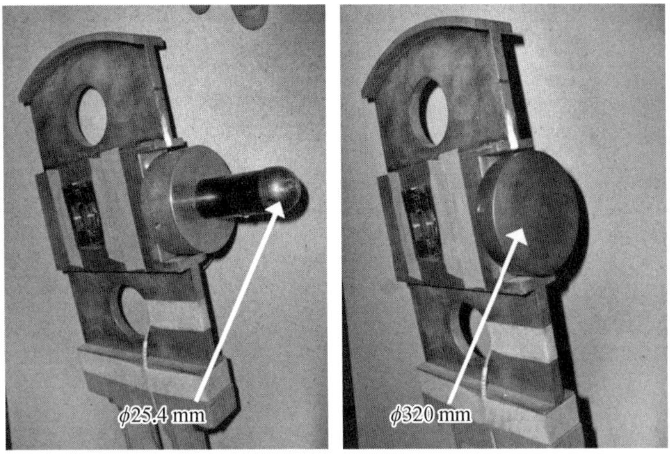

图 7－12　直径分别为 25.4 mm 和 320 mm 的冲头

7.4.6　表面清洁度

飞机在航线运营时表面可能遭遇油污、灰尘覆盖等情况。而飞机在航线或维修机构进行目视检查时，一般情况下不需要对结构表面进行清洁，但当进行详细检查或检查人员认为有必要时，才会对结构表面进行清洁。因此，有必要研究表面清洁度对损伤检出概率的影响，以指导飞机维护手册的编制。

研究结构表面清洁度对冲击损伤检出概率影响的文献相对较少。Wichita 大学的 Erhart 等[8]曾开展了一项相关的研究，在试验件表面涂抹了油污和灰尘，并对其中一部分进行清洁，以研究结构表面清洁状态对冲击损伤检出概率的影响。试验件状态如图 7－13 所示。该研究发现，试验件脏污区域和清洁区域的冲击损伤检出概率曲线有差异，说明结构表面清洁状态对冲击损伤可检性有影响。此外，在该项试验中，平均 93.2%的未经专业训练的成年人员能够检出 1.27 mm 的凹坑。

7.4.7　人员因素

通过目视方法检查复合材料结构表面损伤具有一定程度的主观成分，如不同年龄、性别、视力水平、辨色能力和专业程度等可能产生不同的检查结果。因此，有必要研究这些人员因素对损伤检出概率的影响，为飞机维护人员筛选提供指导。

目前针对人员因素对冲击损伤检出概率的系统性研究较少。仅有的人员因素影响研究显示，视力对检查人员的损伤检出能力没有显著的影响。检查人员的专

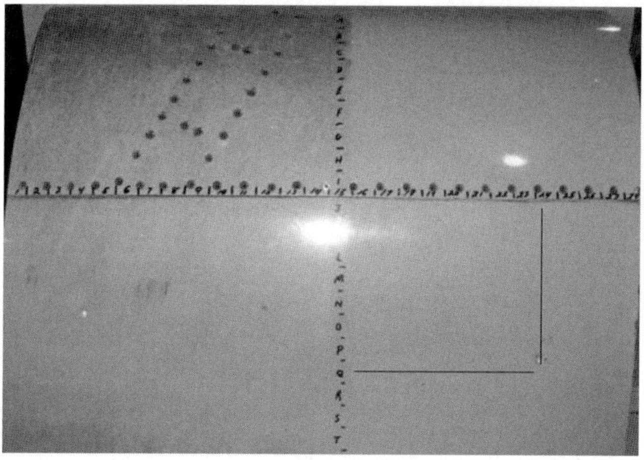

图 7-13 目视检查试验件状态

业技能是重要的影响因素，从业经验丰富的检查人员的损伤检出能力更高。检查结果还显示检查人员的性别似乎对其损伤检出能力有影响，然而由于数据不够充分，因此尚不能做出明确的结论。

7.5 未来检测技术

目视检查方法是当前航空公司最常用的损伤检测方法，有非常成熟的使用经验，短期内仍然是不可替代的损伤检测手段。但是采用目视检查方法对飞机结构进行全面检查仍然需要花费较多的人力和较长的时间，且检查结果依赖于检查人员的主观判断，因此飞机结构检查方法仍然有较大的发展空间。为了降低人力成本，并尽量消除损伤检测的主观性，自动化表面检测技术和结构健康监测技术可能逐步运用于飞机结构检测。

7.5.1 自动目视检测

自动目视检测是目视检查方法的增强和拓展，因此也被称为“增强的目视检查”。目前一些前沿研究[9]正在关注自动目视检测系统在飞机工业的应用。自动目视检测系统通常包括辅助光源、光学成像系统、光电转换装置（如 CCD 相机）、数据处理或图像识别模块等。前端的辅助光源、光学成像系统和光电转化装置可能集成于自动化的机器人或无人机等移动终端设备。辅助光源可以用于提供标准化的光照条件，光学成像系统用于对被检测表面快速地扫描成像，而光电转换装置主要将光学信号转化为数字电信号，从而可以更方便地被传输、存储和进一步处理。判断结构是否存在损伤还需要经过数据处理系统进一步分析。例如，对损伤数字信号特征进行分析、比对,或采用人工智能技术对损伤图像进行识别。甚至可以结合最新的第五代通信技术(5G)实现基于中央处理的远程在线检测技术,以进一步降低检测成本。数字处理或图像识别技术是自动目视检测系统的核心模块,如何降低误检率或漏检率、提升设备可靠性将是该技术研究的主要方向。

自动目视检查方法通过自动化的设备代替了人力检查,可以极大地提升检查效率,并有可能使飞机内部结构的可接近性得以增强。同时,数据处理或人工智能技术对数字图像进行判断可以尽量消除人为判断的主观性。因此,自动目视检测技术很可能是现有目视检查方法的重要演化方向。

7.5.2 结构健康监测

目前,飞机复合材料结构损伤容限理念要求含有勉强目视可检冲击损伤(BVID)的结构应该能够承受极限载荷。而复合材料结构表面冲击凹坑目视可检时,其内部损伤通常已经非常严重,结构强度已经出现了显著的下降,从而导致设计过于保守。因此,只要损伤检测技术仍然是针对表面损伤迹象(例如凹坑)进行检测,该理念就无法避免其过于保守的特性。而结构健康检测技术很可能可以解决这一问题。

结构健康检测技术依赖集成于复合材料结构的微型传感器实时检测飞机运行过程中的载荷状态以及结构完整性状态。通过收集和分析载荷峰值及循环数来精准预测结构疲劳寿命,并通过实时在线监控结构的裂纹、分层或冲击损伤来替代定期的目视检查,以实现更精准、及时地掌握飞机结构完整性状态。目前欧洲航空研究机构有大量的项目正在研究与结构健康检测相关的传感器技术、传感器与结构集成技术、数据处理及相关的可靠性理论等。例如,AHMOS(Active Health Monitoring System)项目在军用飞机平台上演示了一套集成的健康检测系统,还有其他在开展的研究项目包括 ARTIMA、TATEM、AISHA、AERONEWS 和 SMIST 等。目前,虽然结构健康检测技术尚未被广泛地应用于商用飞机,但是在一些军用飞机项目中已经开展应用。通过精准监控飞机结构状况可以降低飞机运营和维护成本,因此,结构健康检测技术很可能是现有目视检查方法的重要替代方案。

参考文献

[1] 肖闪闪.飞机复合材料结构概率冲击损伤容限评估方法研究[D].南京:南京航空航天大学,2013.

[2] Jiang F Y, Guan Z D, Li Z S, et al. A method of predicting visual detectability of low-velocity impact damage in composite structures based on logistic regression model[J]. Chinese Journal of Aeronautics, 2021, 34(1): 296-308.

[3] Civil Aviation Authority. Aviation maintenance and human factors[M]. West Sussex: TSO, 2003.

[4] Baaran J. Visual Inspection of Composite Structures [R]. Braunschweig: Institute of Composite Structures and Adaptive Systems DLR, 2009.

[5] Kaufman J E, Christensen J F. IES lighting handbook, application volume [M]. New York: Illuminating Engineering Society, 1987.

[6] Kaufman J E, Christensen J F. IES lighting handbook, reference volume[M]. New York: Illuminating Engineering Society, 1984.

[7] Walker T. FAA/EASA/Boeing/Airbus damage tolerance and maintenance working group [R]. Chicago: Composite Damage Tolerance and Maintenance Workshop, 2006.

[8] Erhart D, Ostrom L T, Wilhelmsen C A. Visual detectability of dents on a composite aircraft inspection specimen: an initial study [J]. International Journal of Applied Aviation Studies, 2004, 4(2): 85.

[9] Forsyth D S, Komorowski J P, Gould R W, et al. Automation of enhanced visual NDT techniques [C]. Toronto: Proceedings 1st Pan-American Conference for NDT, 1998.

第8章

结构检查间隔

8.1 引言

定期地开展结构检查是飞机结构损伤容限理念的重要组成部分，对于复合材料结构也不例外。通过定期开展结构检查，可以及时发现超出设计允许的服役损伤，进而进行修理或更换，以使结构重新满足设计规定的载荷要求。

结构检查要求主要包括制定检查方法和检查间隔等，一般在结构维护计划文档(MPD)中进行详细规定。检查方法主要包括一般目视检查和详细目视检查，在特殊情况下也可能规定更详细的检查方法。而检查间隔则需要经过具体地评估后确定。由于复合材料结构通常采用"损伤无扩展"设计理念，因此其检查间隔不能像金属结构那样通过在重复载荷下的裂纹扩展分析获得，而是与所分析部位的冲击损伤威胁特征、冲击损伤阻抗、冲击后剩余强度、检查方法、检查间隔和运营载荷等因素相关。

检查间隔的确定主要包括两种方法，一种是依赖于经验判断的确定性方法；另一种是理论性相对较强的概率性方法。确定性方法主要是根据结构损伤发生概率、安全裕度和日常维护中发现损伤的概率等因素综合评定检查间隔。详细的评定流程在MSG-3[1]文件中已经明确规定，本书不再赘述。本章主要介绍基于概率性方法的检查间隔计算方法，该方法是根据结构设计所允许的最大失效概率来确定的。

8.2 结构失效概率

复合材料结构的失效概率是由多种因素决定的，主要包括冲击损伤威胁特征、冲击损伤阻抗、冲击后剩余强度、检查方法、检查间隔和运营载荷等。飞机结构在运营过程中出现冲击损伤，且该冲击损伤在定期检查时未被及时检出，而在飞行过程中遭遇的载荷又超出了含该冲击损伤结构的剩余强度,则结构会发生失效。据此,可以绘制出飞机结构失效概率计算原理的示意图,如图 8-1 所示。

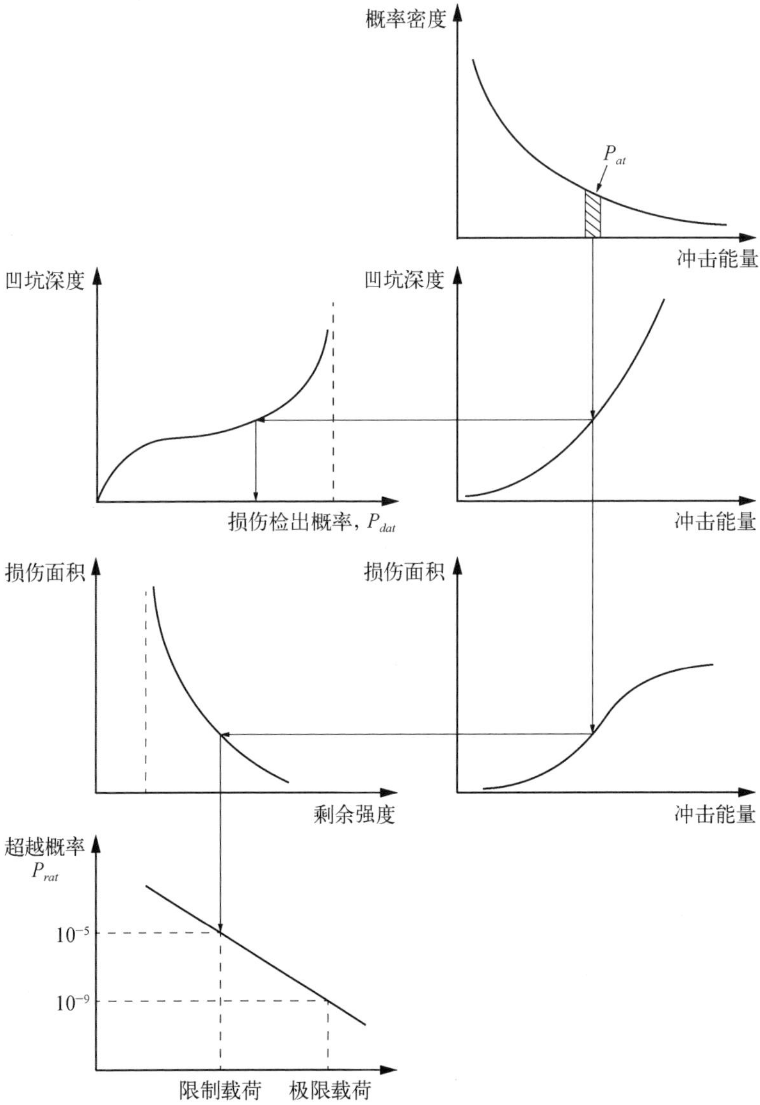

图 8-1　结构失效概率计算示意图

根据该原理,复合材料飞机结构元件的失效概率可以表示为[2]

$$P_f = \int_{acp}^{acq} P_{at} \cdot P_{rat} \cdot \sum_{m=1}^{ERL} f(1 - P_{dat},\ IT)\,\mathrm{d}E \tag{8-1}$$

式中, P_{at} 为冲击损伤尺寸 at 的发生概率; P_{rat} 为载荷超越损伤尺寸 at 对应的剩余强度的概率；P_{dat} 为冲击损伤尺寸 at 的检出概率；IT 为检查间隔；m 为检查次数。

对于主要飞机结构元件(PSE)，设计准则所允许的最大失效概率通常为 10^{-9}/飞行小时。

由公式(8－1)可以看出，除需要确定第 3 章～第 7 章中已经详细介绍过的冲击损伤发生概率、冲击损伤阻抗、冲击后剩余强度、冲击损伤检出概率外，还需要确定结构的检查间隔和运营载荷超越概率。在实际的飞机结构设计过程中，由于结构设计准则规定了所允许的最大失效概率，因此一般先将该失效概率作为结构设计目标反向求解结构的检查间隔，然后再分区域规整检查间隔(主要是方便运营时检查)，最后再以规整后的检查间隔作为输入求解结构失效概率。

8.3　结构检查间隔

在概率性方法中，检查间隔的计算是基于结构失效概率的计算方法和允许的最大失效概率实现的。结构失效概率是以冲击能量为自变量的积分表达式。在该表达式中，冲击能量概率分布函数、冲击损伤阻抗表达式、冲击后剩余强度表达式、冲击损伤检出概率函数和载荷超越概率函数等均是十分复杂的数学函数，解析性地求解几乎是不可能的，因此需要开发该表达式的数值解法。在实际的工程计算中，通常采用将冲击能量离散化为等间距的能量区间的方法将积分表达式转化为求和表达式，以极大地简化计算过程。

冲击能量概率分布函数的离散化方法如图 8－2 所示。在每一个能量区间 ΔE 内，保守地取冲击能量概率密度的最大值 $f_{max}(E)$ 作为该区间的冲击能量概率密度，则冲击能量发生概率 P_{at} 为该区间的冲击能量概率密度与区间宽度 ΔE 的乘积，即 $P_{at}=f_{max}(E)\cdot\Delta E$。然后，针对每一离散后的冲击能量区间计算结构失效概率并求和，可以得到离散化的结构失效概率表达式，如公式(8－2)所示：

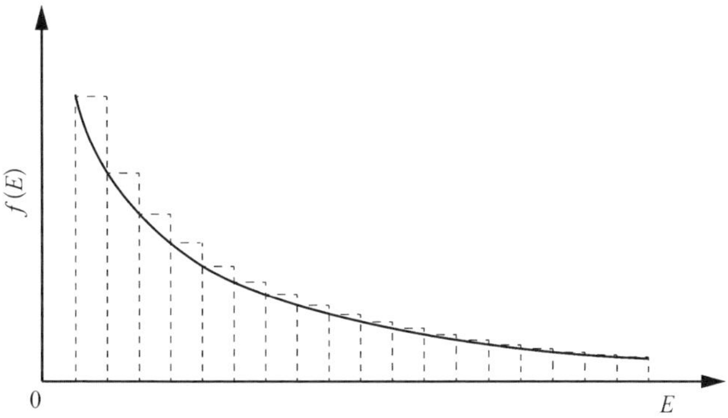

图 8－2　冲击能量概率分布及离散化

$$P_f = \sum_{E_{acp}}^{E_{acq}} P_{at} \cdot P_{rat} \cdot \sum_{m=1}^{ERL} f(1 - P_{dat},\ IT)\,\mathrm{d}E \tag{8-2}$$

式中，P_{at} 为冲击损伤尺寸 at 的发生概率；P_{rat} 为载荷超越损伤尺寸 at 对应的剩余强度的概率；P_{dat} 为冲击损伤尺寸 at 的检出概率；IT 为检查间隔；m 为检查次数。

在该失效概率表达式中，需要对冲击损伤检出概率和检查间隔部分进一步地推导和展开才能使整个求解过程变得可操作。已知飞机在运营过程中每飞行小时发生冲击损伤的概率为 P_{at}，那么在第一次检查间隔 IT 前的最后一小时(图 8-3 中 a 点)，飞机结构存在冲击损伤的概率为 $1-(1-P_{at})^{IT}$。由于冲击损伤的检出概率为 P_{dat}，因此在第一次检查之后，飞机结构仍然存在冲击损伤的概率降至了 $[1-(1-P_{at})^{IT}](1-P_{dat})$（图 8-3 中 b 点）。在下一个检查间隔内，飞机结构发生冲击损伤的规律与第一个检查间隔内一样，只是初始时刻存在冲击损伤的概率不再是 0，而是上一个检查间隔末期存在冲击损伤的概率与损伤漏检概率的乘积。在后续的检查间隔内不断地重复该规律直至飞机服役寿命末期(图 8-3 中 c 点)。

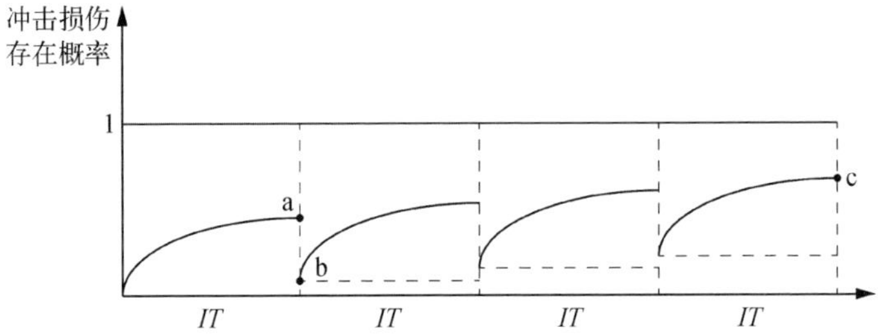

图 8-3　考虑检查间隔的冲击损伤存在概率

可以看出，冲击损伤存在概率的函数形式仍然比较复杂，不便于计算。由于 P_{at} 为非常小的数值，因此可以将 $1-(1-P_{at})^{IT}$ 按照泰勒级数展开，取其一阶近似项 $IT \times P_{at}$。需要注意的是，只有当 $IT \times P_{at}$ 远小于 1 时，这一近似才是有效的。因此，冲击损伤存在概率可以简化为图 8-4 所示的规律。

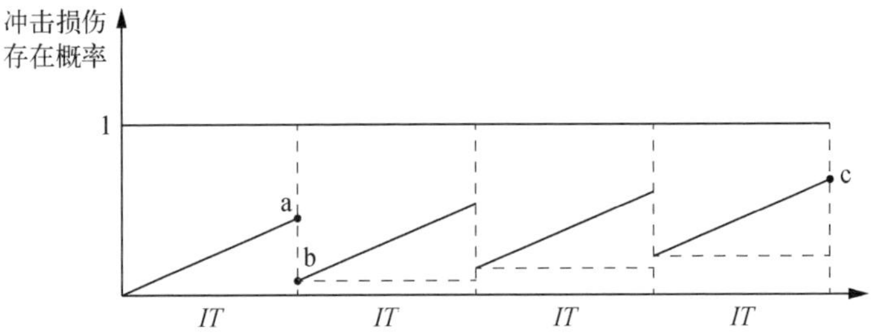

图 8-4　冲击损伤存在概率线性化

对于复合材料结构而言,初始检查间隔(检查门槛值)和重复检查间隔通常是相等的。根据以上所述的简化规律,可以得到在飞机运营寿命周期内结构存在冲击损伤的平均概率为

$$\frac{IT \times P_{at}}{2} + \sum_{i=1}^{n-1} \frac{n-i}{n} \times IT \times P_{at} \times (1 - P_{dat})^{i} \tag{8-3}$$

最大概率为

$$IT \times P_{at} + \sum_{i=1}^{n-1} IT \times P_{at} \times (1 - P_{dat})^{i} \tag{8-4}$$

对应该冲击损伤的结构失效平均概率为

$$P_{rat} \times \left[\frac{IT \times P_{at}}{2} + \sum_{i=1}^{n-1} \frac{n-i}{n} \times IT \times P_{at} \times (1 - P_{dat})^{i}\right] \tag{8-5}$$

最大概率为

$$P_{rat} \times \left[IT \times P_{at} + \sum_{i=1}^{n-1} IT \times P_{at} \times (1 - P_{dat})^{i}\right] \tag{8-6}$$

为了确定所分析结构元件每飞行小时的平均总体失效概率,需要在可能的冲击能量区间内对该概率进行求和:

$$\sum_{E_{acp}}^{E_{acq}} P_{rat} \times \left[\frac{IT \times P_{at}}{2} + \sum_{i=1}^{n-1} \frac{n-i}{n} \times IT \times P_{at} \times (1 - P_{dat})^{i}\right] \tag{8-7}$$

同理,所分析结构元件每飞行小时的最大总体失效概率为

$$\sum_{E_{acp}}^{E_{acq}} P_{rat} \times \left[IT \times P_{at} + \sum_{i=1}^{n-1} IT \times P_{at} \times (1 - P_{dat})^{i}\right] \tag{8-8}$$

由于冲击能量概率分布函数、冲击损伤阻抗表达式、冲击后剩余强度表达式、冲击损伤检出概率函数等均可以通过调查或试验获得,因此只要确定了工作载荷的超越概率即可以求出检查间隔的合理范围。

8.4 简化计算方法

对于复合材料薄蒙皮情况,在较低的冲击能量下(如现实预期的冲击能量)即可产生较明显的冲击凹坑,因此冲击损伤通常不会被漏检。此时, P_{dat} 可以取值为1。在每次检查后,结构失效概率相同,因此结构最大失效概率等于每次检查后的失效概率。基于以上假设,在任一检查间隔末期,结构存在至少一次意外损伤的概

率可以表示为

$$1-(1-P_{at})^{IT} \approx IT \cdot P_{at} \tag{8-9}$$

结构失效概率 P_f 可以表示为

$$P_f = P_{rat} \cdot IT \cdot P_{at} \tag{8-10}$$

式中，P_{at} 为意外损伤的发生概率，单位为每飞行小时；IT 为检查间隔，单位为飞行小时；P_{rat} 为飞行载荷水平超出含损伤结构剩余强度的概率。

同样，冲击能量概率分布、冲击损伤阻抗表达式和冲击后剩余强度表达式等均可以通过调查或试验获得，因此只要确定了工作载荷的超越概率即可以求出检查间隔的合理范围。

8.5 载荷超越概率

冲击后剩余强度与工作载荷的关系是复合材料结构设计的关键内容之一。在确定性方法中，通常仅关注在极限载荷和限制载荷下结构剩余强度是否满足要求。如果极限载荷或限制载荷大于相应的结构强度，则认为设计不合理。但在概率性方法中，认为直至极限载荷的每一载荷水平均存在一定的发生概率，尤其需要关注的是限制载荷至极限载荷之间的载荷发生概率，因为设计保证了小于限制载荷的载荷极不可能导致飞机结构的失效，而大于极限载荷的载荷极不可能出现，因此在设计时可以被忽略。限制载荷至极限载荷的载荷发生概率既不应该被忽略，也可能导致结构发生失效。所以，在概率性方法中，需要确定工作载荷（限制载荷至极限载荷之间）的超越概率，即工作载荷超过结构剩余强度的概率。

众所周知，飞机载荷主要包括机动载荷和突风载荷。在截至目前的研究中，突风载荷的发生概率已经取得了较为实质性的进展。一般可以通过突风强度水平的发生概率来推算出突风载荷的发生概率[3]。而对机动载荷发生概率的研究则相对较少，一般认为飞机在运营过程中不可能出现机动载荷超过设计限制载荷的情况，但尚缺乏较为统一的认识。

确定载荷发生概率时，对于较低的载荷水平，通常可以通过飞行实测的方式获取较为准确的统计信息；而对于较高的载荷水平，很难通过实测的方式准确地描述这些随机参数极少出现的高值，然而这些高值却很大程度地影响了结构失效概率，因此通常需要通过合理地外插的方式获得载荷超越概率曲线。此外，对于机动载荷，可以通过使用控制性的飞行参数的概率性模型来描述；对于突风载荷，可以通过大气数据的概率性模型来描述。通过对这些飞行参数或大气数据模型的研究，获得工作载荷的超越概率规律。对于超出实测部分的载荷水平，可以基于该规律进行适当地外插,以获得限制载荷至极限载荷之间的载荷超越概率。研究表明,在限制载荷以下,载荷超越概率近似以对数线性规律分布。而在限制载荷至极限载荷之间,基于此对数线性规律进行外插是合理且保守的,如图 8-5 所示。因此,在限制载荷和极限载荷之间,工作载荷超越概率可以采用对数线性函数来表示:

$$\lg P_{rat} = a \cdot \frac{\varepsilon_{all}(E)}{\varepsilon_{applied,\ LL}} + b \tag{8-11}$$

或

$$P_{rat} = 10^{a \cdot \frac{\varepsilon_{all}(E)}{\varepsilon_{applied,\ LL}} + b} \tag{8-12}$$

式中,$\varepsilon_{all}(E)$ 为在冲击能量为 E 的情况下结构的剩余强度;$\varepsilon_{applied,\ LL}$ 为在限制载荷下,结构的工作应变;a 和 b 为拟合参数。

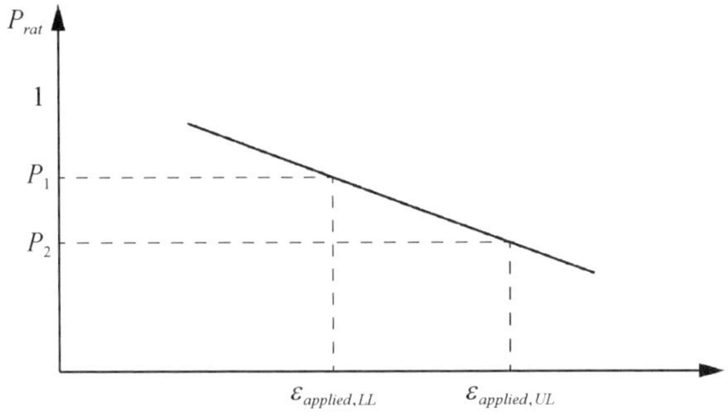

图 8-5　载荷超越概率曲线

由于极限载荷在工程实践中可以认为是极不可能发生事件,因此一般可以基于等效安全理念假设极限载荷超越概率为 10^{-9}/飞行小时,而限制载荷在工程实践中通常认为是不可能发生事件或服役寿命内可能发生一次的载荷,因此一般可以合理假设限制载荷超越概率为 10^{-5}/飞行小时或 $1/n$(n 为以飞行小时表示的服役寿命)[4]。这样,基于以上限制载荷和极限载荷的超越概率,可以计算求得拟合参数 a 和 b。目前对飞机结构载荷超越概率的研究资料相对较少,仅能查到 ATR 72 飞机和 A330/340 飞机的数据。

对于 ATR 72 飞机,其复合材料机翼的载荷超越概率为[2]:

限制载荷超越概率为 2×10^{-5}/飞行小时;

极限载荷超越概率为 1×10^{-9}/飞行小时。

而对于空客公司的 A330/340 飞机,其垂尾和方向舵的突风载荷超越概率为:

限制载荷超越概率为 1×10^{-5}/飞行小时;

极限载荷超越概率为 2.23×10^{-9}/飞行小时。

机动载荷超越概率为：

限制载荷超越概率为 3×10^{-5}/飞行小时；

极限载荷超越概率为 9.90×10^{-9}/飞行小时。

虽然这些不同型号飞机的载荷超越概率具体数值不同，但是其量级却基本一致。这些飞机的服役经验已经表明，目前确定载荷超越概率的方法是合理可靠的。

参考文献

[1] ATA. MSG－3: Operator/manufacturer scheduled maintenance development[S], 2003.

[2] Tropis A, Thomas M, Bounie J L, et al. Certification of the composite outer wing of the ATR72[J]. Journal of Aerospace Engineering, Part G, 1995, 209(47): 327－339.

[3] Ushakov A, Stewart A, Mishulin I, et al. Probabilistic design of damage tolerant composite aircraft structures[R]. Springfield: National Technical Information Service, 2002.

[4] CMH－17 Committee. Composite materials handbook, Vol 3: Polymer matrix composites: materials usage, design, and analysis [M]. Detroit: SAE International, 2012: 2－33.

第9章

离散源损伤

9.1 引言

飞机在运营过程中除可能遭遇低速冲击损伤事件外，还可能遭遇离散源损伤事件，如发动机转子失效、APU 转子失效、鸟撞、高能量的闪电和严重的飞行冰雹等。离散源损伤事件的发生概率非常低、影响范围也非常有限，但是其对飞机结构造成的损伤却通常很严重。因此，对于受离散源损伤影响的区域，其通常会成为结构设计和分析的重点关注因素。

服役经验[1,2]表明发动机转子失效等离散源损伤目前难以通过设计手段彻底避免，因此飞机设计必须考虑这类离散源损伤。转子失效引起的离散源损伤形式通常为穿透切口或裂纹(以下统称为穿透切口，不做区分)。因此，离散源损伤剩余强度主要是研究穿透切口与结构剩余强度的关系，包括穿透切口压缩、穿透切口剪切和穿透切口拉伸等。由于穿透切口拉伸强度通常不是关键的设计指标，而穿透切口剪切强度通常可以转化为穿透切口压缩强度来处理，因此预测穿透切口剩余强度的关键问题是预测穿透切口压缩强度。此外，穿透切口剩余强度还受其他众多设计变量的影响，如材料类型、几何特征、湿热环境和分散性等。这些影响因素对穿透切口剩余强度的影响通常以修正因子的方式进行考虑。

离散源损伤尺寸通常比较大，为了模拟真实的损伤状态和边界条件，剩余强度验证试验通常需要在组合件或部件级试验开展。而穿透切口剩余强度分析方法通常是基于含穿透切口的试片级试验或元件级试验建立的。通过低层级试验获取剩余强度规律或分析方法参数，进而可以应用于大尺寸结构剩余强度分析。因此，根据不同的试验目的，在积木式试验的不同层级中有不同的损伤引入要求。

离散源损伤剩余强度通常要求最终通过试验验证，但完全依赖试验开展设计和验证是不现实的，一方面会导致飞机研发周期太长，另一方面会导致不可接受的验证成本，因此穿透切口剩余强度分析是复合材料结构设计和验证重要的辅助手段。常见的穿透切口剩余强度分析方法包括 Mar-Lin 方法[3,4]、点应力/点应变准则、固有缺陷方法[5]和渐进损伤方法等。其中,对于复杂的结构特征,通常需要采用基于点应力/点应变理论或应变软化法则的精细有限元方法。此外,由于离散源损伤尺寸较大,还需要考虑载荷重新分配对相邻结构的影响。

综上所述,本章主要介绍复合材料结构穿透切口剩余强度的影响因素、穿透切口剩余强度试验的相关要求,以及穿透切口剩余强度分析方法等。

9.2 穿透切口剩余强度影响因素

复合材料结构穿透切口损伤剩余强度通常受多种因素影响,例如材料类型、几何特征、湿热环境和分散性等。

9.2.1 材料类型

材料类型对层压板穿透切口损伤剩余强度的影响包括基体韧性、材料形式和铺层比例等因素的影响。

基体韧性对层压板穿透切口损伤剩余强度有较为明显的影响。例如,NASA 和 Boeing 曾合作开展了一项针对复合材料层压板穿透切口拉伸剩余强度的研究[6]。该研究分别采用了 IM7/8551-7 中模碳纤维/增韧树脂和 AS4/938 标模碳纤维/非增韧树脂两种复合材料。试验件铺层顺序为[-45/45/0/90/-30/30/0/30/-30/90/0/45/-45]。通过预制不同长度的穿透切口并开展拉伸破坏试验,得到了如图 9-1 所示的拉伸剩余强度曲线。可以看出,增韧树脂复合材料(IM7/

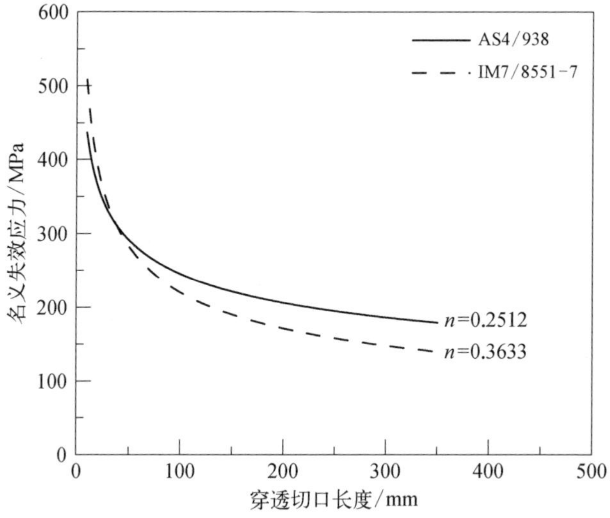

图 9-1 不同基体材料层压板拉伸剩余强度曲线对比

8551-7)随切口长度增加,名义失效应力下降更显著;而非增韧树脂复合材料(AS4/938)随切口长度增加,名义失效应力下降则相对平缓。非增韧树脂复合材料在较大尺度的穿透切口损伤情况下反而产生了更高的剩余强度,这是因为非增韧树脂在穿透切口尖端更容易产生微损伤,从而钝化了该区域的应力集中,进而提升了剩余强度[7]。

材料形式对层压板穿透切口损伤剩余强度也有不可忽略的影响。NASA 和 Boeing 在合作中同时进行了 AS4/938 铺带和铺丝两种材料形式的穿透切口损伤拉伸剩余强度对比,最终得到了如图 9-2 所示的拉伸剩余强度曲线。可以看出,与铺带形式相比,铺丝形式可以有效地提升穿透切口损伤拉伸剩余强度。这很可能是采用铺丝形式的层压板内部存在更明显的不均质性和更多的缺陷,从而在穿透切口损伤尖端降低了应力集中,进而提升了剩余强度[7]。

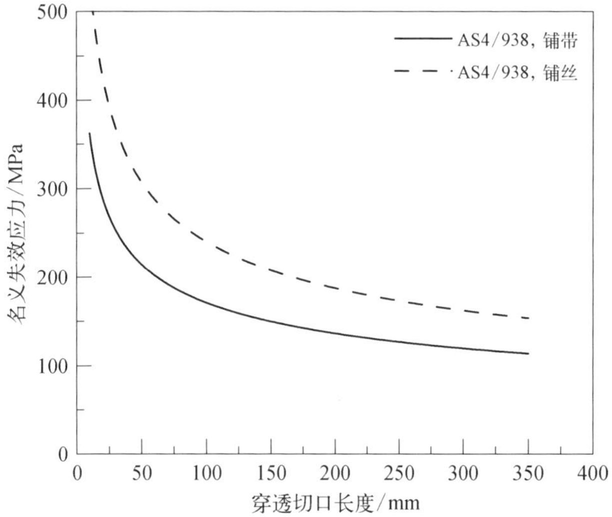

图 9-2　铺带与铺丝情况拉伸剩余强度曲线对比

铺层比例对层压板穿透切口损伤剩余强度的影响也是非常显著的。图 9-3 为不同 0°铺层比例的 X850/IM+复合材料层压板穿透切口损伤压缩剩余强度曲线。可以看出,随着层压板 0°铺层比例升高,穿透切口损伤压缩剩余强度有显著的下降。这是因为当层压板 0°铺层比例较高时,穿透切口损伤尖端有更高的应力集中,因此剩余强度会更低。但是需要注意的是,当层压板 0°铺层比例过高而±45°铺层比例较低时,层压板的失效模式可能发生改变,即在穿透切口损伤尖端发生纵向劈裂,从而降低应力集中程度,进而提高层压板的剩余强度。在工程实践中,纵向劈裂失效模式可能会带来其他问题,因此不推荐使用可能产生这类失效模式的铺层。

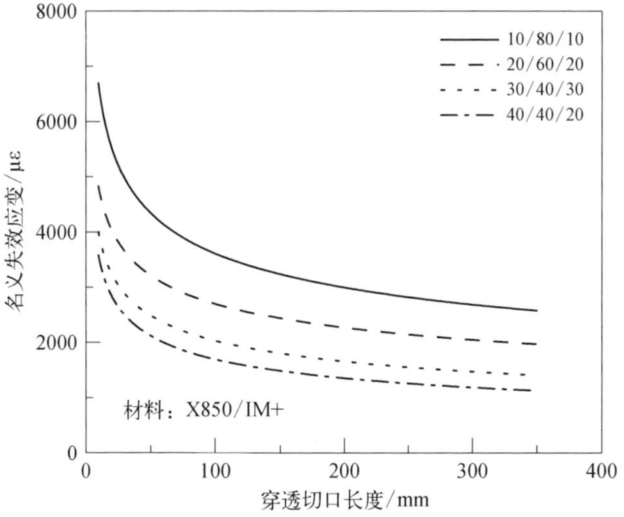

图 9-3　不同铺层比例层压板的穿透切口压缩剩余强度曲线

此外，纤维编织工艺和树脂关键固化参数变化也均会改变材料的基本性能，因此对层压板穿透切口损伤剩余强度均有不可忽视的影响。

9.2.2　几何特征

几何特征对穿透切口损伤剩余强度的影响主要包括厚度、有限宽度和加筋比等因素的影响。

厚度对层压板穿透切口损伤剩余强度有一定的影响。图 9-4 为 X850/IM+复合材料层压板在 25 mm 穿透切口损伤的情况下，厚度对压缩剩余强度的影响曲线。可以看出，在相等的切口尺寸下，随着层压板变厚，穿透切口损伤压缩剩余强度稳定地上升。这很可能是因为较厚的层压板在穿透切口损伤尖端局部区域具有更好的载荷重新分配能力。

图 9-5 表示了 16 层和 72 层准各向同性铺层的 T800H/3900-2 复合材料层压板在不同穿透切口损伤情况下的压缩剩余强度曲线[8]。同样可以发现，在相同的穿透切口损伤情况下，较厚层压板的压缩剩余强度更高。

穿透切口损伤尺寸与层压板宽度的比例对层压板剩余强度有显著的影响。当穿透切口长度与层压板宽度的比值较大时，试验得到的失效载荷偏低，不能直接反映材料的真实性能。这是由于层压板宽度相对较小时，载荷仅能在有限的区域进行重新分配，从而导致试验测得的失效载荷低于层压板的正常失效水平。对于这种情况，需要对试验获得的失效应力进行修正。研究表明，穿透切口长度与层压板宽度的比例对层压板远场失效应力的影响可以采用以下近似关系表示[9]：

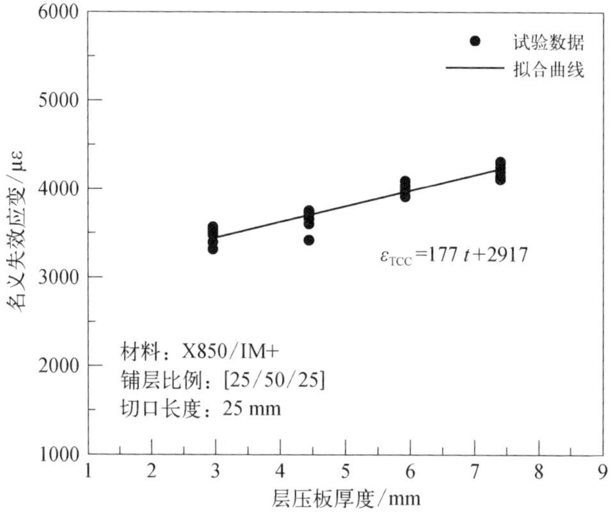

图 9-4　层压板厚度对穿透切口损伤压缩剩余强度的影响

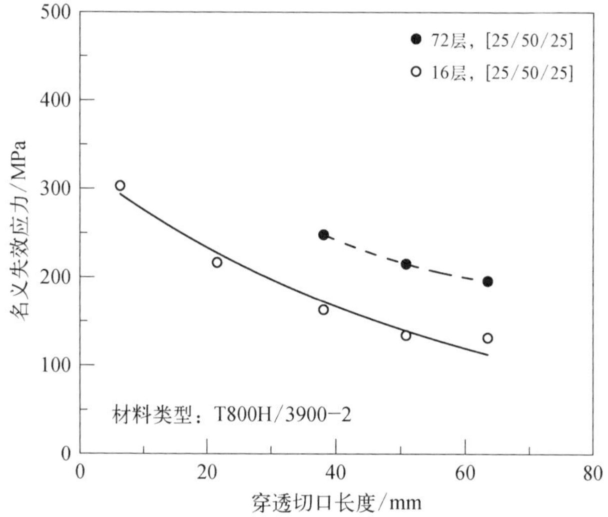

图 9-5　不同厚度层压板的压缩剩余强度曲线

$$f(l/w)=\sqrt{\sec\left(\frac{\pi l}{2w}\right)} \tag{9-1}$$

$$\sigma_N^{\infty}=\sigma_N^F\cdot f(l/w) \tag{9-2}$$

式中，l 为层压板穿透切口长度；w 为层压板宽度；σ_N^{∞} 为无限宽度层压板的远场失效应力；σ_N^F 为有限宽度层压板的远场失效应力。

图 9－6 为根据公式(9－1)绘制的层压板有限宽度修正因子曲线。可以直观地看出,有限宽度修正因子随穿透切口长度与层压板宽度比值的升高而升高。当穿透切口长度与层压板宽度的比值为 0.2 时(即层压板宽度是穿透切口长度的 5 倍),有限宽度修正因子为 1.025;当穿透切口长度与层压板宽度的比值为 0.25 时(即层压板宽度是穿透切口长度的 4 倍),有限宽度修正因子为 1.040。需要注意的是,公式(9－1)是根据各向同性材料推导获得的,但对于各向异性不十分显著的层压板,也可以参考使用。

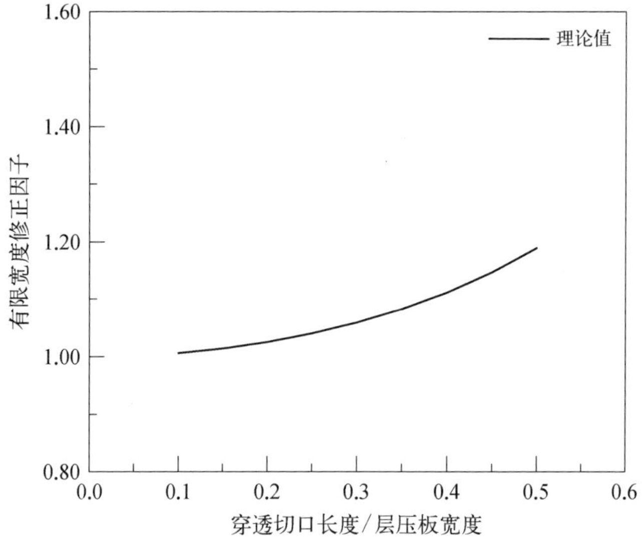

图 9－6　层压板有限宽度修正因子曲线

此外,对于加筋壁板,加筋与蒙皮截面刚度之比(即加筋比)对穿透切口损伤剩余强度有一定的影响。加筋比会影响加筋壁板穿透切口尖端附近的载荷重新分配,从而改变穿透切口尖端附近的应力梯度,进而影响最终破坏载荷。根据经验,在相同穿透切口长度的情况下,加筋比越大,则加筋壁板剩余强度越高;反之加筋比越小,则加筋壁板剩余强度越低。

9.2.3　湿热环境

飞机结构服役温度范围通常为−55℃左右至 70℃左右,局部热源附近温度可能会更高。此外,服役经验表明,飞机服役末期复合结构通常会达到饱和吸湿状态。服役环境(尤其是湿热环境)会改变复合材料的力学性能,因此会影响层压板的穿透切口损伤剩余强度。

图 9－7 为在室温环境(RTA,23℃,55%±10%)、室温湿态(RTW,23℃,70%±

5%)、高温湿态(ETW1,70℃,70%±5%)和高温湿态(ETW2,70℃,100%±5%)等不同湿热环境情况下,X850/IM+复合材料层压板穿透切口压缩强度的对比情况。可以看出,层压板穿透切口压缩强度随温度升高而下降,且在相同温度下饱和吸湿后的层压板穿透切口压缩强度比室温环境情况下有所下降。因此,在结构设计时应主要关注高温湿态环境对穿透切口压缩剩余强度的影响。因为在高温或吸湿状态下,树脂基体的弹性模型和强度等力学性能下降,其对纤维的支撑作用被削弱,从而导致压缩剩余强度性能明显下降。

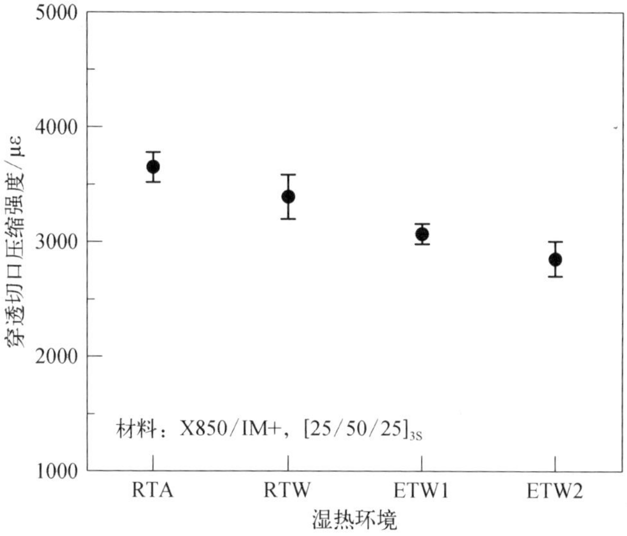

图 9-7　不同湿热环境下的层压板穿透切口压缩剩余强度

对于拉伸情况,纤维为主要受力组分,由于碳纤维不吸收水分,受湿热环境影响小,因此剩余强度几乎不会下降。此外,由于基体性能可能在高温吸湿状态下下降,而在应力集中区域基体提前失效有可能缓解应力集中情况,从而导致剩余强度略微升高。

9.2.4　分散性

与冲击后剩余强度一样,穿透切口损伤剩余强度也需要使用 *B* 基准值。*B* 基准值可以采用平均值与 *B* 基准因子的乘积表示,其中 *B* 基准因子与复合材料的分散性和取样数量有关。在取样数量相同的情况下,分散性越大将导致 *B* 基准值越低,因此分散性对最终使用的强度性能有不可忽略的影响。

图 9-8 为准各向同性铺层的 X850/IM+复合材料层压板穿透切口损伤压缩强度平均值曲线及 *B* 基准值曲线。

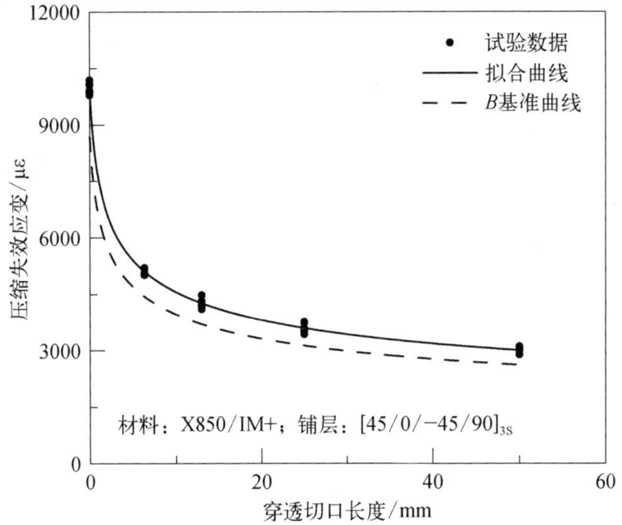

图 9-8　X850/IM+复合材料层压板穿透切口损伤压缩强度平均值曲线及 *B* 基准值曲线

9.3　穿透切口剩余强度试验

9.3.1　试片级试验

试片级试验的主要目的是建立穿透切口长度与层压板剩余强度的函数关系。穿透切口压缩试验方法一般可以参考 ASTM D6484 标准，而穿透切口拉伸试验方法一般可以参考 ASTM D5766 标准。试验件尺寸应根据穿透切口尺寸进行适当地放大，以保证载荷在试验件切口附近充分地重新分配。为了获取穿透切口损伤剩余强度曲线，通常需要开展不少于 3 组不同切口长度的试验。

由于试验件切口尖端的应力集中程度非常高，当层压板 0°铺层比例较高而±45°铺层比例较低时，可能发生纵向劈裂失效模式。该失效模式将极大地降低切口尖端的应力集中程度，进而导致试验件破坏载荷异常升高，但在结构设计准则中通常不接受结构出现此类失效模式。此外，当层压板 0°铺层比例较低而±45°铺层比例较高时，可能发生±45°方向劈裂失效模式。该失效模式将导致试验件破坏载荷异常降低，因此通常也是不可接受的失效模式。

穿透切口剩余强度通常采用半经验的 Mar-Lin 模型或点应力/点应变准则预测。这些方法所涉及的材料性能参数通常需要采用试片级试验获取，如不同穿透切口长度的拉伸/压缩剩余强度试验。此外，*B* 基准因子和湿热环境影响因子通常是基于试片级试验获得的。为保证获取 B 基准因子的可信度，每组试验应获取不少于 18 个有效数据点。此外，湿热环境影响试验应考虑飞机运营过程中可能遭遇的最极端的环境条件。

9.3.2　元件级试验

元件级试验通常为含有单个较小尺寸细节特征的试验，其主要目的为获取典型设计特征对层压板力学性能的影响，或者直接建立含典型设计特征结构的设计值。由于转子失效等离散源损伤尺度通常较大，通常造成长桁、框、梁或连接等元件或设计细节直接整体破坏，因此没有必要在元件级试验中考虑离散源损伤，而通常需要在更高层级的试验中进行考虑。

9.3.3　组合件试验

组合件试验通常为包含更大尺寸设计特征及周围过渡结构的试验，如舱门开口、舷窗开口、维护开口、壁板对接区域和关键接头等试验。此外，包含较大尺寸离散源损伤的试验也需要在组合件试验中开展。其主要目的是确认含较大尺寸离散源损伤的结构是否满足设计要求，并确认基于小尺寸试验建立的分析方法的适用性。

在发动机或 APU 转子碎片影响区域，需要考虑碎片冲击对机体结构的影响。1/3 涡轮盘碎片、中等碎片或替代碎片通常认为是无限能量的。小碎片的影响范围广且冲击能量相对较低，设计准则通常要求其不能穿透机体结构并进一步影响关键的系统设备或线缆。因此，主制造商通常需要开展小碎片冲击试验，以验证结构设计满足相应的冲击阻抗要求，同时可以获取冲击损伤尺寸以开展后续的剩余强度分析。小碎片尺寸与转子碎片尺寸有关，冲击试验通常采用相似的长方体金属块模拟。由于小碎片的冲击能量相对较高，因此试验一般采用高速旋转的轮盘对小碎片进行加速，并释放进行冲击。试验件应选取小碎片影响区域的典型机体结构，且试验件边界约束应模拟真实的边界条件。除转子碎片外，鸟撞、冰雹冲击和高能闪电等试验通常也需要在组合件层级开展。鸟撞和冰雹冲击试验目前主要采用空气炮或电磁驱动的加速装置对冲击物假体进行加速。

引入损伤后通常还需要进行剩余强度试验。需要注意试验件尺寸和损伤范围的关系，如果损伤范围占试验件比例过大，则可能得到过于保守的试验结果。对于大部分离散源损伤剩余强度试验，通常采用简化的损伤形式，并以机械切割的方式进行损伤引入，这主要是从试验风险和成本的角度考虑的。

9.3.4　部件级试验

部件级试验通常为相对独立的全尺寸结构部段，其几乎包含了产品所有关键的结构设计信息。部件级试验的主要目的是验证部件内所有元件的内力分配符合预期，并对小尺寸试验件不能反映的工艺影响进行最终的验证。如前所述，较大尺寸的穿透切口等离散源损伤主要在组合件层级引入，但是如果试验条件允许，最好在部件级试验中进行最终的验证。因为部件级试验的试验件几何特征和制造工艺更接近真实产品情况，载荷施加和边界条件也更加真实。

穿透切口等离散源损伤引入前，应首先通过工程分析或有限元计算确定最危险的位置。开展完成剩余强度试验后，为了充分利用试验件，可以继续开展修理和修理后强度验证试验。修理后强度验证试验需要考虑重复载荷和湿热环境的影响，在部件级试验中通常以载荷放大因子的方式进行考虑。

9.4 穿透切口剩余强度分析

常见的穿透切口损伤剩余强度分析方法主要包括基于试验数据的经验性或半经验性方法（如 Mar-Lin 方法）、点应力/点应变准则、固有缺陷方法和渐进损伤方法等。

9.4.1 经验性方法

经验性分析方法是以实验规律为基础的，是对实验现象的归纳性总结，因此对于不同的材料或设计情况可能有不同形式的数学表达式。通过合理设计的试验可以发现穿透切口损伤剩余强度与切口长度的函数关系，但要将该函数关系应用于结构设计中，还需要考虑各种设计参数对该函数关系的影响，比如铺层比例、厚度、加筋比和湿热环境等。这些影响通常以修正因子的形式进行考虑。

穿透切口损伤剩余强度主要包括穿透切口压缩强度、穿透切口剪切强度和穿透切口拉伸强度。

9.4.1.1 穿透切口压缩

穿透切口压缩剩余强度与切口长度有关，切口长度越大则剩余强度越低。Mar 和 Lin[3, 4]指出，根据经典断裂力学方法计算复合材料穿透切口剩余强度会得到过于保守的结果。实际上，由于复合材料穿透切口尖端微损伤对应力集中的钝化作用，其剩余强度对切口长度变化并不像玻璃等脆性材料那么敏感。因此，采用变量 n 来描述穿透切口尖端的奇异性，而不是采用经典断裂力学方法中的 0.5。基于此假设，提出了 Mar-Lin 模型：

$$\varepsilon_{\text{TCC}} = \frac{H_{\text{C}}}{L^{n}} \tag{9-3}$$

式中，ε_{TCC} 为层压板的远场失效应变；L 为层压板的切口长度；H_{C} 为层压板的断裂韧性；n 为层压板的奇异性。

断裂韧性 H_C 和奇异性 n 与材料类型、铺层比例和厚度等有关。其中，奇异性 n 描述了层压板剩余强度对切口长度变化的敏感性，是分析的关键参数。对于常见的复合材料，压缩情况的奇异性 n 一般介于 0.25 到 0.35 之间，拉伸情况的奇异性 n 一般介于 0.15 到 0.25 之间。奇异性 n 对穿透切口压缩剩余强度的影响如图 9 - 9 所示。

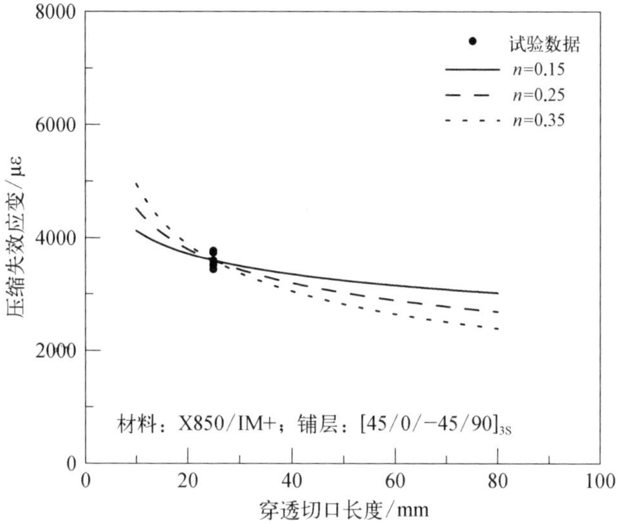

图 9 - 9　奇异性 n 对穿透切口压缩强度的影响

此外，为了更好地利用无缺口压缩强度数据，可以采用以下非线性数学模型来拟合试验数据：

$$\varepsilon_{TCC} = \varepsilon_{UNC} \cdot (1 + \alpha \cdot L)^{-\beta} \tag{9-4}$$

式中，ε_{TCC} 为层压板的远场失效应变；ε_{UNC} 为无缺口压缩失效应变；L 为层压板的切口长度；α 和 β 为与材料性能相关的经验参数。

当切口长度为 0 时，ε_{TCC} 等于无缺口压缩失效应变；而当切口长度较大时，即 $1 + \alpha L \approx \alpha L$，非线性模型可以近似为 Mar-Lin 模型：

$$\varepsilon_{TCC} = \varepsilon_{UNC} \cdot (1 + \alpha \cdot L)^{-\beta} \approx \frac{H_C}{L^{\beta}} \tag{9-5}$$

式中，H_C 可以视为层压板的断裂韧性，其值为 $\varepsilon_{UNC} \cdot \alpha^{-\beta}$。

采用非线性模型可以将无缺口压缩失效应变与穿透切口压缩失效应变统筹分析，以减少穿透切口试验数量。图 9 - 10 为 X850/IM+复合材料层压板穿透切口压缩强度拟合曲线，可以看出非线性模型与试验数据表现出非常好的一致性。

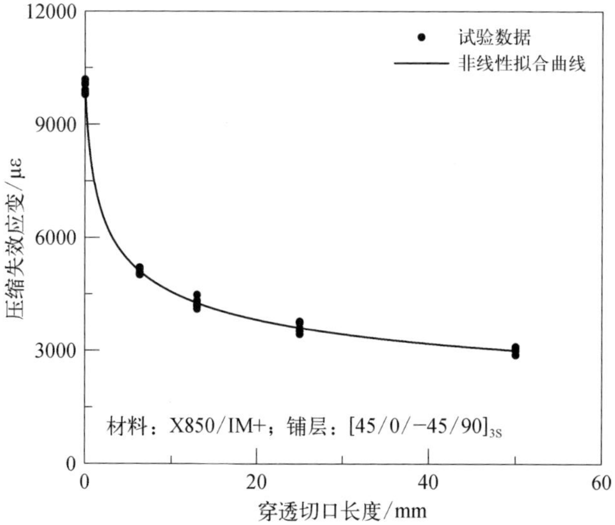

图 9-10　穿透切口压缩强度曲线(非线性模型)

Mar-Lin 模型是半经验性的,其模型参数的估计依赖于试验数据。在充分的试验数据基础上可以采用极大似然估计法来计算模型参数的最佳估计值。而对于更为复杂的非线性模型,通常需要采用极大似然估计法结合 Levenberg Marquardt (LM)迭代算法[10, 11]来求解非线性方程参数的最佳估计值。

9.4.1.2　穿透切口剪切

面内剪切载荷情况可以转化为±45°方向的拉伸和压缩载荷情况处理,如图 9-11 所示。由于工程中通常以某一铺层方向的纤维断裂作为结构最终失效的判据,因此通常将工作载荷转化至每一铺层方向进行分析。对于所分析的铺层方向,仅需要考虑压缩和拉伸两种情况。当剪切载荷转化为±45°方向的拉伸和压缩载荷后,切口尺寸也需要做相应的变化。如图 9-11 所示,对于拉伸情况,切口尺寸由 L 变为 L_1;对于压缩情况,切口尺寸由 L 变为 L_2。对于复杂载荷情况,可能需要针对每一铺层方向均开展分析,以保证所有铺层均满足剩余强度要求,但通常来讲,垂直于切口长度方向是最危险的情况。

9.4.1.3　穿透切口拉伸

穿透切口拉伸强度也可以采用 Mar-Lin 模型或非线性模型拟合试验数据,并在实际工程应用中考虑铺层比例和厚度修正等。通常情况下,穿透切口拉伸并不是设计关注的关键情况,这主要是因为复合材料穿透切口对拉伸载荷不敏感,在相同的切口长度下,拉伸强度显著高于压缩强度。图 9-12 为 X850/IM+复合材料层压板穿透切口拉伸剩余强度曲线与压缩剩余强度曲线的对比情况。可以看出,在相同切口长度情况下,拉伸剩余强度几乎是压缩剩余强度的 2 倍。

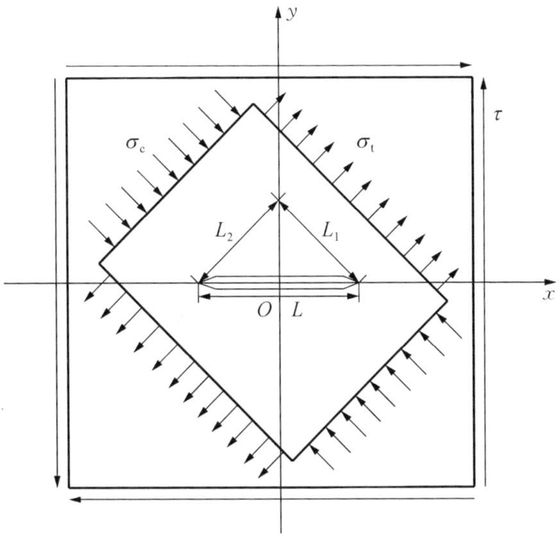

图 9－11　剪切载荷情况处理

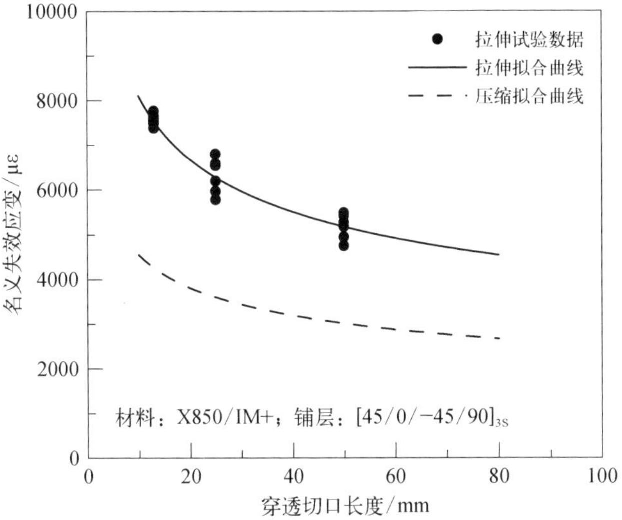

图 9－12　穿透切口拉伸剩余强度曲线与压缩剩余强度曲线对比

9.4.1.4　分散性分析

确定性的数学模型仅能描述穿透切口损伤剩余强度的平均性能，不能反映其分散性，而设计准则通常要求使用材料强度的 B 基准值，因此还需要对试验数据进行分散性分析，以计算材料强度的 B 基准值。分散性分析理论有回归残差分析法、合并离散系数法、合并标准差法和单点法等。这些方法与冲击后剩余强度的分散性分析方法是一致的，仅需要将冲击损伤面积更改为切口长度，具体分析流程可以直接参考第 6.4.1.4 节。

9.4.2 点应力/点应变准则

如前所述,穿透切口尖端在压缩或拉伸载荷下会产生微损伤,从而导致细观层级的载荷重新分配,钝化应力集中,进而提高结构的剩余强度。因此,直接计算穿透切口尖端应力/应变水平作为失效准则将带来过于保守的计算结果。本节介绍采用点应力/点应变准则[12, 13]判断穿透切口损伤失效的方法。

点应力/点应变准则采用线弹性模型中距离穿透切口尖端一定距离处的应力/应变水平来判断结构失效,该特定距离称为特征尺寸,如图 9 - 13 所示。特征尺寸处的应力/应变水平超过对应的无缺口强度时,则判定结构失效。

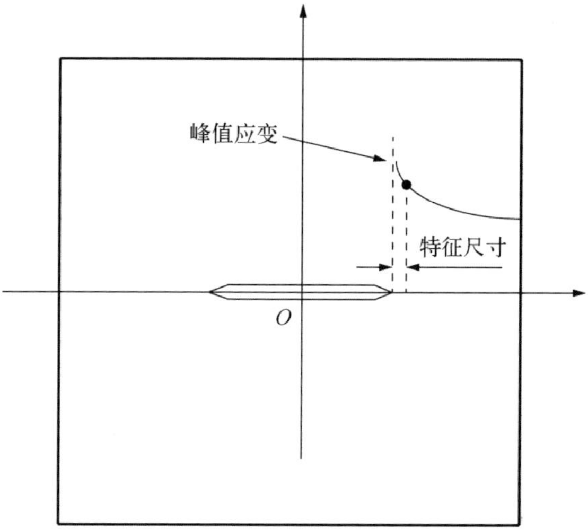

图 9 - 13 点应力/点应变准则示意图

特征尺寸需要通过无缺口和穿透切口的试验数据获得。特征尺寸通常与材料类型、铺层比例和切口长度等因素有关,而且对于不同的载荷类型,特征尺寸通常也不同。0°铺层比例越大,特征尺寸通常越小;切口长度越大,特征尺寸通常越大。

点应力/点应变准则有多种不同的实现方法,常见的方法有线弹性断裂力学方法(LEFM)、Whitney-Nuismer 方法、Lekhnitskii 方法和精细有限元方法等。

9.4.2.1 LEFM

LEFM 采用穿透裂纹尖端应力强度因子来预测含穿透裂纹结构的剩余强度。复合材料结构通常不会产生疲劳裂纹,但由于冲击造成的穿透切口或损伤边缘与裂纹尖端相似,因此可以视为穿透裂纹。距离穿透切口尖端距离 r 处,垂直于穿透切口的应变 ε_1 可以表示为

$$\varepsilon_1 = Q(2\pi r)^{-1/2} + O(r^0) \tag{9-6}$$

$$Q = K_c \xi / E_x \tag{9-7}$$

$$\xi = (1 - \sqrt{\nu_{xy}\nu_{yx}})(\sqrt{E_x/E_y}\ \sin^2\alpha + \cos^2\alpha) \tag{9-8}$$

式中，K_c 为层压板临界应力强度因子；E_x 和 E_y 分别为层压板垂直于和平行于切口的弹性模量；ν_{xy} 和 ν_{yx} 为泊松比；α 为铺层纤维与 x 轴的夹角；$O(r^0)$ 为高阶小量。

按照点应变准则，在 $r=d_0$ 处，当 $\varepsilon_1=\varepsilon_u$（$\varepsilon_u$ 为无缺口材料许用应变）时，判定结构发生失效。即

$$(2\pi d_0)^{1/2} = Q/\varepsilon_u \tag{9-9}$$

层压板临界应力强度因子 K_c 可以采用远场应力 σ_N^∞ 和切口长度 $2a$ 来表示：

$$K_c = \sigma_N^\infty\ (2\pi a)^{1/2} \tag{9-10}$$

因此，根据无缺口材料许用应变 ε_u、特征尺寸 d_0 和切口长度 $2a$，可以计算含穿透切口结构的远场失效应变。

9.4.2.2　Whitney-Nuismer 方法

Whitney-Nuismer 方法是由 Whitney 和 Nuismer 等提出的，用于预测在拉伸载荷下含穿透切口结构的剩余强度。当距离穿透切口尖端特征尺寸 d_0 处的应力超过对应的无缺口强度 σ_0 时，判定结构发生失效。

当穿透切口的长度为 $2a$ 时，无限宽层压板的远场拉伸剩余强度 σ_N^∞ 可以表示为

$$\sigma_N^\infty = \sigma_0 \sqrt{1 - \left(\frac{a}{a + d_0}\right)^2} \tag{9-11}$$

该模型中两个参数 σ_0 和 d_0 均需要通过试验获得。

图 9-14 为采用 Whitney-Nuismer 方法计算得到的穿透切口剩余强度曲线与试验数据的比较。本例中采用 X850/IM+复合材料层压板，铺层为 $[25/50/25]_{3S}$，试验数据中切口长度包括 13 mm、25 mm 和 50 mm。特征尺寸为切口长度的函数。可以看出，计算结果与试验数据有较高的一致性。

9.4.2.3　Lekhnitskii 方法

Lekhnitskii 提出了含椭圆形切口的无限大层压板在多轴载荷下任意位置处应力的解析解。无限大层压板的椭圆形切口尺寸及一般受力状态如图 9-15 所示。

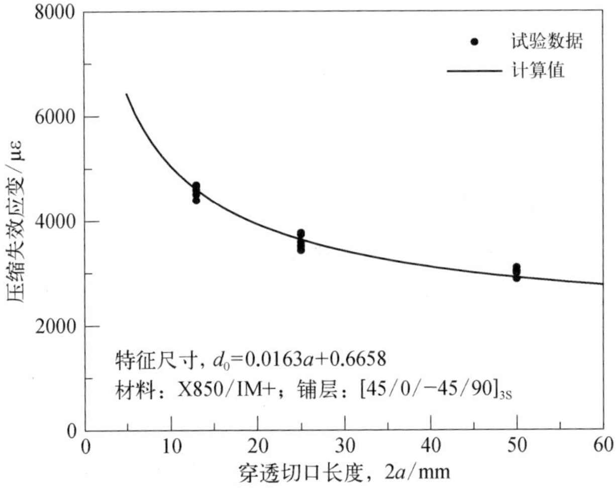

图 9－14　Whitney-Nuismer 方法计算结果与试验数据的比较

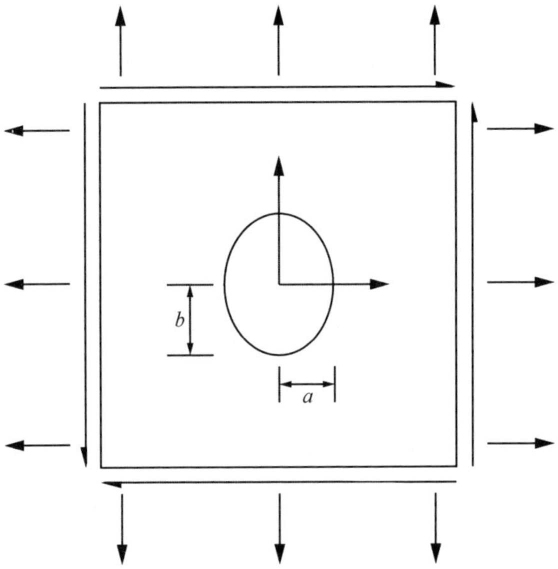

图 9－15　层压板的椭圆形切口尺寸及一般受力状态

通过公式(9－12)可以将 $x-y$ 坐标系转换为复坐标系：

$$z_j = x + \mu_j y,\ j = 1,\ 2 \tag{9-12}$$

式中，z_j 为复坐标系的 j 坐标轴；μ_j 为与层压板弹性模量相关的常数。

通过以下特征方程可以求得复数根 μ_j。主根是虚部为正数的根。

$$a_{11}\mu^4 - 2a_{16}\mu^3 + (2a_{12} + a_{66})\mu^2 - 2a_{26}\mu + a_{22} = 0 \tag{9-13}$$

式中，a_{11}，a_{22}，a_{12}，a_{16}，a_{26} 和 a_{66} 是层压板的柔度矩阵 $\boldsymbol{a}$ 中的值。

对于正交各向异性层压板，复根分别为

$$\mu_1 = \frac{i}{2}\left[\sqrt{\frac{E_x}{G_{xy}} - 2v_{xy} + 2\sqrt{\frac{E_x}{E_y}}} + \sqrt{\frac{E_x}{G_{xy}} - 2v_{xy} - 2\sqrt{\frac{E_x}{E_y}}}\right] \tag{9-14}$$

$$\mu_2 = \frac{i}{2}\left[\sqrt{\frac{E_x}{G_{xy}} - 2v_{xy} + 2\sqrt{\frac{E_x}{E_y}}} - \sqrt{\frac{E_x}{G_{xy}} - 2v_{xy} - 2\sqrt{\frac{E_x}{E_y}}}\right] \tag{9-15}$$

式中，E_x、E_y、G_{xy} 和 v_{xy} 分别是层压板主轴方向的弹性模量、剪切模量和泊松比。

采用以下映射函数可以将 $x-y$ 坐标系中的椭圆映射为复数平面内的单位圆：

$$z_j = R_j\left(\xi_j + \frac{t_j}{\xi_j}\right),\ j = 1,\ 2 \tag{9-16}$$

式中，

$$R_j = \frac{a - \mathrm{i}\mu_j b}{2} \tag{9-17}$$

$$t_j = \frac{a + \mathrm{i}\mu_j b}{a - \mathrm{i}\mu_j b} \tag{9-18}$$

以上映射函数的逆映射函数可以表示为

$$\xi_j = \frac{z_j \pm \sqrt{z_j^2 - a^2 - \mu_j^2 b^2}}{a - \mathrm{i}\mu_j b} \tag{9-19}$$

由于逆映射函数有两个值，因此需要通过以下等式确定正确的符号：

$$|\xi_j| \geqslant 1 \tag{9-20}$$

更新后的映射函数可以表示为

$$\xi_j = \frac{z_j + S\sqrt{z_j^2 - a^2 - \mu_j^2 b^2}}{a - \mathrm{i}\mu_j b} \tag{9-21}$$

式中，S 为满足 $|\xi_j| \geqslant 1$ 的符号。

采用逆映射函数可以将复位函数表示为

$$\varphi_1(z_1) = C_1 \frac{1}{\xi_1} \tag{9-22}$$

$$\varphi_2(z_2) = C_2 \frac{1}{\xi_2} \tag{9-23}$$

$$C_1 = \frac{\beta_1 - \mu_2\alpha_1}{\mu_1 - \mu_2} \tag{9-24}$$

$$C_2 = -\frac{\beta_1 - \mu_1\alpha_1}{\mu_1 - \mu_2} \tag{9-25}$$

$$\alpha_1 = -\frac{\sigma_y}{2}a + \frac{\tau_{xy}}{2}ib \tag{9-26}$$

$$\beta_1 = -\frac{\sigma_x}{2}ib + \frac{\tau_{xy}}{2}a \tag{9-27}$$

式中，σ_x、σ_y 和 τ_{xy} 是名义工作应力。

复位函数的导数可以表示为关于 z_j 的函数：

$$\varphi_1'(z_1) = -C_1 \frac{\left(1 + \dfrac{z_1}{S\sqrt{z_1^2 - a^2 - \mu_1^2 b^2}}\right) \cdot \dfrac{1}{a - \mathrm{i}\mu_1 b}}{\left(\dfrac{z_1 + S\sqrt{z_1^2 - a^2 - \mu_1^2 b^2}}{a - \mathrm{i}\mu_1 b}\right)^2} \tag{9-28}$$

$$\varphi_2'(z_2) = -C_2 \frac{\left(1 + \dfrac{z_2}{S\sqrt{z_2^2 - a^2 - \mu_2^2 b^2}}\right) \cdot \dfrac{1}{a - \mathrm{i}\mu_2 b}}{\left(\dfrac{z_2 + S\sqrt{z_2^2 - a^2 - \mu_2^2 b^2}}{a - \mathrm{i}\mu_2 b}\right)^2} \tag{9-29}$$

最后，在层压板任意位置 (x, y) 处的截面工作应力可以表示为

$$\sigma_x^* = 2\mathrm{Re}[\mu_1^2\varphi_1'(z_1) + \mu_2^2\varphi_2'(z_2)] + \sigma_x \tag{9-30}$$

$$\sigma_y^* = 2\mathrm{Re}[\varphi_1'(z_1) + \varphi_2'(z_2)] + \sigma_y \tag{9-31}$$

$$\tau_{xy}^* = -2\mathrm{Re}[\mu_1\varphi_1'(z_1) + \mu_2\varphi_2'(z_2)] + \tau_{xy} \tag{9-32}$$

如果特征尺寸 d_0 已知，则可以求得特征尺寸处的工作应力，结合对应的无缺口强度即可判断层压板是否发生失效。

9.4.2.4　精细有限元方法

点应力/点应变准则可以结合精细有限元方法实施。采用精细有限元方法计算特征尺寸处的应力/应变水平时,穿透切口尖端的网格应该足够精细,单元尺寸至少应为特征尺寸的一半左右。为了获得足够准确的应力/应变,穿透切口尖端的单元类型可以采用二阶单元,或将特征尺寸位置布置于单元的 Gauss 积分点处。

图 9－16 为采用基于精细有限元的点应变准则计算得到的穿透切口剩余强度与试验数据的比较。本例中采用 X850/IM+复合材料层压板,铺层为 $[25/50/25]_{3S}$,切口长度包括 13 mm、25 mm 和 50 mm。特征尺寸为切口长度的函数。可以看出,计算值与试验数据有较高的一致性。

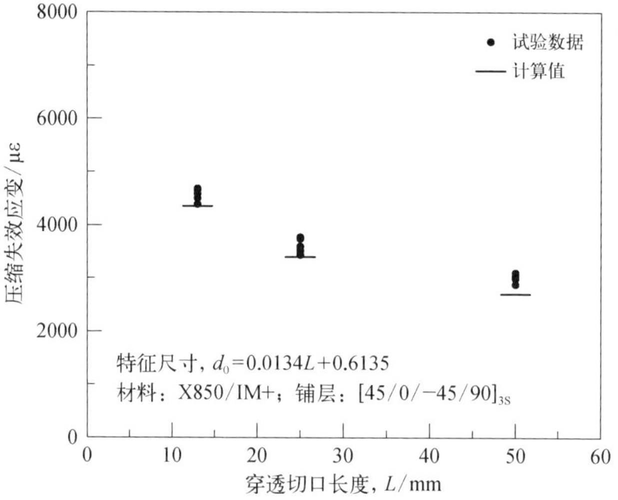

图 9－16　点应变准则计算值与试验数据的比较

9.4.3　固有缺陷方法

固有缺陷方法是由 Waddoups 等开发的,用于预测在拉伸载荷下含穿透切口的复合材料层压板的剩余强度。该方法假设在穿透切口尖端存在微损伤区域,该微损伤区域可以有效缓解应力集中。当穿透切口的长度为 $2a$ 时,无限宽层压板的远场拉伸剩余强度 σ_N^∞ 可以表示为

$$\sigma_N^\infty = \sigma_0\sqrt{\frac{c_0}{a + c_0}} \qquad (9-33)$$

$$c_0 = \frac{C}{\pi\sigma_0^2}G_c \qquad (9-34)$$

$$C = \sqrt{\frac{A_{11}A_{22}}{2}\left(\sqrt{\frac{A_{22}}{A_{11}}} + \frac{2A_{12} + A_{66}}{2A_{11}}\right)} \tag{9-35}$$

式中，σ_0 为层压板无缺口拉伸强度；c_0 为切口/裂纹尖端损伤区域尺寸；G_c 为层压板临界应变能释放率；A_{ij} 为层压板刚度矩阵。

9.4.4 渐进损伤方法

含穿透切口的复合材料层压板在破坏前，切口尖端会首先出现微损伤区域。该微损伤区域会使切口尖端的载荷重新分配，进而降低切口尖端的应力梯度。因此，分析含穿透切口层压板的剩余强度时，不应该采用线弹性模型描述切口附近材料的本构关系，而应该考虑材料出现损伤后的刚度退化，如图 9-17 所示。采用应变软化方法处理穿透切口与处理冲击损伤的思路是一致的，可以参考第 6.4.4 节。

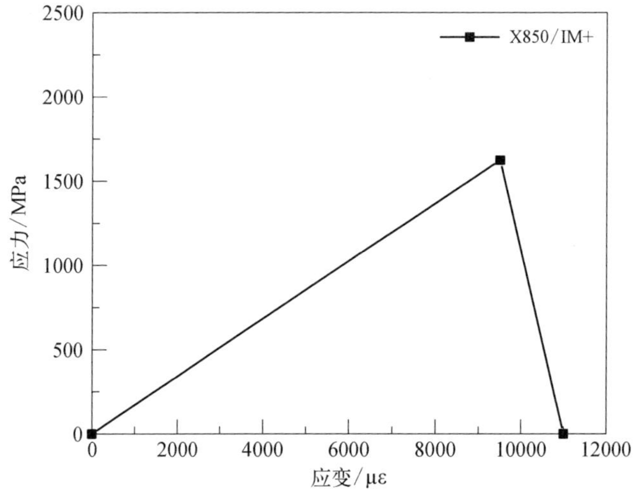

图 9-17 采用应变软化法则的材料本构关系

图 9-18 为采用线性应变软化法则计算得到的穿透切口剩余强度与试验数据的比较。本例中采用 X850/IM+复合材料层压板，铺层为 $[25/50/25]_{3S}$，切口长度包括 13 mm、25 mm 和 50 mm。可以看出，计算值与试验数据有较高的一致性。

9.4.5 载荷重新分配

本节所描述的载荷重新分配是指大尺度的或元件间的载荷重新分配现象。穿透切口损伤的尺寸通常比较大，导致损伤区域的刚度明显下降，传递载荷的能力明显降低，因此载荷传递路径会发生明显的变化。原先损伤区域承担的载荷会由切口尖端附近的材料承担，即切口尖端附近产生显著的应力集中。此外，对于加筋壁

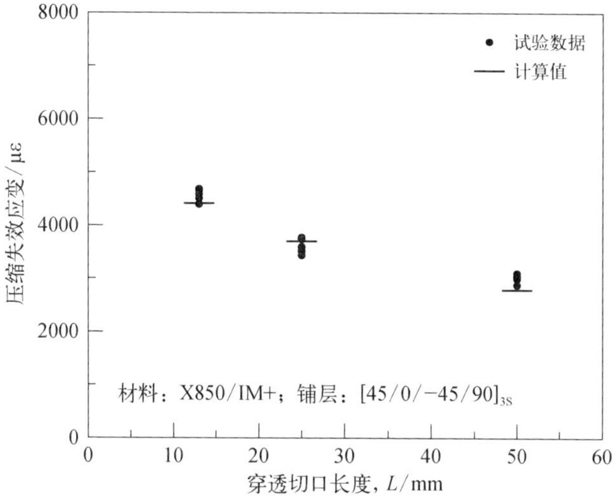

图 9－18　应变软化法则计算值与试验数据的比较

板结构，损伤区域的载荷还会由相邻筋条承担，从而使相邻筋条的载荷显著高于无损伤状态时的载荷。因此，除需要分析切口尖端的强度外，还需要分析相邻筋条的强度，如填充孔拉伸、填充孔压缩、长桁局部失稳、长桁-蒙皮梁柱强度、长桁-蒙皮脱黏和长桁-蒙皮组合柱失稳等。

相邻长桁的载荷重新分配主要受加筋比和长桁间距的影响。如图 9－19 所示，加筋比定义为筋条截面刚度与对应的蒙皮截面刚度之比，$R_S = (E_{\text{stringer}} \cdot A_{\text{stringer}})/(E_{\text{skin}} \cdot t \cdot B)$，该值一般介于 0.67～1.50；长桁间距为相邻筋条中心线的距离，对于大型商用运输飞机，该值一般介于 150～250 mm。加筋比越大，则载荷重新分配系数通常越低，这主要是因为加筋比较大时蒙皮承担的载荷相对较小，因此蒙皮出现损伤时，这部分载荷被重新分配至相邻长桁后对该长桁载荷的影响较小。此外，长桁间距越大，则载荷重新分配系数通常越高，这主要是因为长桁间距较大时蒙皮刚度更大，承载的载荷更大，因此蒙皮出现损伤时，这部分载荷被重新分配至相邻长桁后对该长桁载荷的影响较大。对于典型的单跨穿透切口损伤和双跨穿透切口损伤（如图 9－20 所示）以及典型的加筋比和长桁间距情况，载荷重新分配系数一般小于 2。也就是说，在极限载荷情况下满足静强度要求的结构，在返回载

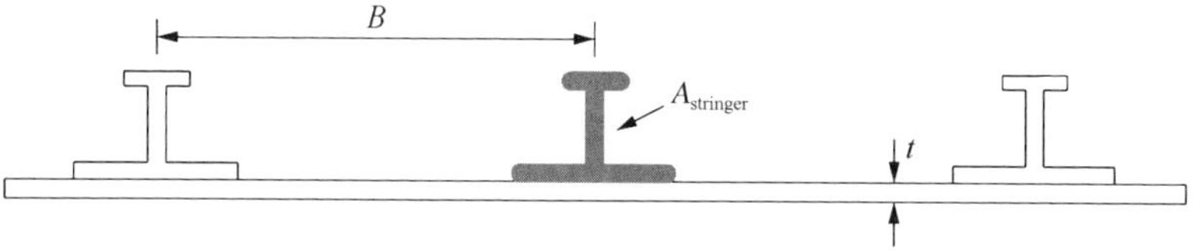

图 9－19　加筋比示意图

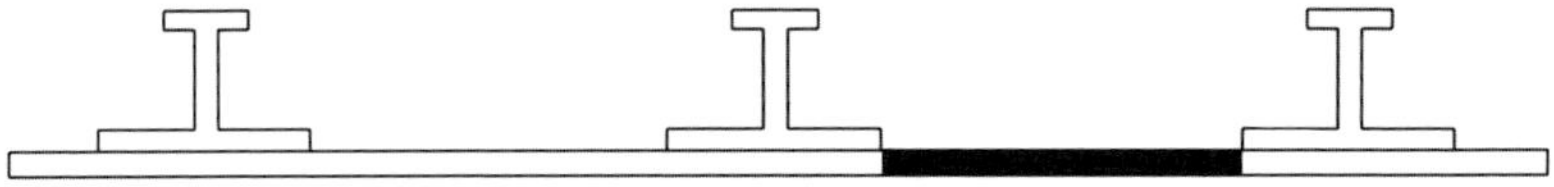

(a) 单跨损伤

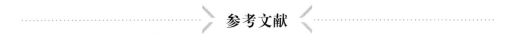

(b) 双跨损伤

图 9-20　典型的穿透切口损伤

荷(通常为限制载荷的 0.7)情况一般可以自动满足剩余强度要求。但对于更大尺寸的穿透切口损伤,这一规律很可能不再适用。

参考文献

[1] Franeknberger C E. Large engine uncontained debris analysis[R]. Springfield: National Technical Information Service, 1999.

[2] Moussa N A, Whale M D, Groszmann D E, et al. The potential for fuel tank fire and hydrodynamic ram from uncontained aircraft engine debris [R]. Springfield: National Technical Information Service, 1997.

[3] Lin K Y, Mar J W. Finite element analysis of stress intensity factors for cracks at a bi-material interface[J]. International Journal of Fracture, 1977, 12(2): 521-531.

[4] Mar J W, Lin K Y. Fracture mechanics correlation for tensile failure of filamentary composites with holes[J]. Journal of Aircraft, 1977, 14(7): 703-704.

[5] James B C, Vanay K G, John C K, et al. Composite structures damage tolerance analysis methodologies[R].El Segundo: The Aerospace Corporation, 2012.

[6] Walker T, et al. Tension fracture of laminates for transport fuselage - part II: large notches[C]. Third NASA Advanced Technology Conference, 1993.

[7] CMH-17 Committee. Composite materials handbook, Vol 3: Polymer matrix composites: materials usage, design, and analysis [M]. Detroit: SAE International, 2012: 2-33.

[8] Ward S H, H Razi. Effect of thickness on compression residual strength of notched carbon fiber/epoxy composites[C].Seattle: 28th International SAMPE Technical Conference, 1996.

[9] Brain E. Practical analysis of aircraft composites[M]. Temecula: Grand Oak Publishing, 2017.

[10] Levenberg K. A method for the solution of certain non-linear problems in least squares[J]. Quarterly of Applied Mathematics, 1944, 2: 164-168.

[11] Marquardt D W. An algorithm for least-squares estimation of nonlinear parameters[J]. SIAM Journal on Applied Mathematics, 1963, 11(2): 431-441.

[12] Nuismer R J, Whitney J M. Uniaxial failure of composite laminates containing stress concentrations [J]. American Society of Testing and Materials, 1975: 117-142.

[13] Whitney J M, Nuismer R J. Stress fracture criteria for laminated composites containing stress concentrations[J]. Composite Materials, 1974, 8: 253-265.

第10章

全尺寸试验验证

10.1 引言

前序章节介绍的复合材料结构损伤容限分析方法主要适用于简单的结构特征。对于复杂的结构特征(如连接接头),分析方法难以计算其应力/应变状态,更难以准确地预估其失效模式及失效载荷。此外,分析方法使用的材料性能参数大多是基于试片级的试验获得的,这些材料性能随着结构尺度放大和制造工艺的变化是否仍能保持原来的数值也是有待进一步验证的。因此,通常要求开展全尺寸部件试验,以验证分析方法难以覆盖的区域。另外,复合材料结构疲劳和损伤扩展的损伤模式众多且没有主导的应变能释放机制,这与金属结构裂纹以自相似的方式扩展显著不同,从而导致难以建立有效的分析方法。因此,复合材料结构疲劳和损伤无扩展要求最终也是通过全尺寸重复载荷试验完成验证的。然而,全尺寸试验的成本和复杂性显著高于分析过程,因此,只要有可能就应尽量采用低层级的试验结合分析方法来表明符合性。

复合材料结构全尺寸试验与金属结构有显著的不同。首先,复合材料结构的静强度、疲劳和损伤容限试验通常是在同一个试验件上开展的。而金属结构则不同,其通常需要几个全尺寸试验件来分别验证静强度、疲劳和损伤容限要求。其次,复合材料结构静力试验的载荷通常需要考虑载荷放大因子,该因子需要解释材料分散性和环境影响等方面的因素。此外,如果采用概率性分析方法,则还需要根据分析得到的结构失效概率来确定含目视可检冲击损伤(visible impact damage, VID)所要求验证的载荷量级。这一点与确定性方法试验是不同的。

在金属结构疲劳试验中,必须谨慎对待高水平载荷的保留和低水平载荷的截除,因为高水平载荷可能造成裂纹迟滞,而低水平载荷会对金属疲劳产生不可忽略的影响。复合材料的疲劳性能分散性大,为保证一定的置信度,按照金属结构通常采用的增加重复载荷次数(寿命因子)的方法在成本上是难以接受的,因此通常采用放大重复载荷量级(载荷放大因子)和增加重复载荷次数(寿命因子)相结合的方法进行验证。载荷放大因子和寿命因子需要通过基于统计理论的分散性分析方法来计算。同时,复合材料对低水平载荷不敏感,为了进一步加快试验速度,可以截除试验载荷谱中的低水平载荷。

本章首先介绍了静载荷试验中可能用到的各类载荷系数,然后介绍了重复载荷试验中材料性能的分散性分析方法、寿命因子、载荷放大因子、极限强度方法和试验载荷谱处理方法等内容,最后介绍了全尺寸试验的一般流程和改进方案。

10.2 静载荷试验

复合材料强度具有较高的分散性,且在服役过程中易受湿热环境和冲击损伤的影响,因此静载荷试验需要合理地考虑这些影响因素。对于冲击损伤的影响,通常采用试验前在试验件的关键部位引入冲击损伤的方法来表明符合性。该方法更能代表真实的服役情况,而且过程简单、易操作。而对于湿热环境的影响,由于在湿热环境状态下开展试验的成本高、周期长,因此通常采用放大试验载荷的方法表明符合性。载荷放大因子为环境折减因子的倒数。在放大的载荷下未经湿热环境处理的试验件不发生失效,则说明在正常设计载荷下受湿热环境影响的结构也不会发生失效。对于复合材料强度分散性的影响则有多种不同的考虑方法。一是试验载荷与设计载荷一致,测量极限载荷对应的应变并用来校正分析结果,然后通过分析来考虑复合材料强度分散性的影响,并最终表明结构的符合性;二是将设计载荷乘以载荷放大因子作为试验载荷,该载荷放大因子为 B 基准因子的倒数。通过在放大的载荷下试验件不发生失效来达到试验所要求的置信度和可靠度。环境折减因子和 B 基准因子通常通过试片级和元件级试验确定。

在复合材料结构概率性分析方法中,含冲击损伤结构的试验载荷要求需要通过概率性分析的结果确定,并由一个合适的载荷因子来表征。该载荷因子介于1.0~1.5,可以通过以下两种方法来确定。

1) 第一种方法

该方法需要首先确定一个缩减系数 α,如果以该缩减系数与真实剩余强度曲线的乘积(即缩减曲线)作为设计曲线,则最终计算的结构失效概率等于 10^{-9}/飞行小时。也就是说,对应临界失效概率的缩减曲线与材料真实剩余强度曲线相比降低了,其为材料真实剩余强度曲线的某一百分比 α。两条剩余强度曲线的关系如图 10－1 所示。

因此,可以将 $1/\alpha$ 合理地看作为保守系数,该保守系数反映了真实设计情况与临界设计要求的比值,即该保守系数等于含冲击损伤结构的剩余强度与设计载荷要求的比值:

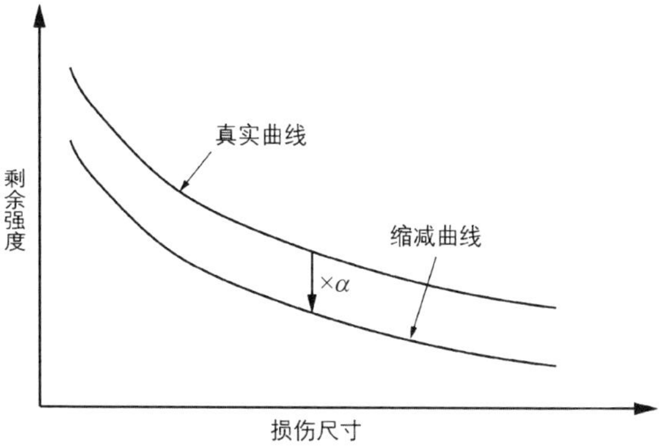

图 10-1　剩余强度曲线的变换

$$\frac{1}{\alpha}=\frac{\varepsilon(\mathrm{VID})}{K\times\varepsilon_{LL}} \tag{10-1}$$

式中，$\varepsilon(\mathrm{VID})$ 为含冲击损伤结构的剩余强度；ε_{LL} 为限制载荷下结构的工作应变；K 为试验验证所要求的载荷因子。

进而可以得到试验验证所要求的载荷因子为

$$K=\alpha\frac{\varepsilon(\mathrm{VID})}{\varepsilon_{LL}} \tag{10-2}$$

2）第二种方法

该方法是直接确定载荷因子与失效概率的关系。对于静力试验，试验件引入冲击损伤是确定发生的，因此可以认为冲击损伤的发生概率为 1。而且由于后续的试验过程中该冲击损伤是确定存在的，因此可以等同地认为该损伤是漏检的，即漏检概率为 1。将这两个概率代入结构失效概率的表达式，可以得到失效概率为

$$P_f=P_{rat}\cdot P_{at}(\mathrm{VID})\cdot[1-P_{dat}(\mathrm{VID})]=P_{rat} \tag{10-3}$$

式中，$P_{at}(\mathrm{VID})$ 为冲击损伤的发生概率；P_{rat} 为载荷超越冲击损伤尺寸对应的剩余强度的概率；$P_{dat}(\mathrm{VID})$ 为冲击损伤的检出概率。

因此，该方法需要确定某一载荷水平，以使含冲击损伤的结构在该载荷水平下失效概率等于 10^{-9}/飞行小时。如图 10-2 所示，可以通过将载荷超越概率曲线乘以系数 $1/\eta$ 的方式得到一条新的载荷超越概率曲线。该曲线需要满足在剩余强度系数 $k(\mathrm{VID})$ 处载荷超越概率为 P_f，即在该载荷超越概率下，含冲击损伤结构的失效概率为 P_f，这与公式(10-3)相对应。

如图 10-2 所示，通过将 A 点移动至 B 点的变换，可以求得该变换的系数 η：

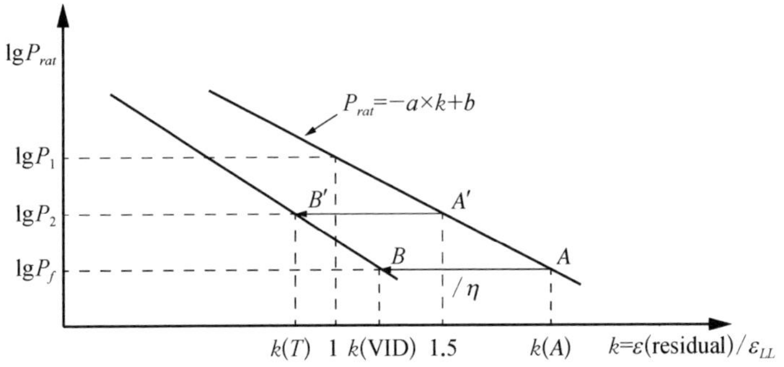

图 10-2　超越概率曲线的变换

$$\eta = \frac{k(A)}{k(\mathrm{VID})} = \frac{-\lg P_f + b}{a \times k(\mathrm{VID})} \tag{10-4}$$

不难理解，通过将 A' 点移动至 B' 点的变换，即可以得到所要验证的含 VID 损伤结构的等效极限载荷因子 $k(T)$：

$$k(T) = \frac{1.5 \times a \times k(\mathrm{VID})}{-\lg P_f + b} \tag{10-5}$$

图 10-3 表示了在给定的一组超越概率曲线参数($a=8.6$, $b=3.9$)下，含冲击损伤结构的剩余强度系数、失效概率和试验载荷因子之间的关系。

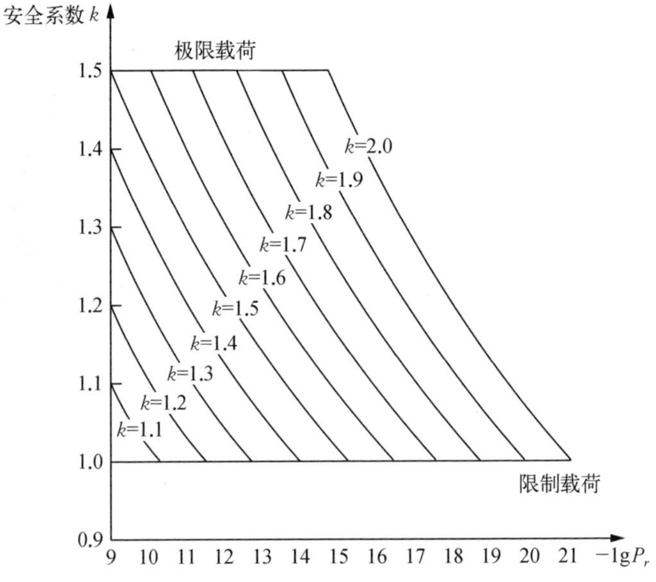

图 10-3　试验载荷因子曲线

10.3 重复载荷试验

全尺寸试验需要验证复合材料结构在代表服役寿命的重复载荷下不会产生有害的疲劳损伤，也不会出现有害的损伤扩展。由于复合材料具有较高的疲劳寿命分散性，为了保证全尺寸疲劳试验的置信度和可靠度，从统计学角度需要施加比金属结构更多的循环次数。这将导致不可接受的试验成本和周期。为了解决这一问题，科研人员提出了加速重复载荷试验的方法，一是通过分散性分析生成载荷放大因子，以放大重复载荷的方式保证疲劳试验的置信度和可靠度，从而缩短试验周期；二是截除载荷谱中大量的对复合材料疲劳和损伤扩展无影响的低水平载荷，以减少试验载荷循环数。试验载荷谱简化方法的流程如图 10－4 所示[1]。

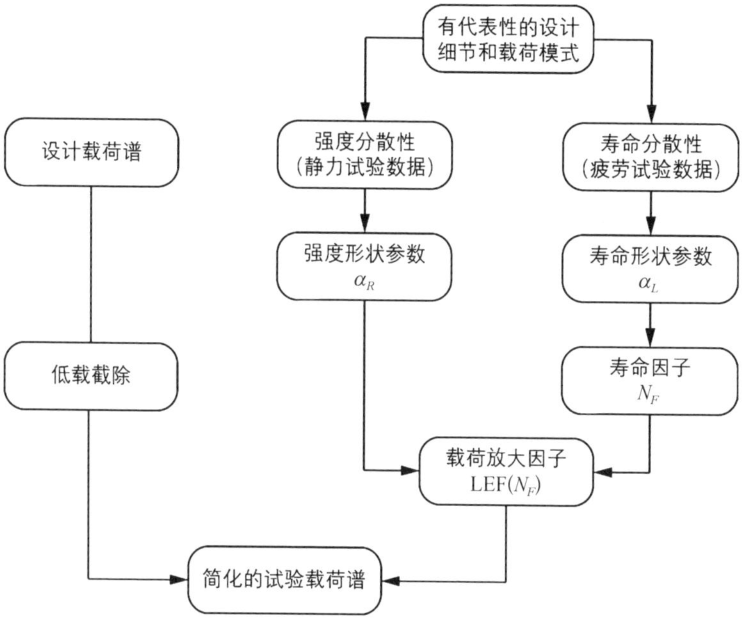

图 10－4　试验载荷谱简化流程

综上所述，重复载荷试验主要包括低层级试验数据的分散性分析、寿命因子和载荷放大因子的计算等，以及高层级试验的载荷谱处理方法等。此外，本节还介绍了极限强度方法。

10.3.1 分散性分析

分散性分析的主要目的是描述积木式试验中低层级、小尺寸试验数据的分散性，并将该分散性的统计特征转移至高层级、大尺寸试验的验证中。为了完整地验证全尺寸结构，这些低层级的试验数据必须具有代表性。比如，试验规划必须包括全尺寸结构所用到的材料、铺层、载荷形式、连接细节和环境影响等。此外，疲劳试验规划还必须考虑应力比的影响。

复合材料的分散性一般满足正态分布或双参数威布尔分布。对于正态分布而言，采用标准差描述试验数据的分散性；对于双参数威布尔分布，采用形状参数描述试验数据的分散性。在本节中，使用双参数威布尔分布模型来开展复合材料的强度和疲劳寿命分散性分析。

针对每一个设计细节的试验数据，采用双参数威布尔模型进行拟合，获得其形状参数。这些形状参数通常也符合双参数威布尔分布，因此采用双参数威布尔分布再拟合这些形状参数。取拟合模型的众数值和平均值的最小值作为强度或寿命分布的形状参数，如图 10－5 所示。

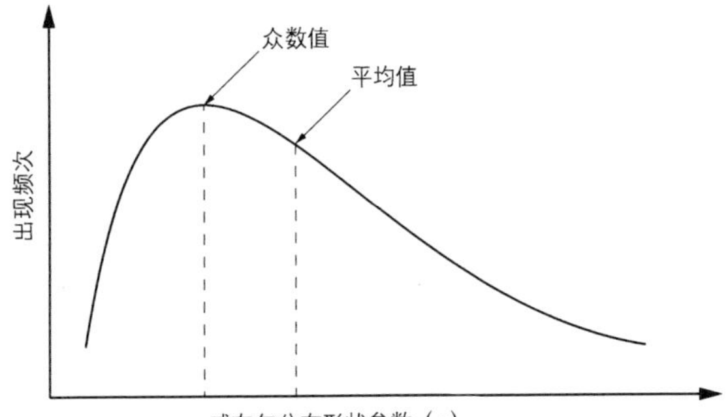

图 10－5　形状参数双参数威布尔模型

疲劳寿命分散性分析需要大量的不同应力水平的重复试验件。为了降低试验成本和周期，同时保持数据分析的可靠性，可以采用联合双参数威布尔方法和 Sendeckyj 方法。其中，Sendeckyj 方法不但能生成寿命和载荷放大因子，而且还能生成 S－N 曲线。

单点双参数威布尔方法、联合双参数威布尔方法和 Sendeckyj 方法的适用性和对试验规划的要求并不一致，三者的对比如表 10－1 所示。

表 10－1　试验数据分散性分析方法的对比[2]

分析特点	单点双参数威布尔方法	联合双参数威布尔方法	Sendeckyj 方法
双参数威布尔分布假设	√	√	√
解释多级应力水平的影响		√	√
每级应力允许不相等的重复件	√	√	√

续　表

分　析　特　点	单点双参数威布尔方法	联合双参数威布尔方法	Sendeckyj方法
每级应力允许出现单个重复件		√	√
允许单级应力水平	√	√	
包含重复载荷后未破坏件		√	√
包含重复载荷后均未破坏的应力水平			√
使用未破坏件的剩余强度			√
包含静强度试验件			√
可以拟合 S－N 曲线			√
可以计算剩余强度			√

10.3.1.1　单点双参数威布尔方法

由于双参数威布尔分布的函数形式简单且对小样本情况的适用性较好，因此其广泛应用于复合材料试验数据的统计分析中。以生存概率形式表达的双参数威布尔分布为

$$P(X \geqslant x) = \exp[-(x/\beta)^{\alpha}] \tag{10-6}$$

式中，X 为随机变量，如疲劳寿命；α 为形状参数；β 为尺度参数。

可以采用极大似然估计法来计算形状参数和尺度参数的最佳估计值。最佳估计值满足以下方程组：

$$\begin{cases} \hat{\alpha} \cdot \hat{\beta} \cdot n - \dfrac{\hat{\beta}}{\hat{\alpha}^{\hat{\beta}-1}} \displaystyle\sum_{i=1}^{n} x_i^{\hat{\beta}} = 0 \\ \dfrac{n}{\hat{\beta}} - n \cdot \ln \hat{\alpha} + \displaystyle\sum_{i=1}^{n} \ln x_i - \sum_{i=1}^{n} \left(\dfrac{x_i}{\hat{\alpha}}\right)^{\hat{\beta}} (\ln x_i - \ln \hat{\alpha}) = 0 \end{cases} \tag{10-7}$$

根据方程组中的第一项，$\hat{\alpha}$ 可以用 $\hat{\beta}$ 表示为

$$\hat{\alpha} = \left(\sum_{i=1}^{n} x_i^{\hat{\beta}} \Big/ n \right)^{1/\hat{\beta}} \tag{10-8}$$

将 $\hat{\alpha}$ 代入方程组第二项，可以得到 $\hat{\beta}$ 的表达式为

$$\frac{n}{\hat{\beta}} + \sum_{i=1}^{n} \ln x_i - \frac{n}{\displaystyle\sum_{i=1}^{n} x_i^{\hat{\beta}}} \cdot \sum_{i=1}^{n} x_i^{\hat{\beta}} \cdot \ln x_i = 0 \tag{10-9}$$

该等式为隐式方程，可以采用数值迭代计算方法求解。

极大似然估计法在样本量超出 20 或 30 条数据的情况下有很好的效果。而当样本量比较小时,秩回归方法可以求得更可靠的结果。

总体平均值和标准差的估计值可以采用伽马分布函数计算:

$$\hat{\mu} = \hat{\beta} \cdot \Gamma\left(\frac{\hat{\alpha} + 1}{\hat{\alpha}}\right) \tag{10-10}$$

$$\hat{\sigma} = \hat{\beta} \cdot \sqrt{\Gamma\left(\frac{\hat{\alpha} + 2}{\hat{\alpha}}\right) - \Gamma^2\left(\frac{\hat{\alpha} + 1}{\hat{\alpha}}\right)} \tag{10-11}$$

采用单点双参数威布尔方法分析疲劳数据时,应针对每一级应力水平单独分析,然后计算形状参数的算数平均值来确定寿命分散性。由于双参数威布尔分析每次只考虑了一级特定的应力水平,因此每一级应力水平必须包含至少 5 个有效数据点。对于每一级应力水平少于 5 个有效数据点的 S-N 数据集,必须采用联合双参数威布尔方法或 Sendeckyj 方法分析。

10.3.1.2 联合双参数威布尔方法

对于几组有相同形状参数但是不同尺度参数的试验数据,可以采用联合双参数威布尔方法合并分析。通过极大似然估计法,可以获得这几组数据共有的形状参数和各自的尺度参数的估计值,如以下公式[3]所示:

$$\sum_{i=1}^{M}\left\{n_{fi} \cdot \left[\frac{\sum_{j=1}^{n_i} x_{ij}^{\hat{\alpha}} \cdot \ln(x_{ij})}{\sum_{j=1}^{n_i} x_{ij}^{\hat{\alpha}}} - \frac{1}{\hat{\alpha}} - \frac{\sum_{j=1}^{n_{fi}} \ln(x_{ij})}{n_{fi}}\right]\right\} = 0 \tag{10-12}$$

$$\hat{\beta}_i = \left(\frac{1}{n_{fi}} \cdot \sum_{j=1}^{n_i} x_{ij}^{\hat{\alpha}}\right)^{1/\hat{\alpha}} \tag{10-13}$$

式中,M 为数据的组数;x_{ij} 为第 i 组数据集中第 j 个数据点的数值;n_i 为第 i 组数据中数据点的数量 ($i = 1, 2, \cdots, M$);n_{fi} 为第 i 组数据中失效试件的数量 ($i = 1, 2, \cdots, M$)。

对于在所有的应力水平下失效试件数量相等的特定情况,公式(10-12)可以简化为以下形式:

$$\sum_{i=1}^{M}\left[\frac{\sum_{j=1}^{n_i} x_{ij}^{\hat{\alpha}} \cdot \ln(x_{ij})}{\sum_{j=1}^{n_i} x_{ij}^{\hat{\alpha}}}\right] - \frac{M}{\hat{\alpha}} - \sum_{i=1}^{M}\left[\frac{\sum_{j=1}^{n_{fi}} \ln(x_{ij})}{n_{fi}}\right] = 0 \tag{10-14}$$

该等式为隐式方程,可以采用数值迭代计算方法求解。

10.3.1.3　Sendeckyj 方法

Sendeckyj 提出了一种用于拟合复合材料疲劳数据的新模型，该模型可以将复合材料静强度和疲劳试验数据转化为等效的静强度数据，并采用双参数威布尔模型拟合这些等效的静强度数据。采用最大似然估计法和数值迭代计算可以求得双参数威布尔模型的最佳估计值，从而可以确定 Sendeckyj 模型的参数。Sendeckyj 模型的优势在于可以合并复合材料静强度、疲劳寿命和剩余强度数据，从而降低统计分析所要求的试验数据量。Sendeckyj 模型的一般形式为[4]

$$\sigma_e = \sigma_a\left[\left(\frac{\sigma_r}{\sigma_a}\right)^{1/S} + (n_f - 1)\cdot C\right]^S \tag{10-15}$$

式中，σ_e 为等效静强度；σ_a 为最大循环应力；σ_r 为剩余强度；n_f 为疲劳循环数；S 和 C 为拟合参数。

对于疲劳失效的试验件，其剩余强度等于最大循环应力且疲劳循环数等于失效时的循环数 N，即 $\sigma_r = \sigma_a$ 且 $n_f = N$。将其代入公式(10－15)，可以得到以下表达式：

$$\sigma_e = \sigma_a\cdot(1 - C + C\cdot N)^S \tag{10-16}$$

将疲劳试验数据转化为等效静强度数据后，采用双参数威布尔分布模型和极大似然估计法拟合这些数据，可以得到疲劳寿命分布的形状参数 α 和尺度参数 β，以及对应的拟合参数 S 和 C。即可以确定疲劳寿命 S－N 曲线。

10.3.2　寿命因子

为了在全尺寸试验中考虑疲劳寿命分散性，需要将设计服役寿命对应的载荷循环数乘以某一因子作为试验载荷循环数，以获得一次试验所要求的可靠度和置信度。该因子即为疲劳寿命因子 N_F，其等于疲劳寿命平均值与 B 基准值的比值，可以通过以下等式[5]计算：

$$N_F = \frac{\Gamma\left(\dfrac{\alpha_L + 1}{\alpha_L}\right)}{\left[\dfrac{-\ln(p)}{\chi_\gamma^2(2n)/2n}\right]^{1/\alpha_L}} \tag{10-17}$$

式中，α_L 为疲劳寿命形状参数；n 为试验件数量；p 为设计要求的可靠性；γ 为设计要求的置信度；$\chi_\gamma^2(2n)$ 为在 γ 置信度下具有 $2n$ 个自由度的 χ^2 分布。

根据公式(10－17)可以看出，寿命因子由疲劳寿命分散性、试验件数量、所要求的置信度和可靠性决定。对于复合材料常用的 B 基准值要求，寿命因子随双参数威布尔分布形状参数和试验件数量的变化关系如表 10－2 所示。

表 10－2　寿命因子与双参数威布尔分布形状参数和试验件数量的关系

双参数威布尔分布形状参数，α	B 基准寿命因子		
	$n=1$	$n=5$	$n=15$
0.50	1 616.895	603.823	383.569
0.75	103.327	53.584	39.596
1.00	28.433	17.376	13.849
1.25	13.558	9.143	7.625
1.50	8.410	6.056	5.206
1.75	6.032	4.552	3.999
2.00	4.726	3.694	3.298
2.25	3.921	3.151	2.848
2.50	3.385	2.780	2.539
2.75	3.006	2.513	2.314
3.00	2.726	2.313	2.144
3.50	2.342	2.034	1.906
4.00	2.093	1.851	1.749
5.00	1.793	1.625	1.553
6.00	1.621	1.493	1.438
7.00	1.509	1.407	1.362
8.00	1.431	1.346	1.308

对于常见的复合材料，疲劳寿命双参数威布尔形状参数的众数值为 1.25；而对于金属材料，疲劳寿命双参数威布尔形状参数的众数值为 4.0。因此当只有一件全尺寸试验件时，在 95% 置信度下满足 90% 可靠性（B 基准）的要求下，金属结构疲劳试验只需要开展 2 倍疲劳设计寿命对应的重复载荷，而复合材料结构试验则需要开展 14 倍疲劳设计寿命对应的重复载荷。显然，这样的试验成本和周期是难以接受的。此外，从表 10－2 还可以看出，当双参数威布尔形状参数较大时，寿命因子对形状参数不敏感；而当双参数威布尔形状参数较小时，寿命因子对形状参数非常敏感。复合材料疲劳寿命双参数威布尔的形状参数一般在 1.25 左右，寿命因子对其非常敏感，即使复合材料疲劳寿命的分散性有很小的提升，寿命因子也会显著地下降。

10.3.3 载荷放大因子

为了降低试验成本和加快试验进度，研究人员进一步提出了寿命因子结合载荷放大因子的方法。该方法通过提高疲劳寿命试验中的载荷量级来缩短试验周期，并保持所要求的置信度和可靠性水平。载荷放大因子和试验周期依赖于疲劳寿命和剩余强度的统计分布。

假设疲劳寿命和剩余强度分布均满足双参数威布尔分布，则载荷放大因子可以表示为[5]

$$LEF = \frac{\Gamma\left(\frac{\alpha_L + 1}{\alpha_L}\right)^{\alpha_L/\alpha_R}}{\left\{\frac{-\ln(p)\cdot N^{\alpha_L}}{[\chi_\gamma^2(2n)/2n]}\right\}^{1/\alpha_R}} \tag{10-18}$$

式中，α_L 为疲劳寿命分布形状参数；α_R 为剩余强度分布形状参数；N 为试验周期；p 为设计要求的可靠性；γ 为设计要求的置信度；$\chi_\gamma^2(2n)$ 为在 γ 置信度下具有 $2n$ 个自由度的 χ^2 分布。

载荷放大因子 LEF 和寿命因子 N_F 的关系如下：

$$LEF = \left(\frac{N_F}{N}\right)^{\frac{\alpha_L}{\alpha_R}} \tag{10-19}$$

载荷放大因子与试验周期的关系如图 10-6 所示[6]。如果在重复载荷试验中将最大工作载荷 P_F 增加至 1 倍寿命时的平均剩余强度 P_T，那么结构的 B 基准剩

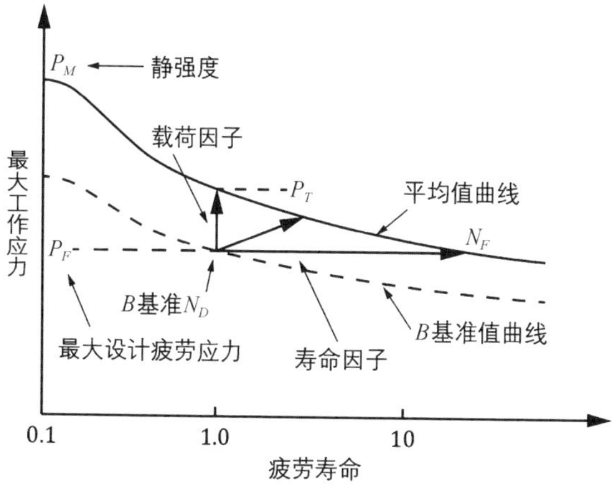

图 10-6　载荷放大因子方法的原理图

余强度与最大疲劳应力是等效的。因此,在工作载荷 P_T 下开展对应 1 倍寿命的重复载荷试验,与在工作载荷 P_F 下开展的对应 N_F 的重复载荷试验一样,均可以表明疲劳寿命具备 B 基准可靠性。

对应 1 倍寿命的载荷放大因子可表示为

$$LF = \lambda \cdot \frac{\Gamma\left(\frac{\alpha_R + 1}{\alpha_R}\right)}{\left\{\frac{-\ln(p)}{[\chi_\gamma^2(2n)/2n]}\right\}^{1/\alpha_R}} \tag{10-20}$$

式中,λ 为与强度和疲劳寿命分布的形状参数相关的函数。其可以表示为

$$\lambda = \frac{\Gamma\left(\frac{\alpha_L + 1}{\alpha_L}\right)^{\alpha_L/\alpha_R}}{\Gamma\left(\frac{\alpha_R + 1}{\alpha_R}\right)} \tag{10-21}$$

载荷放大因子方法通过增大疲劳载荷量级以使 1 倍寿命疲劳试验具备所要求的可靠性水平。然而,对于复合材料和金属混合的结构,增大载荷可能会使金属结构产生裂纹迟滞现象,或使结构发生屈曲现象。因此,通常需要联合使用载荷放大因子和寿命因子,以确保既不会改变结构失效模式,又不会使试验周期过长。

由公式(10-17)和公式(10-18)可以看出,载荷放大因子受强度和疲劳寿命分布形状参数影响,而寿命因子仅受疲劳寿命分布形状参数影响。此外,由公式(10-20)可以看出,载荷放大因子还依赖于样本量和所要求的可靠性水平。对于常见的复合材料,$\alpha_L = 1.25$ 且 $\alpha_R = 20$ 可以代表典型的静强度和疲劳分散性水平。载荷放大因子随样本量、所要求的可靠性水平和试验周期的关系如表 10-3 所示。

表 10-3 对应 $\alpha_L = 1.25$ 且 $\alpha_R = 20$ 的载荷放大因子

样本量	1 倍寿命试验		1.5 倍寿命试验		2 倍寿命试验	
	A 基准	B 基准	A 基准	B 基准	A 基准	B 基准
1	1.324	1.177	1.291	1.148	1.268	1.127
2	1.308	1.163	1.276	1.134	1.253	1.114
3	1.300	1.156	1.268	1.127	1.245	1.107
5	1.291	1.148	1.259	1.120	1.237	1.100

续　表

样本量	1 倍寿命试验		1.5 倍寿命试验		2 倍寿命试验	
	A 基准	*B* 基准	*A* 基准	*B* 基准	*A* 基准	*B* 基准
10	1.282	1.140	1.250	1.111	1.227	1.091
15	1.277	1.135	1.245	1.107	1.223	1.087
30	1.270	1.130	1.239	1.101	1.217	1.082
55	1.266	1.126	1.234	1.098	1.212	1.078

载荷放大因子方法可以显著地加快试验效率，然而当其与环境影响因子等组合使用时可能会导致疲劳载荷过大，从而改变了疲劳失效模式或超过了材料静强度。因此，在工程实践中使用载荷放大因子时，应该确保疲劳失效模式不发生改变。例如，对于疲劳载荷谱中较高的载荷部分，使用尽量大的寿命因子以降低或不使用载荷放大因子；而对于疲劳载荷谱中较低的载荷部分，则使用尽量大的载荷放大因子以降低或不使用寿命因子，如图 10－7 所示[7]。通过这种方式，既提升了试验效率又可以保证失效模式不发生改变。

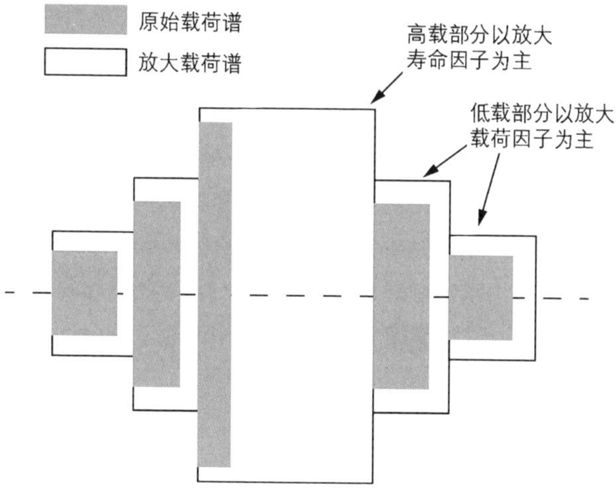

图 10－7　载荷谱处理方法示意图

为了生成可靠的载荷放大因子，需要开展大量的低层级试验。试验规划需要考虑关键的设计细节、载荷形式和应力比等。如果不能证明材料不存在变异性影响，则必须包含至少 3 个材料批次。对于每一条 S－N 曲线，除静强度外，还必须考虑至少 3 个疲劳应力水平。其中，对于使用包含剩余强度的分析方法，应至少保证两个应力水平下发生疲劳失效。否则，所有的应力水平必须包含至少 6 个疲劳失效数据。此外，在静强度分散性分析中，应包含至少 6 组静强度试验数据，以生成静强度分布形状参数;在疲劳寿命分散性分析中,应包含至少 6 组疲劳寿命试验数据,以生成疲劳寿命分布形状参数。

10.3.4 试验载荷谱处理

金属结构在高载荷下可能会产生裂纹迟滞现象,因此在金属结构疲劳试验中通常需要对疲劳载荷谱的高载部分进行截除。然而,低载荷对金属结构疲劳的影响不可忽略,因此在疲劳试验载荷谱中应该予以保留。复合材料结构与金属结构的疲劳特性不同,其损伤在高载荷下不存在迟滞现象,因此不应对疲劳载荷谱中的高载进行截除。但是,复合材料结构通常对低载荷不敏感,具有较高的疲劳门槛值,因此为缩短试验周期并降低试验成本,通常在试验载荷谱中截除这些低载荷。由于金属结构和复合材料结构对疲劳试验载荷谱的要求不同,因此对于同时有金属和复合材料的部件,通常需要制造两个试验件来分别验证金属和复合材料结构的符合性。

复合材料疲劳试验载荷谱的截除目前没有通用的方法,一般采用复合材料疲劳门槛值来确定低载截除值。研究认为,低于疲劳门槛值的载荷水平不会引起损伤的起始或扩展,因此理论上可以从试验载荷谱中移除而不改变疲劳试验的结果。然而,在实践中通常使用 A 基准或 B 基准疲劳门槛值的某一百分比作为疲劳载荷谱的低载截除值。通常将 B 基准的 S - N 曲线外插至 10^7 循环处对应的应力/应变水平定义为疲劳门槛值,如图 10 - 8 所示[7]。对于服役过程中预期的每一应力比、载荷形式和失效模式,均应通过此方法获得疲劳门槛值。将复合材料的低载截除值与静强度的比值定义为低载截除比,低载截除比与应力比、损伤类型和材料等有关。因此,为了建立保守的低载截除值,试片级和元件级试验规划应该覆盖材料、铺层和典型应力比等情况。可以采用 Sendeckyj 方法确定低载截除值。该方法要求对于每一应力比、材料和损伤形式均需要大量的试验数据。Sendeckyj 方法可以使用特定循环次数对应的剩余强度作为低载截除值。

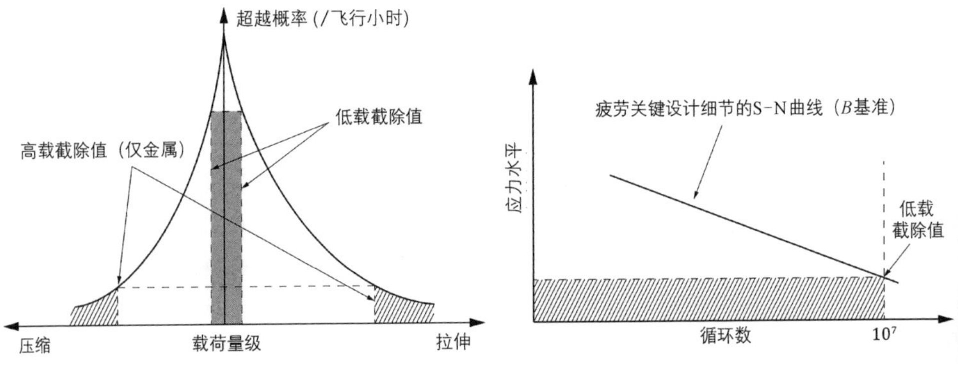

图 10 - 8 载荷谱处理

疲劳载荷谱应考虑环境的影响。对于全尺寸试验，在环境箱中开展带来的试验成本增加是不可接受的。因此，通常采用将载荷谱叠加环境影响因子的方法来考虑环境对复合材料性能的影响。环境影响因子可以通过试片级和元件级的试验来确定。此外，复合材料结构在重复载荷下的失效一般是准静态失效[8, 9]。因此，载荷谱中载荷的顺序通常不会影响复合材料结构的失效行为。

10.3.5　极限强度方法

极限强度方法是重复载荷试验验证的一种特殊且保守的方法，其是指通过设计手段使设计疲劳载荷谱中的最大载荷低于疲劳门槛值。如果采用该方法，则通常不再需要开展全尺寸疲劳试验。由于该方法可能产生较大的静强度安全裕度，使设计过于保守，因此一般只用于一些不由静强度驱动设计的零部件。

10.4　全尺寸试验流程

如果飞机结构部件中同时含有复合材料结构和金属结构，而由于金属和复合材料的敏感性差异，试验验证流程会变得非常复杂，因此通常会制造两个试验件分别验证复合材料结构和金属结构。本节主要介绍复合材料结构的验证流程。需要说明的是，对于复合材料结构疲劳和损伤容限试验，目前并没有普遍适用的试验流程。任何特定的试验验证计划均需依赖于项目和工程经验，且必须与审定机构达成一致。本节主要介绍一种典型的试验流程和一种改进试验流程的思路。

10.4.1　常规的试验流程

图 10－9 所示的全尺寸试验流程是一个被局方接受的全尺寸复合材料结构验证案例。在试验开始前，通常需要在结构最危险的位置引入第 1 类损伤，包括制造缺陷和冲击损伤。该制造缺陷应能代表产品的最低质量，而冲击损伤应能代表在制造和服役过程中可能发生的且不能可靠检出的最大损伤，即第一类冲击能量截止值对应的损伤或初始可检门槛值对应的损伤。在实际的试验验证中，可以采用保守的制造缺陷和冲击损伤来证实结构具备所要求的承载能力。然而需要注意的是，在特定的位置施加一个较大的损伤可能会掩盖一个不同的、更具有代表性的且更严酷的失效载荷和失效模式的出现。

在整个试验过程中，应该监控试验件危险区域的状态变化，如缺陷或损伤是否发生扩展等。如果有异常应及时中止试验并记录。每次引入冲击损伤后或完成一项力学试验后应对关键部位进行更为详细的检查，如超声扫描。试验验证过程的有效性依赖于在试验各个阶段对损伤的检查、记录和理解。

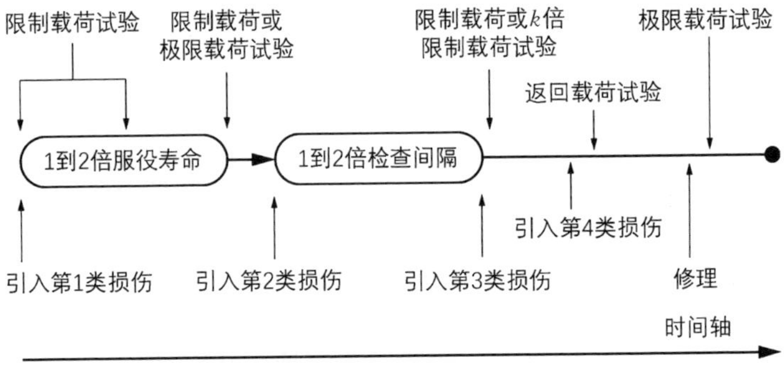

图 10-9　典型的全尺寸试验流程

全尺寸试验通常在室温/环境湿度条件下开展。因此需要采用低层级试验获得的环境折减因子来放大载荷,或者采用试验证明在极限载荷下关键部位的应变与分析预测的应变相匹配,且不大于考虑关键环境的设计值。如果采用后者,则必须开展足够的小尺度试验来确认在关键环境条件下关键设计细节的强度。

试验件初始加载需要考虑多个有代表性的限制载荷试验工况。初始加载主要是为了确认结构不会表现出非预期的行为,并为后续的试验结果建立一个参考基准。此外,在限制载荷下确认初始损伤无扩展可以为后续的重复载荷试验建立信心。如果多个飞机设计载荷情况不相互影响,且不会实质降低结构关键部位的应力水平,那么可以将这些设计载荷情况复合到一个试验载荷工况中开展试验。

初始静力试验之后是重复载荷试验。该重复载荷试验目的是表明在重复载荷下结构不会产生新的损伤,原有的缺陷和损伤也不会发生有害地扩展。材料分散性可以通过施加与加载循环数相对应的载荷放大因子来说明。载荷放大因子的确定需考虑试验件中每一材料体系的潜在失效模式。复合材料分散性通常很高,需要采用载荷放大因子和寿命因子。这两个值相互依赖,并与材料和失效模式有关。在全尺寸试验中,通常施加至少 1.5 倍的设计服役寿命对应的循环数。

在初始重复载荷试验过程中,有时会间隔开展静力试验以监控结构响应是否发生改变。初始重复载荷试验后按要求开展一个或多个极限载荷试验来证明结构静强度符合要求。

静强度试验完成后需要在结构的关键位置引入第 2 类冲击损伤,并结合载荷放大因子和寿命因子开展重复载荷试验,来表明该类损伤在被检出和修理前不会产生有害的扩展。冲击损伤应尽可能代表真实的损伤形式,或保守地覆盖潜在的服役损伤。

在该重复载荷试验的后期按照设计要求引入第 3 类损伤,并完成剩余循环载荷后开展剩余强度试验。剩余强度试验需要考虑多个有代表性的限制载荷试验工况以表明对 CCAR 25.571(b)的符合性。在概率或半概率方法中,剩余强度试验的载荷要求可能大于限制载荷水平，详见第 10.2 节。

最后引入第 4 类损伤，并施加相应的返回载荷工况以表明对 CCAR 25.571(e)的符合性。由于该类损伤较大，通常每次只引入一个损伤来避免严重损伤之间的影响，从而避免不具有代表性的结构失效。每完成一个损伤情况的试验需要对该损伤进行修理。通常如果累积的损伤和修理尚未实质地影响试验目的，那么可以不断重复地开展这类试验。

在全尺寸试验中通常包括对自然产生或人为引入损伤的修理，以表明修理后的静强度和疲劳符合要求。通常从试验开始就在试验件上开展具有代表性的修理，以证明修理后结构在飞机全寿命周期内保持极限载荷承载能力。然而，在很多情况下修理在试验后期才引入，并补充较低尺度的试验进行验证。需仔细选择大损伤和修理的位置及细节以保证损伤之间相互隔离，并避免掩盖其他潜在关键的损伤模式。

试验的最后部分是一个或多个极限载荷情况。通常最后的载荷工况一直施加到结构失效，该试验包括对最恶劣环境的适当考虑。该试验流程必须是完整的，其每一步都不能作为单独完整的结构验证。

10.4.2　改进的试验流程

在具体工程实践中，通常根据项目进度、经费以及与审定机构达成的共识来简化试验流程，以在达成验证目标的前提下加快项目进度并减少经费支出。

图 10－10 展示了一种改进的全尺寸试验流程。按照该试验流程，在一次重复检查间隔试验中，同时考虑了第 1 类损伤、第 2 类损伤和第 3 类损伤。第 2 类损伤在剩余的循环数对应验证重复检查间隔所要求的循环数时引入，而第 3 类损伤在剩余的循环数对应设计准则所要求的循环数时引入。应该谨慎选取第 1 类、第 2

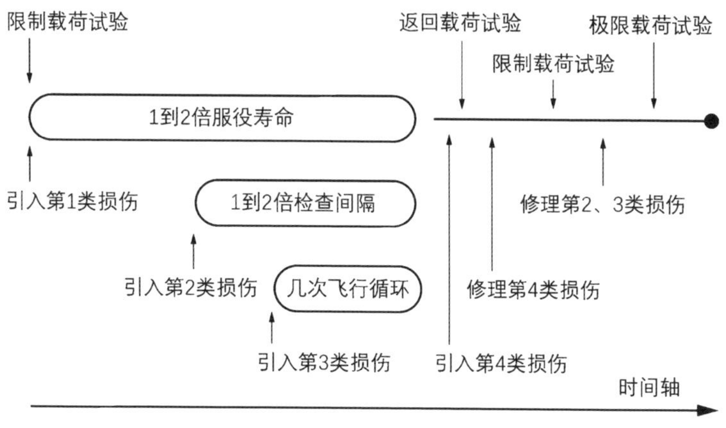

图 10－10　改进的全尺寸试验流程

类和第 3 类损伤的引入位置,使其不产生相互影响。完成重复载荷试验后,引入第 4 类损伤,并完成返回载荷试验,以表明对 CCAR 25.571(e)的符合性。然后修理第 4 类损伤,并确保不影响结构载荷分布。此时,结构包括第 2 类损伤和第 3 类损伤,并经历了相应的重复载荷历程,因此施加限制载荷以表明对 CCAR 25.571(b)的符合性。最后修理第 2 类和第 3 类损伤,此时结构仅包含第 1 类损伤,并经历了对应服役寿命的重复载荷历程,因此施加极限载荷以表明结构的静强度符合要求。

参考文献

[1] Halpin J C, Kopf J R, Goldberg W. Time dependent static strength and reliability for composites[J]. Journal of Composite Materials, 1970, 4: 462-474.

[2] CMH-17 Committee. Composite materials handbook, Vol 3: Polymer matrix composites: materials usage, design, and analysis [M]. Detroit: SAE International, 2012: 12-69.

[3] Badaliance R, Dill H D. Compression fatigue life prediction methodology for composite structures[R]. NADC-83060-60, 1982.

[4] Sendeckyj G P. Fitting models to composite materials fatigue data[J]. ASTM STP, 1981, 734: 245-260.

[5] Whitehead R S, Kan H P, Cordero R, et al. Certification testing methodology for composite structures [R]. NADC-87042-60, 1986.

[6] Tropis A, Thomas M, Bounie J L, et al. Certification of the composite outer wing of the ATR72[J]. Journal of Aerospace Engineering, Part G, 1995, 209(47): 327-339.

[7] CMH-17 Committee. Composite materials handbook, Vol 1: Polymer matrix composites: guidelines for Characterization of Structural Materials [M]. Detroit: SAE International, 2012.

[8] Ratwani M M, Kan H P. Compression fatigue analysis of fiber composites[R]. NADC-78049-60, 1979.

[9] Ratwani M M, Kan H P. Development of analytical techniques for predicting compression fatigue life and residual strength of composites[R]. NADC-82104-60, 1982.

附　　录

A. 经典概率分布模型

本节介绍了在概率分析中常见的概率分布模型，主要包括正态分布、对数正态分布、双参数威布尔分布和二项分布等。

A.1　正态分布

若随机变量 X 服从一个平均值为 μ、标准差为 σ 的概率分布，且其概率密度函数为[1]

$$f(x;\mu,\sigma)=\frac{1}{\sqrt{2\pi}\sigma}\exp\left[-\frac{(x-\mu)^2}{2\sigma^2}\right] \tag{A-1}$$

则这个随机变量就称为正态随机变量，正态随机变量服从的分布就称为正态分布，记作 $X\sim N(\mu,\sigma^2)$。当正态分布的期望 $\mu=0$、标准差 $\sigma=1$ 时，称为标准正态分布，记作 $X\sim N(0,1)$，其概率密度曲线如图 A-1 所示。

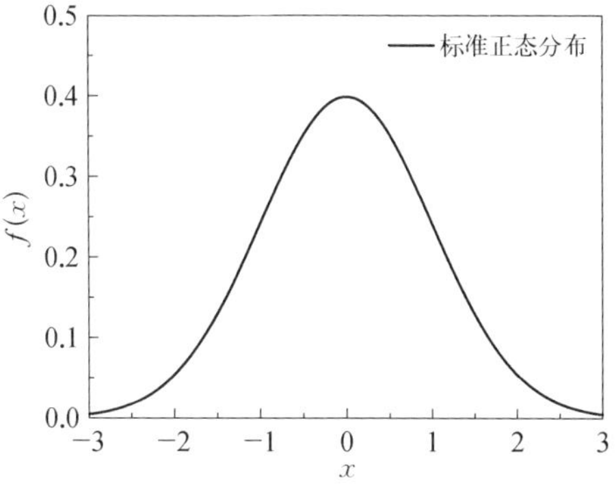

图 A－1　标准正态分布概率密度曲线

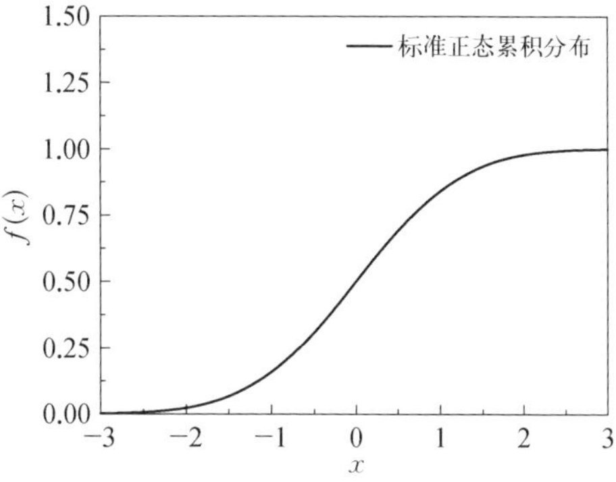

图 A－2　标准正态累积分布概率曲线

正态分布的累积分布函数记作 $X \sim F(\mu, \sigma^2)$。标准正态分布的累积分布函数习惯上记作 Φ，其概率密度曲线如图 A-2 所示。

A.2 对数正态分布

设 X 是取值为正数的连续随机变量，若 $\ln X \sim N(\mu, \sigma^2)$，即 X 的概率密度函数为[1]

$$f(x;\mu,\sigma)=\begin{cases}\dfrac{1}{\sqrt{2\pi}\sigma}\exp\left[-\dfrac{(\ln x-\mu)^2}{2\sigma^2}\right], & x>0\\ 0, & x\leqslant 0\end{cases} \tag{A-2}$$

则这个随机变量就称为对数正态随机变量，其服从的分布就称为对数正态分布，其概率密度曲线如图 A-3 所示。

对数正态分布的累积分布函数记作 $\ln X \sim F(\mu, \sigma^2)$，其累积分布曲线如图 A-4 所示。

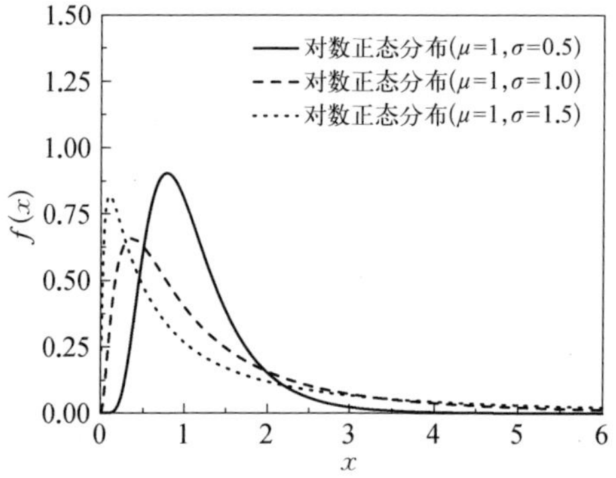

图 A-3 对数正态分布概率密度曲线

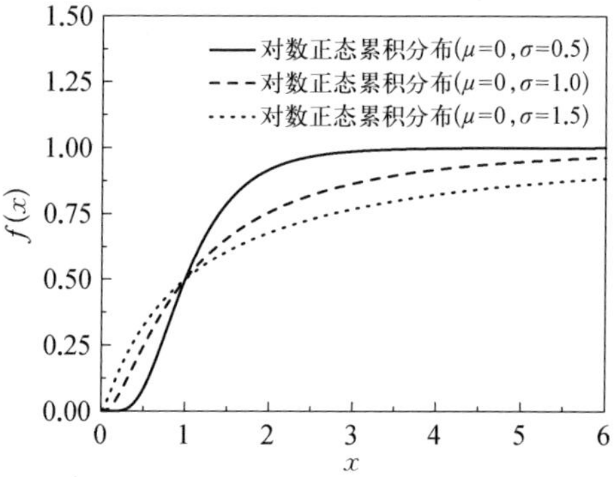

图 A-4 对数正态累积分布概率曲线

A.3 双参数威布尔分布

若随机变量 X 服从一个形状参数为 α、尺度参数为 β 的概率分布，且其概率密度函数为[1]

$$f(x;\alpha,\beta)=\begin{cases}\dfrac{\alpha}{\beta}\left(\dfrac{x}{\beta}\right)^{\alpha-1}\mathrm{e}^{-(x/\beta)^{\alpha}}, & x\geqslant 0\\ 0, & x<0\end{cases} \tag{A-3}$$

则这个随机变量就服从双参数威布尔分布，记作 $X \sim W(\alpha, \beta)$，其概率密度曲线如图 A-5 所示。

双参数威布尔分布的累积分布函数为

$$f(x;\ \alpha,\ \beta)=\begin{cases}1-e^{-(x/\beta)^{\alpha}}, & x\geqslant 0\\0, & x<0\end{cases} \tag{A-4}$$

其累积分布曲线如图 A－6 所示。双参数威布尔分布在可靠性工程中被广泛应用,尤其应用于各种寿命试验的数据处理。

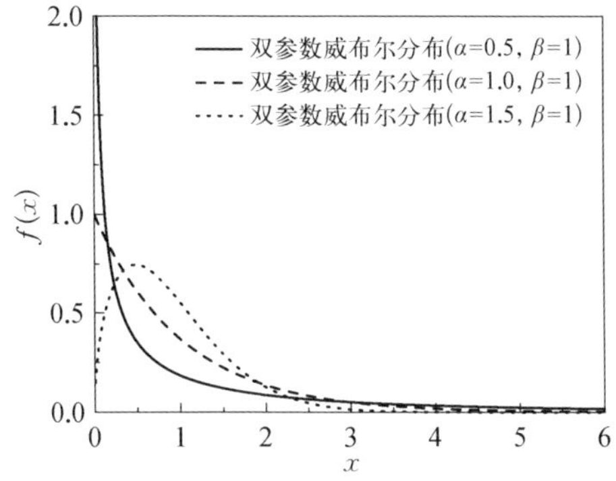

图 A－5 双参数威布尔分布概率密度曲线

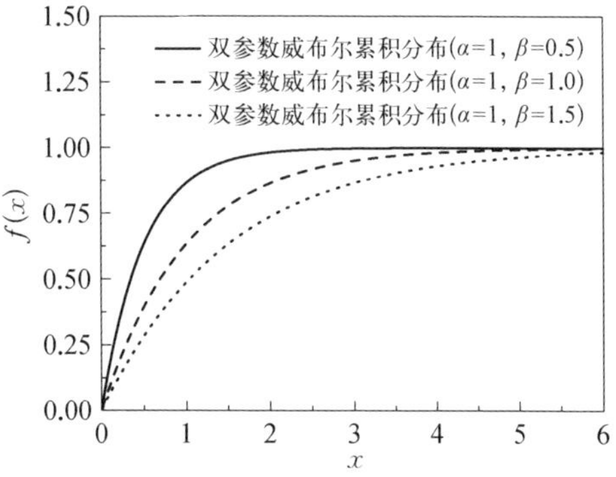

图 A－6 双参数威布尔累积分布概率曲线

A.4 二项分布

假设开展 n 次独立的试验,每次试验成功的概率为 p,失败的概率为 $1-p$。成功的总数量 X 是参数为 n 和 p 的二项分布随机变量。

概率 $p(k)$ 可以按照以下的方式获得:按照乘法原则,任一特定顺序的 k 次成功发生的概率为:$p^k(1-p)^{n-k}$。这些顺序的总数量是 C_n^k,既然在 n 次试验中有 C_n^k 种方式满足 k 次成功,那么 $p(k)$ 即为任一特定顺序的概率乘以这些顺序的次数[1]:

$$p(k)=C_n^k\cdot p^k\cdot(1-p)^{n-k} \tag{A-5}$$

图 A－7 所示为 $n=10$ 且 $p=0.5$ 的二项分布概率柱状图。

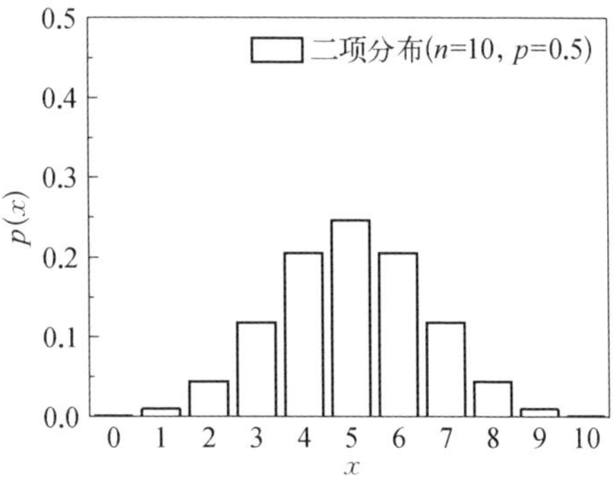

图 A－7 二项分布概率柱状图

参考文献

[1] Rice J A. Mathematical statistics and data analysis [M]. 2nd ed. Belmont: Wadsworth Publishing Company, 1995.

B. 随机变量与常见统计量

B.1 随机变量

一般将研究对象全体组成的集合称为总体,总体中的每一个元素称为个体,研究对象的某个数量指标 X 称为随机变量[1]。

随机变量 X_1, X_2, …, X_n 相互独立,且与总体 X 具有相同的分布,则称 X_1, X_2, …, X_n 为来自总体 X 的样本。它的观测值 x_1, x_2, …, x_n 称为样本观测值, n 为样本容量。

B.2 常见统计量

假设 X_1, X_2, …, X_n 为来自总体 X 的一个样本,若样本函数 $g(X_1, X_2, \cdots, X_n)$ 中不含有任何未知参数,则称 $g(X_1, X_2, \cdots, X_n)$ 为统计量,统计量是样本的函数[1]。在工程应用中统计量经常以随机变量的形式出现,例如常见的统计量如下。

样本均值:

$$\bar{X} = \frac{1}{n}\sum_{i=1}^{n} X_i \tag{B-1}$$

其观测值为

$$\bar{x} = \frac{1}{n}\sum_{i=1}^{n} x_i \tag{B-2}$$

样本方差:

$$S^2 = \frac{1}{n-1}\sum_{i=1}^{n} (X_i - \bar{X})^2 \tag{B-3}$$

其观测值为

$$s^2 = \frac{1}{n-1}\sum_{i=1}^{n} (x_i - \bar{x})^2 \tag{B-4}$$

S 即为标准差, s 即为标准差的观测值。

在参数估计中还常会遇到以下统计量[2]。

未修正的样本方差:

$$S^2 = \frac{1}{n}\sum_{i=1}^{n} (X_i - \bar{X})^2 \tag{B-5}$$

其观测值为

$$s^2 = \frac{1}{n}\sum_{i=1}^{n} (x_i - \bar{x})^2 \tag{B-6}$$

样本协方差：

$$Cov(X, Y) = E[(X - E[X])(Y - E[X])] \tag{B-7}$$

协方差是两个随机变量联合分布线性相关程度的一种度量，两个变量线性相关，则协方差越大，完全线性无关则协方差为0。

其观测值为

$$Cov = \frac{1}{n}\sum_{i=1}^{n} (x_i - \bar{x})(y_i - \bar{y}) \tag{B-8}$$

相关系数：

$$\eta = \frac{Cov(X, Y)}{\sqrt{Var(X) \cdot Var(Y)}} \tag{B-9}$$

当比较两个随机变量的相关程度时，由于随机变量的取值范围不同，两个协方差不具备可比性。因此通过 X 的方差 $Var(X)$ 与 Y 的方差 $Var(Y)$ 对协方差 $Cov(X, Y)$ 归一化，得到相关系数 η，采用相关系数可以较直观地反映两个随机变量的相关程度。η 的取值范围是 $[-1, 1]$，1 表示完全线性相关，-1 表示完全线性负相关，0 表示线性无关。其中，线性无关不代表完全无关，也不代表相互独立。

变异系数：

$$CV = \frac{S}{\bar{X}} \tag{B-10}$$

其观测值为

$$CV = \frac{s}{\bar{x}} \tag{B-11}$$

样本 k 阶原点矩：

$$A_k = \frac{1}{n}\sum_{i=1}^{n} X_i^k,\ k = 1, 2, \cdots, n \tag{B-12}$$

其观测值为

$$a_k = \frac{1}{n}\sum_{i=1}^{n} x_i^k,\ k = 1,\ 2,\ \cdots,\ n \tag{B-13}$$

样本 k 阶中心矩：

$$B_k = \frac{1}{n}\sum_{i=1}^{n} (X_i - \bar{X})^k,\ k = 1,\ 2,\ \cdots,\ n \tag{B-14}$$

其观测值为

$$b_k = \frac{1}{n}\sum_{i=1}^{n} (x_i - \bar{x})^k,\ k = 1,\ 2,\ \cdots,\ n \tag{B-15}$$

统计量的分布为抽样分布。

参考文献

[1] 盛骤,谢式千,潘承毅.概率论与数理统计[M].北京：高等教育出版社,2008.
[2] Rice J A. Mathematical statistics and data analysis [M]. 2nd ed. Belmont: Wadsworth Publishing Company, 1995.

C. 经典统计分布模型

本节主要介绍统计学中的三个常用分布,分别为χ^2分布,t 分布和 F 分布。

C.1　χ^2分布

假设 $X_1, X_2, \cdots, X_n$ 为 n 个独立的标准正态随机变量,定义随机变量 X 为

$$X = X_1^2 + X_2^2 + \cdots + X_n^2 \tag{C-1}$$

则随机变量 X 服从自由度为 n 的χ^2 分布,记作 $X \sim \chi^2(n)$。自由度即为独立的标准正态随机变量个数。

若 $X \sim \chi^2(n)$,则其概率密度函数为

$$f(x) = \begin{cases} \dfrac{1}{2^{n/2}\Gamma(n/2)} x^{n/2-1} e^{-x/2}, & x > 0 \\ 0, & x \leqslant 0 \end{cases} \tag{C-2}$$

式中,$\Gamma(\alpha) = \int_0^{+\infty} x^{\alpha-1} e^{-x} dx$, ($\alpha > 0$),其是 Gamma 函数[1]。

χ^2 分布概率密度曲线如图 C-1 所示。

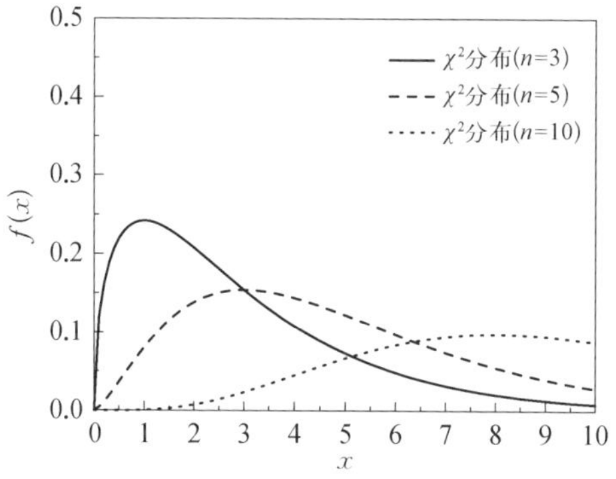

图 C-1　χ^2 分布概率密度曲线

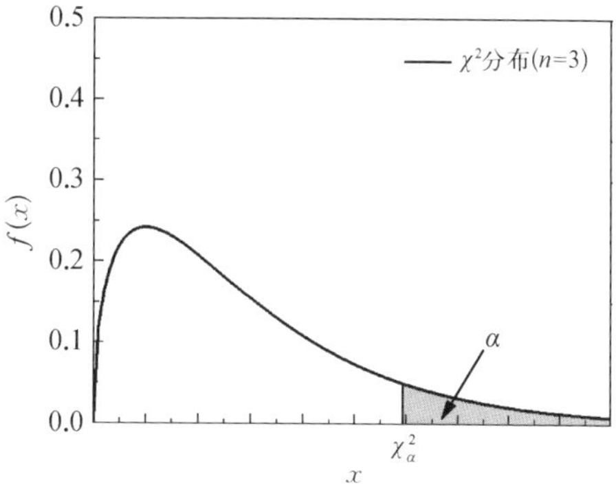

图 C-2　χ^2 分布上侧 α 分位数示意图

假设随机变量 $X \sim \chi^2(n)$,对于给定的 $\alpha(0 < \alpha < 1)$,如果满足以下条件:

$$P\{X > \chi^2_\alpha(n)\} = \int_{\chi^2_\alpha(n)}^{+\infty} f(x) dx = \alpha \tag{C-3}$$

则$\chi^2_\alpha(n)$ 为χ^2 分布的上侧 α 分位数,如图 C-2 所示。

对于不同的 α 和 n，上侧 α 分位数 $\chi_{\alpha}^{2}(n)$ 的值可以编程计算。

当自由度 n 充分大时，χ^{2} 分布可以近似地看作正态分布。此时有

$$\chi_{\alpha}^{2}(n) \approx \frac{1}{2}\left(u_{\alpha}+\sqrt{2n-1}\right)^{2} \tag{C-4}$$

式中，u_{α} 是标准正态分布 $N(0,\ 1)$ 的上侧 α 分位数。由上侧 α 分位数的定义可知：

$$\Phi(u_{\alpha}) = 1-\alpha \tag{C-5}$$

例如，取 $\alpha = 0.01$，$n = 100$，可得

$$\Phi(u_{0.01}) = 1-0.01 = 0.99 \tag{C-6}$$

由标准正态分布可知 $u_{0.01} = 2.33$，可以计算出所求的 $\chi_{\alpha}^{2}(n)$ 为

$$\chi_{0.01}^{2}(100) \approx \frac{1}{2}\left(2.33+\sqrt{199}\right)^{2} = 135.08 \tag{C-7}$$

C.2　t 分布

假设随机变量 $X \sim N(0,\ 1)$，$Y \sim \chi^{2}(n)$，且 X 与 Y 相互独立，定义随机变量 T 为

$$T = \frac{X}{\sqrt{Y/n}} \tag{C-8}$$

则随机变量 T 服从自由度为 n 的 t 分布，记作 $T \sim t(n)$。

若 $T \sim t(n)$，则其概率密度函数为

$$f(x) = \frac{\Gamma(n+1/2)}{\sqrt{n\pi}\,\Gamma(n/2)}\left(1+x^{2}/n\right)^{-\frac{n+1}{2}},\quad -\infty < x < +\infty \tag{C-9}$$

式中，$\Gamma(\alpha) = \int_{0}^{+\infty} x^{\alpha-1}\mathrm{e}^{-x}\mathrm{d}x$，$(\alpha > 0)$，其是 Gamma 函数。

t 分布概率密度曲线如图 C-3 所示。

假设随机变量 $T \sim t(n)$，对于给定的 $\alpha(0 < \alpha < 1)$，如果满足以下条件：

$$P\{T > t_{\alpha}(n)\} = \int_{t_{\alpha}(n)}^{+\infty} f(x)\mathrm{d}x = \alpha \tag{C-10}$$

则 $t_{\alpha}(n)$ 为 t 分布的上侧 α 分位数，如图 C-4 所示。

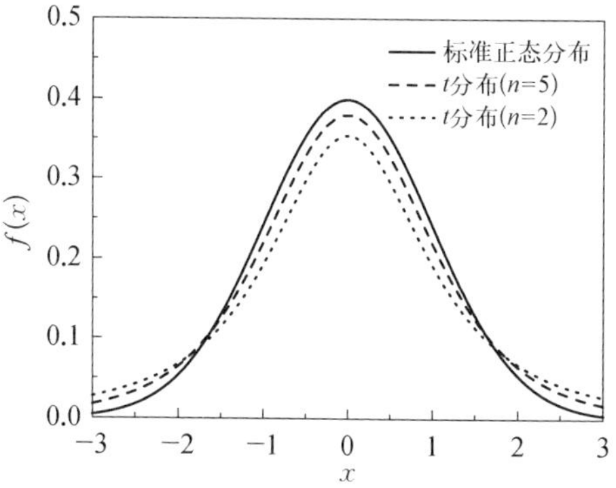

图 C-3　*t* 分布概率密度曲线

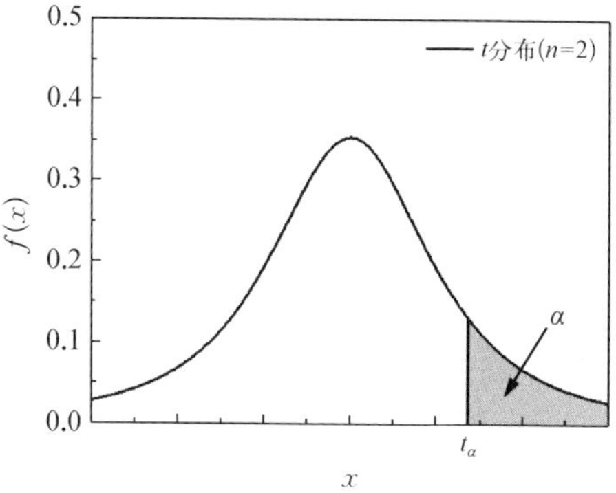

图 C-4　*t* 分布的上侧 α 分位数示意图

t 分布的上侧 α 分位数 $t_\alpha(n)$ 的值可以编程计算。

可以证明，t 分布的极限分布是标准正态分布。因此，在实际应用中，当 n 足够大时，有

$$t_\alpha(n) \approx u_\alpha \tag{C-11}$$

C.3　*F* 分布

假设随机变量 $X \sim \chi^2(m)$，$Y \sim \chi^2(n)$，且 X 与 Y 相互独立，定义随机变量：

$$F = \frac{X/m}{Y/n} \tag{C-12}$$

则随机变量 F 服从自由度为 (m, n) 的 F 分布，记作 $F \sim F(m, n)$。

若 $F \sim F(m, n)$，则其概率密度函数为

$$f(x) = \begin{cases} \dfrac{\Gamma(m+n/2)}{\Gamma(m/2)\Gamma(n/2)} m^{m/2} n^{n/2} \dfrac{x^{m/2-1}}{(mx+n)^{(m+n)/2}}, & x > 0 \\ 0, & x \leqslant 0 \end{cases} \tag{C-13}$$

式中，$\Gamma(\alpha) = \int_0^{+\infty} x^{\alpha-1} e^{-x} dx$，$(\alpha > 0)$，其是 Gamma 函数。

F 分布概率密度曲线如图 C-5 所示。

假设随机变量 $F \sim F(m, n)$，对于给定的 $\alpha(0 < \alpha < 1)$，如果满足以下条件：

$$P\{F > F_\alpha(m, n)\} = \int_{F_\alpha(m, n)}^{+\infty} f(x) dx = \alpha \tag{C-14}$$

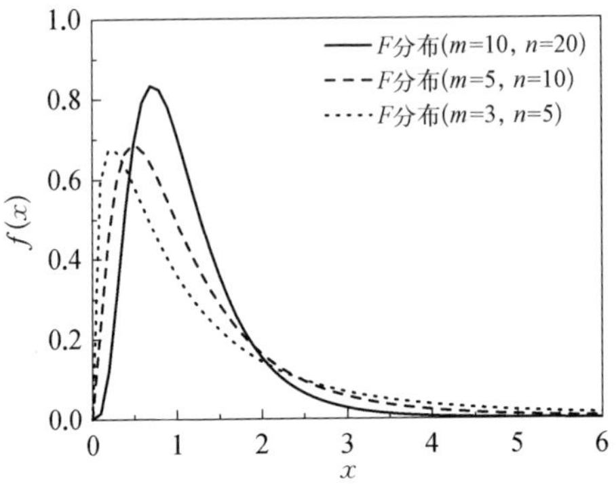

图 C-5　F 分布概率密度曲线

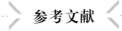

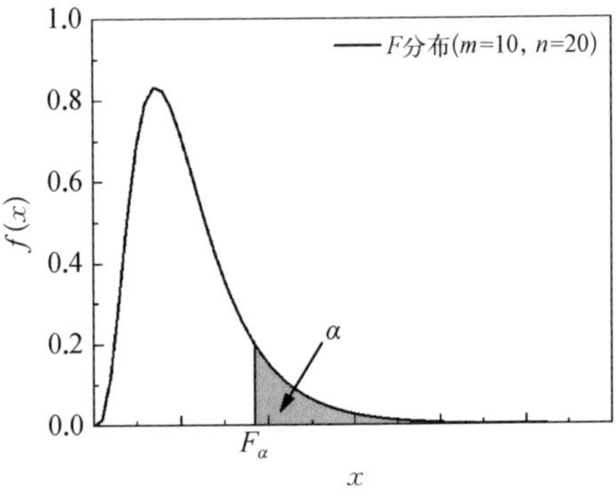

图 C-6　F 分布的上侧 α 分位数示意图

则 $F_{\alpha}(m, n)$ 为 F 分布的上侧 α 分位数，如图 C-6 所示。

F 分布的上侧 α 分位数 $F_{\alpha}(m, n)$ 的值可以编程计算。

参考文献

[1] Rice J A. Mathematical statistics and data analysis [M]. 2nd ed. Belmont: Wadsworth Publishing Company, 1995.

D. 统计推断(参数估计)

D.1 矩估计法

矩估计法是由英国统计学家 Pearson 在 20 世纪初提出的一种计算估计量的简单方法。它的基本思想是：用样本矩估计相应的总体矩，用样本矩的函数估计相应的总体矩的函数。

假设总体 X 的分布函数中有 k 个未知参数 $\theta_1, \theta_2, \cdots, \theta_k$, $X_1, X_2, \cdots, X_n$ 为来自连续总体的样本。假定总体 X 的 k 阶原点矩存在，以 m_r 记为总体的 r 阶原点矩，即 $m_r = E(X^r)$, $r \leqslant k$。易知，这些原点矩是 $\theta_1, \theta_2, \cdots, \theta_k$ 的函数。以 A_r 记为样本 r 阶原点矩，即 $A_r = \frac{1}{n}\sum_{i=1}^{n} X_i^r$。由辛钦大数定律可以推出，当 n 充分大时，$A_r \xrightarrow{p} m_r$。所以令 $A_r = m_r$, $r = 1, 2, \cdots, k$, 可以估计总体的参数。具体做法[1]如下。

（1）求出总体的前 k 阶原点矩：

$$m_r = g_r(\theta_1, \theta_2, \cdots, \theta_k), \ r = 1, 2, \cdots, k \tag{D-1}$$

（2）从这 k 个方程中求解参数：

$$\theta_r = h_r(m_1, m_2, \cdots, m_k), \ r = 1, 2, \cdots, k \tag{D-2}$$

（3）用 A_r 代替上式中的 m_r，则可以得到总体未知参数 $\theta_1, \theta_2, \cdots, \theta_k$ 的矩估计量 $\hat{\theta}_1, \hat{\theta}_2, \cdots, \hat{\theta}_k$，矩估计量的观测值称为矩估计值。

D.2 极大似然估计法

极大似然估计法是统计学中十分重要、应用最广泛的方法之一。该方法最初由德国数学家高斯(Gauss)于 1821 年提出，后由费雪(Fisher)于 1922 年探讨了它的性质，并推广了其应用。

假设 $X_1, X_2, \cdots, X_n$ 为来自连续总体的样本，总体 X 的概率密度为 $f(x; \theta)$，其中 $\theta = (\theta_1, \theta_1, \cdots, \theta_k) \in \Theta$ 为未知参数。当给定 θ 时，则 $(X_1, X_2, \cdots, X_n)$ 的联合密度为 $f(x_1, x_2, \cdots, x_n) = \prod_{i=1}^{n} f(X_i; \theta)$。当样本值 $x_1, x_2, \cdots, x_n$ 给定时，联合密度可以看作是 θ 的函数，我们把它记作 $L(X; \theta)$，并称 $L(X; \theta) = \prod_{i=1}^{n} f(X_i; \theta)$ 为似然函数。似然函数 $L(X; \theta)$ 的大小表示该样本值出现的可能性大小。然后求

出使 $L(X;\theta)$ 达到最大的 θ 的值 $\hat{\theta}_i=\hat{\theta}_i(x_1, x_2, \cdots, x_n)$，$(i=1, 2, \cdots, k)$ 作为 θ 的极大似然估计值。即

$$L(X;\hat{\theta})=\max_{\theta\in\Theta}\prod_{i=1}^{n}f(X_i;\theta) \tag{D-3}$$

对于离散型总体，上述概率密度可换成分布列。

求解极大似然函数参数的步骤[1]如下。

（1）写出样本事件发生的似然函数：

$$L(X;\theta)=\prod_{i=1}^{n}f(X_i;\theta) \tag{D-4}$$

（2）对似然函数取对数：

$$\ln L(X;\theta)=\sum_{i=1}^{n}\ln f(X_i;\theta) \tag{D-5}$$

（3）然后求一阶导数（这个一阶导数函数也叫作 Score function），令其为 0，求解方程组：

$$S(X;\theta)=\frac{\partial \ln L(X;\theta)}{\partial\theta}=\frac{\partial}{\partial\theta}\sum_{i=1}^{n}\ln f(X_i;\theta)=0 \tag{D-6}$$

（4）解以上方程组得

$$\hat{\theta}_i=\hat{\theta}_i(x_1, x_2, \cdots, x_n),\ i=1, 2, \cdots, k \tag{D-7}$$

则 $\hat{\theta}_i$ 即为 θ_i 的极大似然估计量。极大似然估计具有相合性和渐进正态性。

D.3 Fisher 信息矩阵[2]

假设样本数据组 $D\equiv\{x_1, \cdots, x_n\}$，其似然函数的对数为

$$\frac{1}{n}\ln L(\theta)=\frac{1}{n}\sum_{i=1}^{n}\ln p(x_i;\theta) \tag{D-8}$$

当累积了越来越多的数据，即 $n\to\infty$ 时，通常假设样本分布 $p(x;\theta)$ 实际上等于各种数据值 x_i 的极限相对频率。

如果该假设为真，那么我们将渐进地得到，当 $n\to\infty$ 时，

$$\frac{1}{n}\ln L(\theta)\to\int \mathrm{d}x p(x;\theta_0)\cdot\ln p(x;\theta) \tag{D-9}$$

其中，θ_0 是“真”值，假设未知的情况下。“真”密度的熵表示为

$$H_0 = -\int dx p(x;\theta_0)\cdot \ln p(x;\theta_0) \tag{D-10}$$

对于渐进似然函数,我们得到:

$$\frac{1}{n}\ln L(\theta) + H_0 = \int dx p(x;\theta_0)\cdot \ln\left[\frac{p(x;\theta)}{p(x;\theta_0)}\right] \leqslant 0 \tag{D-11}$$

其中,使 $q \equiv p(x;\theta_0)/p(x;\theta)$,对于正实数 q,我们得到 $\ln q \leqslant q-1$,只有当 q 为 1 时相等。因此对于所有 x,只有当 $p(x;\theta)=p(x;\theta_0)$ 时,上式才相等。但是如果参数的两个不同值 θ 和 θ_0 导致相同的样本分布,那么数据不可能在两者之间做出区分。如果数据总是相同,不同的 θ 值通常导致不同的样本分布,那么只有当 $\theta=\theta_0$ 时,上式才相等。所以渐进似然函数 $L(\theta)$ 在唯一点 $\theta=\theta_0$ 时达到最大值。

假如参数是多维的,即 $\theta \equiv \{\theta_1, \cdots, \theta_m\}$,且在似然函数对数的最大值处展开,可得

$$\ln p(x;\theta) = \ln p(x;\theta_0) - \frac{1}{2}\sum_{i,j=1}^{m}\frac{\partial^2 \ln p(x;\theta)}{\partial\theta_i\partial\theta_j}\delta\theta_i\delta\theta_j \tag{D-12}$$

或者,

$$\frac{1}{n}\ln\left[\frac{L(\theta)}{L(\theta_0)}\right] = -\frac{1}{2}\sum_{ij} I_{ij}\delta\theta_i\delta\theta_j \tag{D-13}$$

式中,

$$I_{ij} \equiv \int d^n x p(x;\theta_0)\cdot \frac{\partial^2 \ln p(x;\theta)}{\partial\theta_i\partial\theta_j} \tag{D-14}$$

上式即称为 Fisher 信息矩阵。Fisher 信息矩阵反映了参数估计的准确度,它越大,参数估计的准确度越高,即代表了越多的信息。

由以上推导可知,Fisher 信息是一次观测值所能提供的关于未知参数 θ 的信息量期望值的一种度量,其同时也是 Score function 的二阶矩,即

$$I(\theta) = E[S(X;\theta)^2] = -E\left[\frac{\partial^2 \ln p(X;\theta)}{\partial\theta^2}\right] \tag{D-15}$$

式中,$p(X;\theta)$ 是总体的概率函数。

一般情况下,可以很容易的证明:

$$E[S(X;\theta)] = 0 \tag{D-16}$$

从而得到:

$$I(\theta)=E[S(X;\theta)^2]-E[S(X;\theta)]^2=Var[S(X;\theta)] \tag{D-17}$$

于是得到了 Fisher 信息的第一条数学意义,即用来估计极大似然函数方程的方差。它的直观的表述就是,随着收集的数据越来越多,信息量显然越来越大(方差为独立求和的表达式),也就象征着得到的信息越来越多。

在 $L(X;\theta)$ 二阶可导的情况下,可以很容易证明:

$$E[S(X;\theta)^2]=-E\left[\frac{\partial^2\ln p(X;\theta)}{\partial\theta^2}\right] \tag{D-18}$$

于是得到了 Fisher 信息的第二条数学意义,即 Fisher 信息是 $L(X;\theta)$ 在参数真实值处的负二阶导数的期望。

在一般情况下,通过对 Score function 在真实值处泰勒展开,然后应用中心极限定理,弱大数定律,根据概率一致收敛,以及 Slutsky 定理,可以证明极大似然估计的渐进分布的方差是 $I^{-1}(\theta)$,即 $Var(\hat{\theta}_{MLE})=I^{-1}(\theta)$,这也就是 Fisher 信息的第三条数学意义。直观的解释就是 Fisher 信息反映了所估计参数的准确度,该值越大,则对参数估计的准确度就越高,即代表了越多的信息。

参考文献

[1] 盛骤,谢式千,潘承毅.概率论与数理统计[M].北京:高等教育出版社,2008.
[2] Rice J A. Mathematical statistics and data analysis [M]. 2nd ed. Belmont: Wadsworth Publishing Company, 1995.

E. 统计推断(假设检验)

E.1 假设检验的步骤

假设检验的基本思路是：首先对总体提出某种假设，然后抽取样本获得数据，最后根据样本信息判断假设是否成立。

1) 提出假设

假设就是对总体的某种观点。开展假设检验时，首先要提出两种假设，即原假设和备选假设。原假设是研究者希望通过样本数据推翻的假设，用 H_0 表示。备选假设是研究者希望通过样本数据支持的假设，用 H_1 表示。

在假设检验中，如果备选假设没有特定的方向，则这样的假设检验称为双侧检验或双尾检验(two-tailed test)；而如果备选假设具有特定的方向，这样的假设检验称为单侧检验或单尾检验(one-tailed test)。

2) 确定显著性水平

假设检验是根据样本信息作出决策，而样本是随机的，因此无论是拒绝原假设还是不拒绝原假设，决策都有可能犯错。决策犯错分为两种情况：① 一是原假设是正确的却拒绝了它，这时所犯的错误称为第Ⅰ类错误，犯第Ⅰ类错误的概率记为 α，因此也称为 α 错误；② 二是原假设是错误的却没有拒绝它，这时所犯的错误称为第Ⅱ类错误，犯第Ⅱ类错误的概率记为 β，因此也称为 β 错误。

在假设检验中，犯第Ⅰ类错误的概率也称为显著性水平，记为 α。显著性水平越小，则犯第Ⅰ类错误的概率就越小。英国统计学家 Fisher 在他的研究中把小概率事件的标准定为 0.05，因此通常研究人员选择 0.05 作为显著性水平。

3) 做出决策

检验假设时决策的依据是：原假设成立时小概率事件不应发生，如果小概率事件发生了，就应当拒绝原假设。传统上通常用统计量决策方法判断小概率是否发生，而现代更多地使用 P 值决策方法。

统计量决策方法的原理是：首先根据样本数据计算用于决策的检验统计量，该统计量反映了估计值与总体参数的差异(通常是以标准误的倍数表示的差异)。然后根据设定的显著性水平在统计量的分布上找到相应的临界值，由显著性水平和临界值围成的区域称为拒绝域。最后判断统计量是否落在拒绝域，如果检验统计量落在拒绝域内就拒绝原假设，否则就不拒绝原假设，如图 E－1 所示。

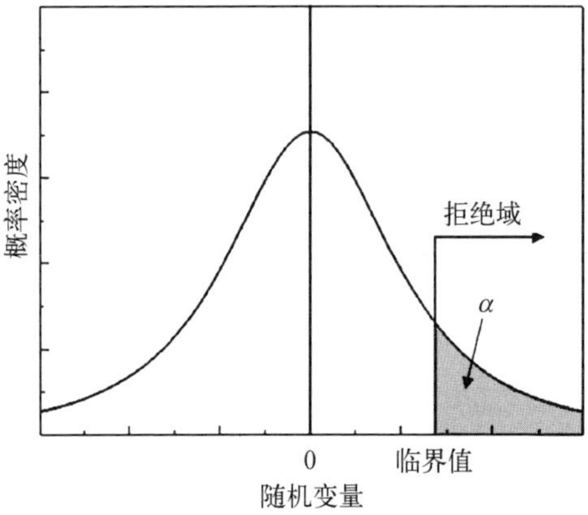

图 E-1 统计量决策方法单侧(右侧)检验示意图

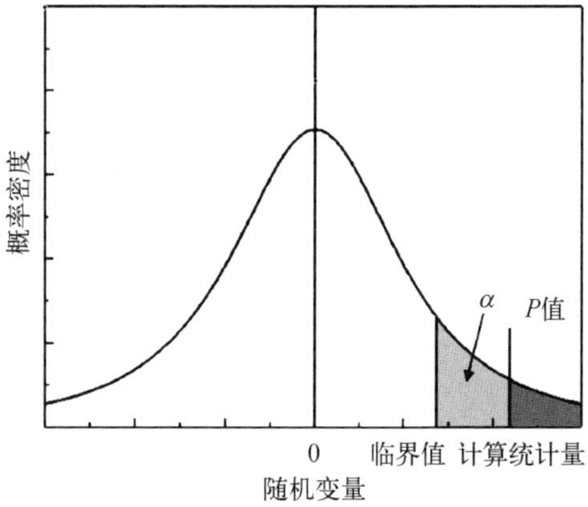

图 E-2 P 值决策方法单侧(右侧)检验示意图

P 值决策方法也需要根据样本数据计算用于决策的检验统计量。不同的是,其直接计算原假设正确时检验统计量的概率,这一概率即为 P 值,也称为观测到的显著性水平。然后判断 P 值与设定的显著性水平的关系,如果 $P \leqslant \alpha$,则拒绝原假设,否则就不拒绝原假设。如图 E-2 所示。

4) 结果表述

在假设检验中,当拒绝原假设时,称样本结果是统计上显著的;不拒绝原假设则称结果是统计上不显著的。当 $P \leqslant \alpha$ 拒绝原假设时,表示有足够的证据表明 H_0 是错误的;而当不拒绝原假设时,通常不说"接受 H_0",而采用"不拒绝 H_0"的表述方法。因为 P 值只是推翻原假设的证据,而不是证明原假设正确的证据。

E.2 样本相容性检验

样本相容性检验一般采用 k-样本 Anderson Darling 检验方法,该方法是一种非参数的统计方法,其用于检验来自两个或多个数据组的总体是等同的这一假设。试验要求每一分组是来自总体的独立随机样本。

假设试验数据记为 $x_{ij}(i=1, 2, \cdots, k; j=1, 2, \cdots, n_i)$。其中,$i$ 代表分组,k 为总组数,j 代表样本,n_i 为第 i 组的样本量。试验的总样本量为 $n=n_1+n_2+\cdots+n_k$。在合并的数据集中,将不同的数值按照从小到大排序,并标记为 $z_1, z_2, \cdots, z_L$,其中如果有相等的样本值,则 L 小于 n。

提出的假设为:H_0,k 组样本来源于同一总体;H_1,k 组样本来源于不同的总体。

k-样本 Anderson Darling 检验统计量为

$$ADK=\frac{n-1}{n^2(k-1)} \cdot \sum_{i=1}^{k}\left[\frac{1}{n_i} \cdot \sum_{j=1}^{L} h_j \frac{(n \cdot F_{ij}-n_i \cdot H_j)^2}{H_j \cdot (n-H_j)-nh_j/4}\right] \tag{E-1}$$

式中，h_j 为在合并的样本中数值等于 z_j 的样本数量；H_j 为在合并的样本中数值小于 z_j 的样本数量加上 $h_j/2$；F_{ij} 为在第 i 分组的样本中数值小于 z_j 的样本数量，加上在本组中数值等于 z_j 的样本数量的一半。

假设总体没有差异的情况下，ADK 的平均值近似为 1，且方差近似为

$$\sigma_n^2 = Var(ADK) = \frac{an^3 + bn^2 + cn + d}{(n-1)(n-2)(n-3)(k-1)^2} \qquad (\text{E}-2)$$

式中，$a=(4g-6)(k-1)+(10-6g)S$；$b=(2g-4)k^2+8Tk+(2g-14T-4)S-8T+4g-6$；$c=(6T+2g-2)k^2+(4T-4g+6)k+(2T-6)S+4T$；$d=(2T+6)k^2-4Tk$；$S=\sum_{i=1}^{k}\frac{1}{n_i}$；$T=\sum_{i=1}^{n-1}\frac{1}{i}$；$g=\sum_{i=1}^{n-2}\sum_{j=i+1}^{n-1}\frac{1}{(n-i)j}$。

在显著性水平为 0.025 的情况下，检验统计量的临界值为

$$ADC = 1 + \sigma_n\left(1.96 + \frac{1.149}{\sqrt{k-1}} - \frac{0.391}{k-1}\right) \qquad (\text{E}-3)$$

如果检验统计量 ADK 大于临界值 ADC，则拒绝这些样本来源于同一个总体的假设（显著性水平为 0.025），否则则不拒绝这些样本来源于同一个总体的假设，这时认为这些试验数据是非结构化的。

E.3　异常值检验

最大赋范残差方法（MNR）是常用的异常值定量筛选方法。该检验适用于筛选非结构数据集中的异常值。

假设 $x_1, x_2, \cdots, x_n$ 代表样本量为 n 的一系列样本值，且 $\bar{x}$ 和 s 分别为样本平均值和样本方差。

提出的假设为：H_0，样本中不存在异常值；H_1，样本中存在异常值。

MNR 检验统计量为

$$MNR = \max_{i=1}^{n} \frac{|x_i - \bar{x}|}{s} \qquad (\text{E}-4)$$

检验统计量的临界值为

$$C = \frac{n-1}{\sqrt{n}} \cdot \sqrt{\frac{t^2}{n-2+t^2}} \qquad (\text{E}-5)$$

式中，$t = t_{1-\alpha/(2n)}(n-2)$，$\alpha$ 为显著性水平，一般取 $\alpha = 0.05$。

如果 MNR 大于检验统计量的临界值，则拒绝样本中不存在异常值的假设，此

时与 MNR 相关联的 x_i 即为异常值;否则,则不拒绝样本中不存在异常值的假设。一旦识别出异常值,则需要去除该异常值,并再次进行异常值检验。

E.4 样本方差等同性检验

在合并方法中,有些情况下会要求两个或多个数据组满足其方差是等同的这一假设。本节介绍一种广泛应用的检验方法,即 Leven 检验方法。该方法用于检验 k 组样本方差是否有显著的差异。该检验是非参数化的,即不强制要求总体服从某一固定的模型。

首先,需要对试验数据进行转化:

$$w_{ij} = | x_{ij} - \tilde{x}_i | \tag{E-6}$$

式中,w_{ij} 是转化后的数据;x_{ij} 是转化前的数据;$\tilde{x}_i$ 是第 i 组中的 n_i 个数据的中位数。

然后,对这些转化后的数据开展 F 检验。提出的假设为:H_0,k 组样本的方差相等;H_1,k 组样本的方差不相等。

F 检验统计量为

$$F = \frac{\sum_{i=1}^{k} n_i (\bar{w}_i - \bar{w})^2/(k-1)}{\sum_{i=1}^{k}\sum_{j=1}^{n_i} (w_{ij} - \bar{w}_i)^2/(n-k)} \tag{E-7}$$

式中,$\bar{w}_i$ 是第 i 组中的 n_i 个数据的平均值;$\bar{w}$ 是合并的数据集中的所有 n 个数据的平均值。

如果 F 检验统计量大于 $F_{1-\alpha}(k-1, n-k)$,则拒绝 k 组样本的方差相等这一假设(显著性水平为 α),否则则不拒绝 k 组样本的方差相等这一假设。通常可取 $\alpha = 0.05$。该检验基于试验数据是正态分布这一假设,然而一般来说,F 检验对试验数据偏离正态分布不敏感。

E.5 统计模型拟合优度检验

E.5.1 正态分布

正态分布拟合优度检验用于检验所拟合的数据的正态性,一般采用 Anderson Darling 检验方法。

在样本数据集中,将不同的数值按照从小到大排序,并标记为 $x_1, x_2, \cdots, x_n$。定义:

$$z_i = \frac{x_i - \bar{x}}{s}, \quad i = 1, 2, \cdots, n \tag{E-8}$$

式中，$\bar{x}$ 为样本平均值；s 为样本标准差。

该检验提出的假设为：H_0，样本数据符合正态分布；H_1，样本数据不符合正态分布。

Anderson Darling 检验统计量为

$$AD = \sum_{i=1}^{n} \frac{1-2i}{n} \cdot \{\ln[\Phi(z_i)] + \ln[1-\Phi(z_{n+1-i})]\} - n \qquad (E-9)$$

式中，Φ 为标准正态累积分布函数。

观测到的显著性水平为

$$P = 1/[1+\exp(-0.48+0.78 \cdot \ln AD^* + 4.58 \cdot AD^*)] \qquad (E-10)$$

式中，$AD^* = \left(1+\frac{4}{n}-\frac{25}{n^2}\right) \cdot AD$。

如果 $P \leqslant 0.05$，则拒绝样本数据符合正态分布这一假设（显著性水平为0.05）；否则则不拒绝样本数据符合正态分布这一假设。

E.5.2　双参数威布尔分布

双参数威布尔分布拟合优度检验用于检验所拟合的数据与双参数威布尔模型的符合性，一般采用 Anderson Darling 检验方法。

在样本数据集中，将不同的数值按照从小到大排序，并标记为 $x_1, x_2, \cdots, x_n$。定义：

$$z_i = (x_i/\hat{\alpha})^{\hat{\beta}}, \ i = 1, 2, \cdots, n \qquad (E-11)$$

式中，$\hat{\alpha}$ 为总体尺度参数的估计值；$\hat{\beta}$ 为总体形状参数的估计值。

该检验提出的假设为：H_0，样本数据符合双参数威布尔分布；H_1，样本数据不符合双参数威布尔分布。

Anderson Darling 检验统计量为

$$AD = \sum_{i=1}^{n} \frac{1-2i}{n} \cdot \{\ln[1-\exp(-z_i)] - z_{n+1-i}\} - n \qquad (E-12)$$

观测到的显著性水平为

$$P = 1/[1+\exp(-0.10+1.24 \cdot \ln AD^* + 4.48 \cdot AD^*)] \qquad (E-13)$$

式中，$AD^* = \left(1+\frac{0.2}{\sqrt{n}}\right) \cdot AD$。

如果 $P \leqslant 0.05$，则拒绝样本数据符合双参数威布尔分布这一假设（显著性水平为 0.05）；否则则不拒绝样本数据符合双参数威布尔分布这一假设。

E.5.3 对数正态分布

对数正态分布拟合优度检验用于检验所拟合的数据与对数正态模型的符合性,一般采用 Anderson Darling 检验方法。

在样本数据集中,将不同的数值按照从小到大排序,并标记为 x_1, x_2, …, x_n。定义:

$$z_i = \frac{\ln x_i - \bar{x}_L}{s_L},\ i = 1,\ 2,\ \cdots,\ n \tag{E-14}$$

式中,$\bar{x}_L$ 为样本对数的平均值;s_L 为样本对数的标准差。

该检验提出的假设为:H_0,样本数据符合对数正态分布;H_1,样本数据不符合对数正态分布。

不难理解,Anderson Darling 检验统计量和观测到的显著性水平与正态分布的表达式一致。

同样,如果 $P \leqslant 0.05$,则拒绝样本数据符合对数正态分布这一假设(显著性水平为 0.05);否则则不拒绝样本数据符合对数正态分布这一假设。

参考文献

[1] Rice J A. Mathematical statistics and data analysis [M]. 2nd ed. Belmont: Wadsworth Publishing Company, 1995.

[2] 盛骤,谢式千,潘承毅.概率论与数理统计[M].北京:高等教育出版社,2008.

[3] CMH-17 Committee. Composite materials handbook, Vol 1: Polymer matrix composites: Guidelines for Characterization of Structural Materials [M]. Detroit: SAE International, 2012: 12-107.

F. Newton-Rapson 迭代法

Newton-Rapson 迭代法最初由艾萨克 · 牛顿(Isaac Newton)在《流数法》(Method of Fluxions)发表。约瑟夫 · 拉弗森也独立地提出了此方法。该方法的原理如下。

假设 $f(x)$ 是带求解的复杂函数。r 是 $f(x)=0$ 的根,选取 x_0 作为 r 的初始近似值,过点 $(x_0, f(x_0))$ 做曲线 $y=f(x)$ 的切线 L, L: $y=f(x_0)+f'(x_0)(x-x_0)$, 则 L 与 x 轴交点的横坐标 $x_1=x_0-f(x_0)/f'(x_0)$, 称 x_1 为 r 的一次近似值。然后,过点 $(x_1, f(x_1))$ 做曲线 $y=f(x)$ 的切线,并求该切线与 x 轴交点的横坐标 $x_2=x_1-f(x_1)/f'(x_1)$, 称 x_2 为 r 的二次近似值。重复以上过程,得 r 的近似值序列,其中, $x_{n+1}=x_n-f(x_n)/f'(x_n)$ 称 x_2 为 r 的 $n+1$ 次近似值,该迭代关系即为 Newton-Rapson 迭代公式,如图 F－1 所示。

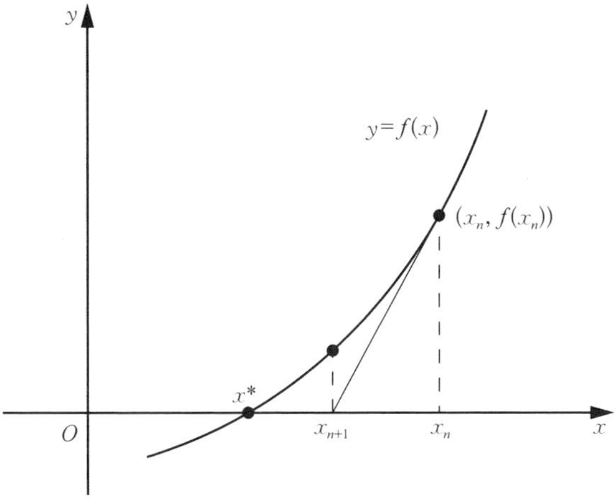

图 F－1　Newton-Rapson 迭代方法示意图

已经证明,如果函数是连续的,并且待求的零点是孤立的,那么在零点周围存在一个区域,只要初始值位于这个邻近区域内,那么 Newton-Rapson 迭代法必定收敛。

利用该迭代算法计算函数的近似解,需要注意以下几个方面:

1) 确定迭代变量

在可以用迭代算法解决的问题中,至少存在一个可直接或间接地不断由旧值递推出新值的变量,这个变量就是迭代变量。

2) 建立迭代关系式

所谓迭代关系式,指如何从变量的前一个值推出其下一个值的公式。迭代关系式的建立是解决迭代问题的关键,通常可以使用递推或倒推的方法来完成。

3) 确定迭代变量的初始值

只有初始值在零点附近,Newton-Rapson 迭代法才是收敛的,因此需要根据经验合理地确定迭代变量的初始值。

4) 对迭代过程进行控制

迭代的过程是无休止的,需要在满足一定的条件下对迭代过程进行控制。迭代过程的控制通常可分为两种情况:一种是所需的迭代次数是个确定的值,可以计算出来;另一种是所需的迭代次数无法确定,通过控制相邻两次迭代获得的变量的插值来控制迭代过程。

参考文献

[1] 喻文健. 数值分析与算法[M]. 北京:清华大学出版社,2012.